高等学校人工智能教育丛书

人工智能教育导论

陈维维 编著

西安电子科技大学出版社

内 容 简 介

本书以人工智能的计算机视觉、自然语言处理、认知与推理、机器人、博弈与伦理、机器学习六大主要研究与实践领域为内容框架，围绕人工智能(包括生成式人工智能)及其发展历程、人工智能教育概览、人工智能的六大领域及教育、人工智能教育发展趋势等九个专题展开，主要内容包括人工智能的基本概念和主要领域的技术发展，以及基础教育中人工智能教育的教学案例与发展趋势。每个专题还设计了主题学习活动，以强化读者的实践体验并促进其进一步开展相关技术技能的学习。

本书以人工智能及教育为主题，定位于人工智能的知识普及、初步应用，重点关注基础教育中人工智能教育的开展，将生成式人工智能、智能伦理教育融入各专题之中。全书通俗易懂、图文并茂，网络学习资源丰富。

本书读者对象为高等师范院校各师范专业学生，以及对人工智能教育有学习需求的中小学教师、教育工作者，可作为研修人工智能教育的入门参考书。

图书在版编目（CIP）数据

人工智能教育导论 / 陈维维编著. -- 西安 : 西安电子科技大学出版社, 2025. 3. -- ISBN 978-7-5606-7608-1

Ⅰ. TP18

中国国家版本馆 CIP 数据核字第 2025RK0312 号

策　　划　薛英英
责任编辑　薛英英
出版发行　西安电子科技大学出版社（西安市太白南路 2 号）
电　　话　（029）88202421　88201467　　邮　　编　710071
网　　址　www.xduph.com　　电子邮箱　xdupfxb001@163.com
经　　销　新华书店
印刷单位　陕西天意印务有限责任公司
版　　次　2025 年 3 月第 1 版　　2025 年 3 月第 1 次印刷
开　　本　787 毫米×960 毫米　1/16　　印　　张　14.5
字　　数　283 千字
定　　价　39.00 元

ISBN 978-7-5606-7608-1

XDUP 7909001-1

序(一)

科学技术日新月异，人工智能已经逐渐渗透到人类生活的各个领域。随着 ChatGPT 等大语言模型的出现和快速迭代，人们的学习和创作方式正在发生深刻改变，人机交融、协同共存之势已不可阻挡。

提供人工智能教育，让现在的师范生了解人工智能教育，以便他们在未来的教书育人生涯中更好地运用人工智能技术培养学生的智能素养，并促进自身的专业发展，在这个时代背景下显得尤为重要。这本《人工智能教育导论》正是着眼于未来社会人机共生的需求，致力于让普通师范生和在职教师构建对基础教育中人工智能教育的基本认知，体验智能技术，思考人类与人工智能的伦理关系，为人工智能赋能未来的学习与教学奠定基础。

本书围绕人工智能的六大主要研究与实践领域——计算机视觉、自然语言处理、认知与推理、机器人、博弈与伦理、机器学习展开，并将人工智能伦理教育渗透于各部分，内容具有全面性和前沿性。这六大领域不仅是当前人工智能研究的核心，也是未来一段时间内人工智能技术发展的重点方向。作者巧妙地以这六大领域为框架，将复杂、深奥的技术内容以通俗易懂的方式呈现出来，适合师范生、在职教师以及对人工智能及教育有兴趣的读者阅读和学习。

随着技术的进步和普及，人工智能不再是一个遥不可及的高科技产物，并且会逐渐成为基础教育的一部分。书中所选取的案例不仅具有代表性，而且与基础教育紧密结合，展现了基础教育中开展人工智能教育的基本脉络和教学实践；书中的主题学习活动设计选取了人工智能与人类和教育的关系、生成式人工智能的应用、知识图谱建构、编程体验、深度学习任务等主题，既有前沿人工智能技术的应用与体验，又有科技伦理的深度讨论与理解，还有对未来人工智能教育的思考与关切，体现了内容的基础性、普及性。

未来已来，人工智能日益普及，在人机协同共生的视野下，在人工智能与教育深度融合的未来图景中，智能素养必将成为未来公民的核心素养。期待本书能够成为师范生和在职教师了解人工智能教育、未来应用人工智能技术的思想源泉，为构建一个充满智慧与创新的教育未来而贡献一份力量！

华东师范大学终身教授

2023 年 12 月

序(二)

在科技与教育深度融合的时代，人工智能正以前所未有的速度改变着教育的面貌。新一代人工智能技术的崛起，特别是生成式人工智能的崭新进展，不仅给教育带来了无限的机遇，也带来了一系列的挑战。在这一背景之下，智能素养成为未来社会人才的核心能力，教育也不再仅仅是知识的传授，更是能力的培养和素质的提升，智能素养的培养成为教育的应然职责，而全面、深入、前沿地探讨人工智能教育，引导学习者体验人工智能技术并建构起对人工智能教育的初步认知，同时关注中小学人工智能教育，这就是《人工智能教育导论》的价值所在。

作为新一代人工智能的引领性技术，生成式人工智能拥有强大的信息检索能力、逻辑推理能力以及文本生成能力，不仅可以模拟人类思考，还可以模拟人类处理和生成多模态产品，以其独特的创造力、适应性和进化速度，为智慧教学与教育创新提供了无限可能。然而，生成式人工智能的不确定性也引起了教育学界的担忧，其潜在的数据隐私、算法偏见、透明性和可信度等智能伦理问题正在对人类和科技的关系发起新的挑战，因此我们需要审慎、积极对待人工智能技术的开发和应用。

书中的九个专题涵盖了从人工智能的基本概念、发展历程、教育概览，到计算机视觉、自然语言处理、认知与推理、机器人、博弈与伦理、机器学习教育的现状，以及人工智能教育的未来发展趋势等多个方面。同时，本书将最新的生成式人工智能技术内容融入对相关领域的阐述中，并将以人为本的智能伦理观念贯穿于全书，体现了作者的前瞻性和责任感。本书既描述了人工智能的概貌和最新进展，又展现了以人工智能为基础开展教育活动的情景；既有对人工智能及教育的历史和现状的梳理，又有对未来人工智能教育发展趋势的分析和预测。本书还呈现了涉及人工智能教育的六个领域的基本知识和教学案例，充分展示了如何将人工智能与课程目标内容、教学方法、评价实施进行深度融合，还精心设计了 AIGC 应用、知识图谱、机器人编程、深度学习等主题学习活动，让我们不仅能初步了解人工智能技术应用，更能理解并践行人工智能技术背后的伦理原则，为以后在工作、学习和生活中积极、合理、恰当地运用人工智能技术奠定基础。

《人工智能教育导论》是一本及时、全面、崭新的著作，为我们理解人工智能及教育、思考新一代人工智能对教育的影响开启了一扇窗，引导我们更加深入地思考人工智能对教育带来的机遇和挑战。让我们共同探索人工智能教育、教育人工智能的无限可能，协同努力创造人机和谐共生的教育未来。

北京大学教育学院教授

国家社会科学基金 2023 年教育学重大课题

“新一代人工智能对教育的影响研究”主持人 汪琼

2023 年 12 月

前　言

人工智能(Artificial Intelligence，AI)是研究和开发模拟、延伸、扩展人类智能的方法和技术。近年来，依靠5G、云计算、大数据、物联网、移动互联、大语言模型等新一代信息技术的支撑和融合，人工智能迎来第三次发展高潮，成为引领新一轮科技革命和产业变革的战略性技术，以及推动世界经济发展的新动能。作为经济发展的新增长引擎，人工智能在催生经济发展新产业、新业态、新模式的同时，正在改变着科技创新、人才需求的方向和内涵，也在重构着整个教育生态。

教育生态的重构，一方面表现为人工智能赋能教育(Education with/by AI)，推动着教学、学习、育人方式的变革；另一方面表现为人才培养目标、内容、方式的革新，需要培养具有智能素养的公民，开展人工智能教育(Education about AI)，以确保学生能适应未来人工智能时代的生存与发展，而这一点正是作者编写本书的初衷。

教育大计，教师为本。人工智能教育的开展，需要具备智能素养的教师，因此，在职教师、师范生的智能素养培养显得尤为迫切。笔者编写本书就是希望为在职教师、师范生开启了解人工智能教育的一扇窗，方便他们了解人工智能的内涵和发展，认识人工智能技术给中小学教育带来的机遇和挑战，理解中小学人工智能教育开展的目标、途径与方法。本书旨在促进在职教师、师范生的智能素养提升以及学生智能素养的培养，同时为未来能够运用人工智能技术开展人机协同的教学与学习奠定基础。

本书具有如下特点：

(1) 选题的创新性。本书对基础教育中人工智能教育的目标要求、课程设置、内容安排、学习活动、评价设计、发展趋势等进行了全面梳理和深入分析，是一本聚焦中小学人工智能教育的书籍。

(2) 定位的基础性。考虑到不同师范专业学生的学习需求，本书在设计与编写时，定位为人工智能教育的入门级书籍，没有技术门槛。也就是说，即使读者不具备人工智能专业知识，也可以阅读和学习本书。因此本书也适合作为人工智能教育的普及性、基础性先导学习参考书。

(3) 内容的技能性。本书的每个专题除了从学理方面呈现人工智能相关领域的知识，还专门设计了主题学习活动，强调学习者对人工智能相关领域技术的实践体验，以提升人工智能技术的运用技能。

(4) 资源的丰富性。本书将人工智能知识与技能、技术伦理观念等内容以图片、文字、视频、网站等融合媒体方式呈现，每个专题提供了人工智能相关领域的教学案例与课件，以促进学习者对相关概念与知识的理解，需要的读者可以通过出版社官网查询本书，在对应的页面下载相关资源。

本书以人工智能的主要研究与实践领域为内容框架，包含了人工智能的基本概念和主要领域的技术发展以及基础教育中开展人工智能相关领域教育的现状与未来发展趋势。全书共分为九个专题：

专题一为人工智能及其发展历程，包含人工智能的内涵、发展、六大研究与实践领域，以及人工智能与人类的关系探讨。

专题二为人工智能教育概览，包含人工智能教育的时代背景，终身学习视野下的人工智能教育，以及中小学人工智能教育的价值、目标、研究和实践现状，关注的是技术与教育的关系。

专题三至专题八围绕计算机视觉、自然语言处理、认知与推理、机器人、博弈与伦理、机器学习六个主要人工智能领域及其在中小学教育中的展开，通过对技术本身的介绍以及对中小学相关技术教育的开展现状、典型教学案例的呈现，让读者了解人工智能技术的内涵和中小学人工智能教学的情况，同时通过主题学习活动的开展，让读者更深入地理解人工智能技术的价值及其应用，并学会自主探究、合作交流。

专题九展望了人工智能教育的发展，分析了未来教育的发展形态——教育

4.0，以及智能时代的学生技能及培养和未来的中小学人工智能教育。

本书适合作为师范专业学生开展人工智能通识教育的教材，也适合作为在职教师了解和学习人工智能教育的参考书。本书力求让读者通过阅读、学习、体验，达成以下目标：

(1) 知识与技能。了解人工智能技术发展的历史，以及中小学人工智能教育的价值、目标、研究与实践现状；理解计算机视觉、自然语言处理、认知与推理、机器人、博弈与伦理、机器学习等六种主要的人工智能技术及其应用；熟悉这些人工智能技术在中小学人工智能教育课程中的教学案例，以深入理解技术与学习、与社会的关系，学会运用人工智能技术支持教学和学习。

(2) 过程与方法。通过学习、交流和讨论，基于文献、网络资源等对人工智能技术的发展历史、当前主要人工智能技术的教育实践应用、教学案例的梳理，以及各专题中主题学习活动的开展，学会自主探究、合作学习，为未来在教学岗位上实现“以生为本”的理念奠定基础。

(3) 情感态度价值观。通过学习，正确地理解技术，特别是人工智能技术的发展对教育甚至是人类社会带来的机遇和挑战，形成理性正向的技术观，正确看待人工智能带来的教育方式、学习方式甚至是人类生存方式的变革，从而在未来教育教学中引导学生正确地认识和运用人工智能技术。

本书系江苏省教育科学规划课题(B20220101)阶段性研究成果之一。在本书的编写过程中，祝智庭教授、汪琼教授给予了诸多指导和建议，并欣然作序；秦安格、赵雨、詹晓燕、王梦姣、宗琰、潘衍参与了部分章节的资料收集；此外，西安电子科技大学出版社对本书的出版工作给予了大力支持，在此一并表示感谢！

陈维维

2024年10月于南京方山

目　录

专题一

人工智能及其发展历程

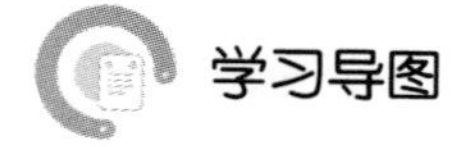

学习导图

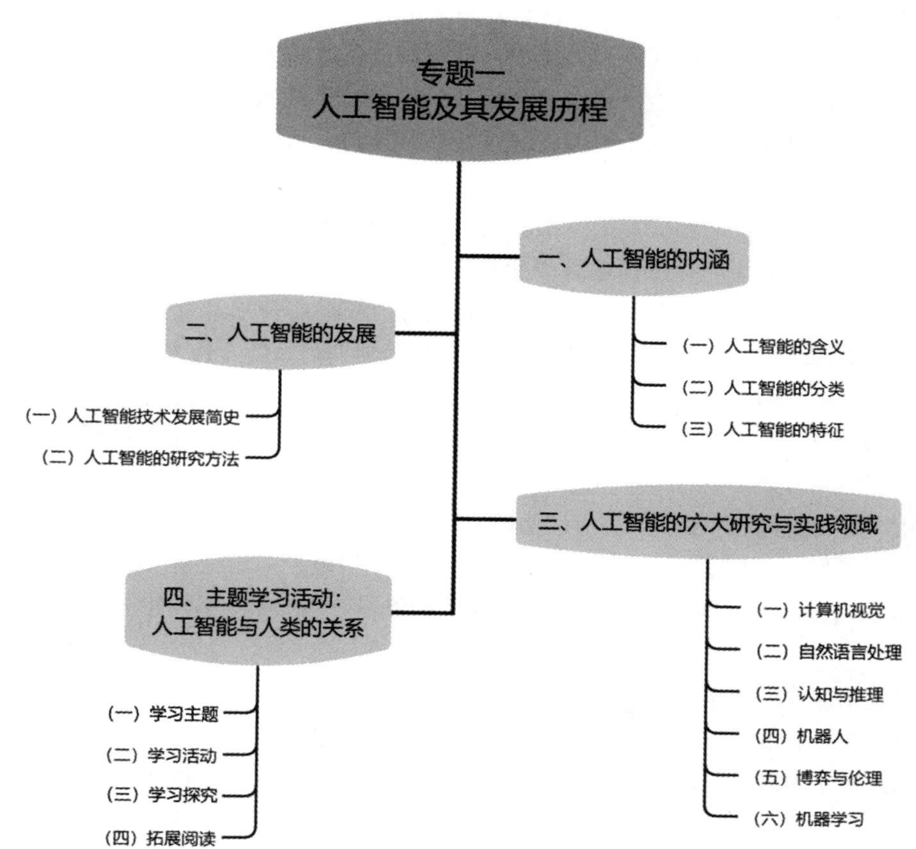

人工智能的迅速发展将深刻改变人类社会生活、改变世界。

——《新一代人工智能发展规划》

当前，以 ChatGPT、Sora、文心一言、讯飞星火、DeepSeek 等为代表的生成式人工智能以其强大的多模态内容生成能力，再次掀起了人工智能发展的热潮。人工智能技术的快速发展与应用正深刻改变着社会各领域的行业生态以及人们的工作、学习、生活方式，因此，人工智能被认为是 21 世纪最具变革力的技术。

人工智能这一概念诞生于 1956 年。近年来，由于算法的不断优化与创新，算力和数据量的急骤提升，作为引领新一轮科技革命和产业变革的战略性技术，人工智能已然成为全世界最炙手可热的技术焦点之一，也是各国之间国力竞争、经济竞争、人才竞争的关键。

我国非常重视人工智能的发展，是最早发布人工智能战略的国家之一。2017 年，国务院发布的《新一代人工智能发展规划》指出，人工智能发展进入新阶段，成为国际竞争的新焦点，经济发展的新引擎，给社会建设带来新机遇和新挑战，并提出在人工智能理论和技术、人工智能产业竞争力、人工智能伦理法规与政策体系等方面三步走的战略目标，成为引导我国人工智能发展的重要政策之一。

人工智能作为新一轮产业变革的核心驱动力，与 5G 基站、大数据中心、工业互联网等“新基建”共同支撑智能经济发展和产业数字化转型。政府的工作报告强调开展“人工智能+”行动，打造具有国际竞争力的数字产业集群。在核心技术开发与应用场景落地方面，浦江实验室等一批国家级人工智能研究院、北京等地的国家新一代人工智能创新发展试验区、上海浦东新区等国家人工智能创新应用先导区相继建立，杭州科技“六小龙”(六家科技企业)取得创新突破，人工智能的创新发展正呈现蓬勃之势；在技术伦理法律方面，国家新一代人工智能治理专业委员会发布了《新一代人工智能治理原则——发展负责任的人工智能》，提出了人工智能治理的框架和行动指南；在智能人才培养方面，教育部印发了《高等学校人工智能创新行动计划》，针对人工智能领域学科建设、专业建设、人才培养和多层次教育体系构建等方向进行了系统布局，人工智能专业于 2019 年开始被列入新增本科专业名单。

作为引发第四次科技革命的核心技术，人工智能在与实体经济快速融合的过程中推动了传统产业的转型，催生了新的业态和商业模式，加快了数字经济产业的创新与发展，社会对人工智能相关人才的需求呈爆发式增长。同时，人工智能也在催生新的知识生产方式，变革学习方式，激发创造力与活力，引发领域与行业变革，促进教育生态升级[1]，给传统教育的理念、体系和教学模式带来了革命性影响，推动了教育的改革与创新。

教师在教育改革中扮演着关键的角色，教师的智能素养水平直接关系到智能型人才的培养。关于教师的智能素养提升，中共中央、国务院于 2018 年颁布的《关于全面深化新时代教师队伍建设改革的意见》中明确提出，教师要主动适应信息化、人工智能等新技术变革，积极有效开展教育教学。2019 年，《教育部关于实施全国中小学教师信息技术应用能力提升工程 2.0 的意见》指出，教师需要形成智能化教育意识，掌握智能化教育工具，探索跨学科教学、智能化教育等教育教学新模式。2018 年、2021 年，教育部连续开展两批人工智能助推教师队伍建设行动试点工作，提出要提升教师的智能教育素养，为智能教育培育一批“领头雁”，同时指出了人工智能运用的四项任务：一是教师使用人工智能，将人工智能作为智能帮手，创新教学模式；二是运用人工智能支持未来教师培养、培训的创新，提升教师智能教育素养；三是运用人工智能帮扶贫困地区的教师，以智能引领乡村学校与薄弱学校的教师发展；四是开展教师的大数据采集与应用，形成教师画像，支持教师管理与评价改革。

人工智能与教育教学的融合正成为时代发展的必然趋势。然而，人工智能是什么？人工智能教育的含义是什么？中小学人工智能教育涉及哪些方面？其价值与目标何在？实践路径如何选择？研究与实践现状如何？未来的发展趋势怎样？对这些问题进行梳理，以厘清人工智能教育的研究与实践脉络，将有助于师范生、在职教师理解智能技术与人类的关系，了解基础教育的智能化改革及其发展趋势，理解基础教育对教师数字素养的新要求，进而更好地规划学习生涯、职业生涯，培养智能素养。

一、人工智能的内涵

人工智能生态产业链的不断完备和升级必然带来对人工智能人才的迫切需求，《新一代人工智能发展规划》指出，要利用智能技术加快推动人才培养模式改革、教学方法改革，构建新型教育体系，实施全民智能教育项目，在中小学阶段设置人工智能相关课程，逐步推广编程教育，鼓励社会力量参与寓教于乐的编程教学软件、游戏的开发和推广。这一方面说明了智能人才培养的重要性，另一方面提出人工智能要与教育教学融合发展。分析文件内容可以看出培养智能人才的两条路径：一是人工智能技术的教育应用，即以人工智能作为技术手段，助力各学科课程的教育教学改革，特别是人才培养模式和教学方法的改革，促进教师和学生智能素养的“双提升”；二是人工智能教育，即将人工智能作为学习内容，开设相关课程，培养学生的人工智能知识与能力，以及遵守人工智能伦理的意识，提升学生的智能素养。其中的后者——人工智能教育是本书关注的主题。

智能人才、智能素养的培养，都建立在对人工智能进行概念界定与价值探析的基础上。因为只有明确了人工智能是什么，我们才能进一步研究人工智能在教育中的应用。关于人工智能的内涵，我们可以从它的含义、分类、特征、研究与实践领域进行阐述和分析。

(一) 人工智能的含义

1956年，在由明斯基(Marvin Lee Minsky)和麦卡锡(John McCarthy)主持的达特茅斯人工智能夏季研讨会(以下简称“达特茅斯会议”)上，专家们中提出用“人工智能”来表达他们正在讨论的主题，人工智能的概念由此诞生。

1. 人工智能的定义

达特茅斯会议上，专家们将人工智能定义为“运用计算机技术达成人类智能的研究领域”。之后人工智能技术不断发展，不同研究者基于自身的认识、实践和研究对其给出了不同的定义。麦卡锡认为[2]人工智能是制造智能机器，特别是智能计算机程序的科学和工程，它与使用计算机来理解人类智能的相似任务有关，但并不局限于生物学上可观察到的方法。明斯基认为[3]人工智能就是研究“让机器来完成那些如果由人来做则需要智能的事情”的科学，他曾说过“在某些地方，一些计算机将会比大多数人更聪明”。维斯顿(Patrick Winston)则对机器需要完成的任务描述得更具体些，他认为人工智能是对计算的研究，以使机器能够感知、推理和行动[4]。罗素(Stuart Russell)与诺维格(Peter Norvig)所著的经典人工智能教材《人工智能：一种现代的方法》中将人工智能定义为[5]“有关智能主体(Intelligent Agent)的研究与设计”的学问，而智能主体是指“一个能从环境中感知信息并执行行动以达到目标的系统”。事实上，人工智能的概念具有历史性，会随着时间的推移而不断演变，现在的人工智能通常被认为是能够模仿具有人类智能的某些行动(如感知、学习、推理、解决问题、语言交互)和创造性工作的技术。

从上述一些定义的描述可以看出，人工智能是一种智能机器(主体)或智能计算机程序，这些机器或程序能完成类似于人类智能的行为或执行类似于人类智能的任务，如感知、推理、学习、交流和行动等，这些行为或任务并不仅限于人类在生物学上可以观察到的任务，有可能会超越。通俗地说，人工智能研究的是让机器系统或计算机程序学习人类的智能，并对人类的智能进行模拟、延伸和拓展。

2. 人工智能的判断标准

除了从概念界定的角度来说明人工智能的内涵，我们还可以从评价标准的角度，即如何评判机器具有智能来进一步理解人工智能，如图灵测试、专家系统等。

1) 图灵测试

图灵测试是人工智能最典型的且运用最为广泛的检验标准，其提出者是图灵(Alan Turing，英国数学家、逻辑学家，计算机科学的理论奠基人)。1950年，图灵在《心智》上发表了论文《计算机和智能》(Computing Machinery and Intelligence)，提出了著名的“图灵测试”(Turing Test)思想。

图灵测试也被称为“模仿游戏”。如图 1-1 所示，游戏中有三个角色：一位人类测试者，一台机器(计算机)，一个真人。这三个角色都在各自独立的房间中，且只能通过文字进行交流。人类测试者的目标是通过任意问题，对人和机器进行辨别，如果机器能在 5 分钟内回答由人类测试者提出的一系列问题，且其中超过 30%的回答让人类测试者认为是人类所答，则机器通过测试，由此可以推断机器具有了智能。

图 1-1　阿兰·图灵与图灵测试示意图

美国科学家兼慈善家休·罗布纳(Hugh Loebner)于 20 世纪 90 年代设立人工智能年度比赛，把图灵的设想付诸实践，比赛分为金、银、铜三个等级的奖项。2014 年 6 月 8 日，一台装有聊天软件“尤金·古斯特曼”的计算机，成功地让人类相信它是一个 13 岁的男孩，成为有史以来首台通过图灵测试的计算机。这被认为是人工智能发展史上一个里程碑事件。

2022 年 6 月，由谷歌等公司联合推出的大型语言模型 LaMDA 参与了图灵测试。测试人员用 LaMDA 与聊天机器人对话，测试过程中通过文本聊天方式对 LaMDA 询问各种话题，持续 20 分钟，以评估模型的表现。测试结果表明，LaMDA 的对话质量很高，在多个话题上展现了与人类相似的理解和表达能力，被认为是目前最好的通过图灵测试的 AI 模型之一。

2) 专家系统

与图灵测试的外部测试推断不同，专家系统依据其内部的知识推理来呈现问题解决的结果，从而表现出智能。世界上首个专家系统 DENDRAL 是由图灵奖获得者费根鲍姆(Edward Feigenbaum)于 1968 年提出的，用于推断化学分子结构，因此，费根鲍姆也被称为“专家系统之父”。他认为只告诉机器做什么而不告诉它怎样做，机器就能完成工作，便可说机器有了智能。他亲自设计开发的专家系统，实现了用机器来表示特定领域的专家知识，并通过机器自动推理来模拟专家在特定领域中的作用。1971 年，麻省理工学院推出数学专家系统 MYCSYMA，专门用于解决数学运算问题。1976 年，斯坦福大学研制出医学专家系统 MYCIN，用于诊断和治疗血液感染疾病，MYCIN 可以识别 51 种致病菌，能协助内科医生诊断血液感染疾病，并正确使用 23 种抗生素为患者提供最佳处方。

以上的计算机系统，具有在特定领域像专家一样解决困难、复杂的实际问题的能力，被认为是一种典型的具有人工智能的机器代表。专家系统的基本功能是存放知识和运用知识进行问题求解，其基本结构如图 1-2 所示。领域专家或知识工程师通过专门的软件，以机器能理解和表达的方式不断充实和完善知识库，这是存放知识的过程；当用户通过人机交互界面向系统提问时，推理机会将用户输入的信息与知识库中各个规则的条件进行匹配，并把符合匹配规则的结论存放到综合数据库中，最终通过人机交互界面将结论呈现给用户，这是运用知识进行问题求解的过程。

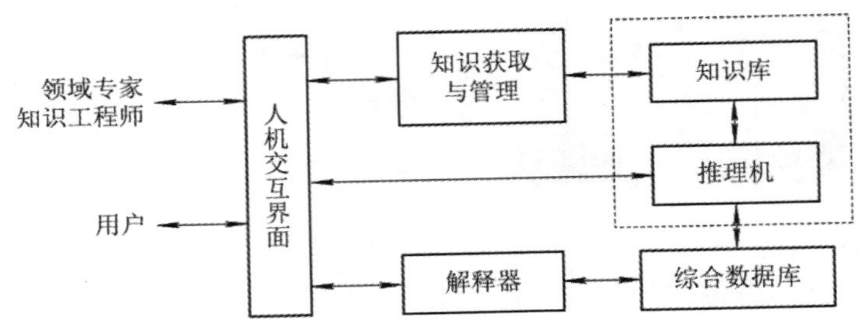

图 1-2　人工智能专家系统结构示意图

20 世纪 80 年代中期以来，随着知识工程技术的成熟，专家系统已被广泛应用到医学、数学、物理、化学、地质、气象、农业、教育等多个领域，成为人工智能的重要分支。

(二) 人工智能的分类

人工智能根据不同的标准，有不同的分类方法，比较典型的是从智能水平维度进行的分类，也有从具体智能任务等维度进行的分类。

1. 智能水平维度

根据智能水平的不同，人们通常将人工智能分为三类：

(1) 狭义人工智能(Artificial Narrow Intelligence，ANI)，又称弱人工智能。狭义人工智能以一个或多个专门领域和功能的研究为主，在特定领域和既定规划中，可以表现出强大的智能。目前狭义人工智能正处于高速发展阶段，已取得较为丰富的成果，如计算机视觉、语音识别等。目前的人工智能大多属于狭义人工智能，如苹果公司的 Siri、战胜围棋世界冠军的 AlphaGo、IBM 公司 Watson 机器人、波士顿动力公司的 Atlas 人形机器人等。

(2) 通用人工智能(Artificial General Intelligence，AGI)，又称强人工智能，它专注于研究

一种智能机器或程序，能与人类一样拥有进行智力性工作的可能，其关键在于自动认知和拓展。戈特弗雷德森(Linda Gottfredson)教授把这类智能定义为“一种宽泛的心理能力，能够进行思考、计划、解决问题、理解复杂理念、快速学习和从经验中学习等操作”[6]，而且通用人工智能进行这些操作时会和人类一样得心应手。通用人工智能需要具备思考能力、一定的知识量、计划能力、学习能力、交流能力、利用自身所有能力达成目的的能力[7]。目前，人工智能技术的研究与开发还未达到通用人工智能水平，但ChatGPT、Sora、DeepSeek等生成式人工智能技术的发展快速，能够自动生成文本、视频、动画、音乐等多模态作品，向通用人工智能迈开了重要的一步。

(3) 超级人工智能(Artificial Super Intelligence，ASI)，即人工智能具有自我意识，包括独立自主的价值观、世界观等。牛津大学人类未来研究院院长博斯特罗姆(Nick Bostrom)将其定义为“在几乎所有领域都比人类最优秀的大脑聪明得多的智力，包括科学创造力、一般智慧和社交技能”[8]，即超过通常人类智能的人工智能。目前，超级人工智能还只能存在于科幻小说和电影当中。

关于强人工智能和超级人工智能会不会出现，也就是人工智能能不能实现与人类同等智能甚至超越人类智能，库兹韦尔提出了著名的“奇点理论”(Singularity Theory)[9]。他认为科技发展是以幂律式加速度进行的，由此2045年人工智能将超越人类，成为改变人类种族的“奇点”。他的这一观点得到了霍金(Stephen Hawking)、盖茨(Bill Gates)、马斯克(Elon Musk)、塔林(Jaan Tallinn)以及博斯特罗姆(Nick Bostrom)等人的支持。他们公开对人工智能技术影响下人类的未来表示担忧，被称为人工智能的悲观学派。例如，霍金认为人工智能对人类的未来有四种威胁：一是人工智能会遵循科技发展的加速度理论；二是人工智能可能会有自我改造创新的能力；三是人工智能进步的速度远远超过人类；四是存在人类会被灭绝的危机。

当然，也有人对此持怀疑态度，被称为人工智能的乐观学派。这些人以人工智能的重要技术开发者为主，他们对人工智能持乐观看法的理由有三种：一是人类只要关掉电源就能除掉AI机器人；二是任何科技都会有瓶颈，AI科技依然存在许多难以克服的瓶颈，不会无限成长；三是依目前的研究情况，计算机无法突变、觉醒、产生自我意志，AI也不可能具有创意与智慧、同情心与审美等方面的能力。

2. 具体智能任务维度

从具体的智能任务出发，人们将人工智能划分为感知智能、认知智能和创造智能。感知智能涉及对感知或直觉行为的模拟和拓展，如视觉、听觉、触觉等，图像识别、语音识别等都属于感知智能；认知智能则致力于对人类的深思熟虑行为进行模拟和拓展，包括记忆、推理、规划、决策、知识学习等高级智能行为，如专家系统、生成式人工智能等；创造智能涉及如顿悟、灵感等创造性思维，目前这方面的研究尚未取得明显进展。

此外，人工智能还有其他多种分类方法，如以智能机器有无生命体为标准，可分为弱人工智能与强人工智能等[10]。不具备生命体的机器智能被称为弱人工智能，通常专注于某个狭窄的任务领域；具备生命体的机器智能被称为强人工智能，理论上它们拥有意识和思想，但目前还没有实现，仍处于假设阶段。

(三) 人工智能的特征

人工智能作为一种模拟和拓展人类智能的技术，具有智能性、人工性、跨学科性等特征。

1. 智能性

人工智能需具有智能性，这被认为是一个应然结论。然而智能性如何体现？图灵认为，如果机器能像人一样进行思考，就具有了类似于人的智能。事实上，对人类智能的模拟不仅包括思考，还包括感知、自我意识、思维、行为等，对某种人类智能模拟的程度可以是模仿、逼真，甚至是超越。

加德纳(Howard Gardner)教授曾提出多元智能理论，将人类的智能分成八种类型：语言智能、音乐智能、逻辑与数学智能、空间智能、身体运动智能、人际智能、自我认知智能，以及 1995 年新增的自然观察者智能。

人工智能技术在八种智能上表现出模拟和实现程度的不同，如图 1-3 所示。从总体上来看，人工智能技术在逻辑与数学智能、语言智能、身体运动智能、音乐智能方面的模拟和实现程度较高，在空间智能方面有一定的发展，而在自我认知智能、人际智能、自然观察者智能方面的发展程度较低，甚至有的基本没有开展。

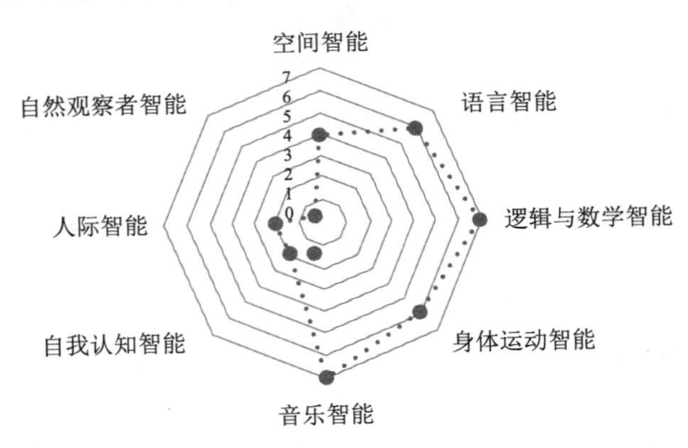

图 1-3　人工智能技术在多元智能各个维度的发展程度示意图

2. 人工性

人工智能中的“人工”指由人类设计并由人类创造、制造。人工智能与人类智能的本质区别在于，它是技术发展到一定阶段的产物，是运用技术手段开发、制造出智能机器或程序，去模拟完成如意识、思维、计算、学习、思考、创造等这些通常需要人类智能才能完成的复杂工作。当下的人工智能技术在数据计算、逻辑推演方面已远超人类智能，如搜索引擎、语音翻译，以及能战胜人类棋手的深蓝(Deep Blue)、AlphaGo 等；但在模拟人类的常识、直觉、情感、社交、价值观等方面，人工智能还存在明显不足。正如斯坦福大学荣誉教授、计算机科学家高德纳(Donald Knuth)所说："人工智能已经在几乎所有需要思考的领域超过了人类，但是在那些人类和其他动物不需要思考就能完成的事情上，还差得很远。"[11]这说明人工智能要达到人类智能的全面水平，还有很长的路要走。

3. 跨学科性

人工智能的目标及其实现过程的复杂性决定了该领域研究与实践的跨学科特点。人工智能学不仅涵盖人工智能编程语言、大数据技术等计算机学科知识，还与哲学、伦理学、数学、统计学、逻辑学、生物学、神经科学、心理学、语言学、控制论、机器人学等多门学科知识密切相关。例如，哲学中对"什么是智能？""人工智能的本质是什么？"这类问题的不同理解与回答，会影响智能技术的研究流派和实践方向；伦理学中的"人类如何看待人工智能？""人类该如何与人工智能共存？"等问题，以及技术悲观论、技术乐观论等都是对人工智能伦理的思考与回答；心理学研究人类思维的过程中，学习、理解、记忆、推理等智能行为被认为是人类思维的内在机理和外在表现，成为人工智能模拟的主要对象，这是打造人工智能成为"会思考的机器"思想来源。人工智能学科的发展反过来又会促进这些学科的不断发展。

因此，人工智能的发展，一方面需要多个领域的复合型人才组成项目团队，另一方面也要求未来人工智能领域的人才具有多学科交叉的知识背景，以及对于跨学科知识的快速学习力和领悟力。

二、人工智能的发展

人工智能的发展可从时间和空间两个维度去分析。时间维度是指人工智能从诞生到当下的技术变迁过程，空间维度是指人工智能的研究分成不同方向，形成了各具特色的研究流派。对两个维度的分析，有助于人们深入了解人工智能技术及其对社会特别是教育的影响。

(一) 人工智能技术发展简史

人工智能的概念和技术不是凭空出现的，它与人类一直以来"假于物"的追求有关。早在 17 世纪，莱布尼茨(Gottfried Wilhelm Leibniz)就提出要研制四则计算器，用"通用符号"

和“推进计算”使形式逻辑符号化，实现对人类思维的运算和推理，由此奠定了人工智能的数理逻辑基础。19 世纪，布尔(George Boole)创立了布尔代数，并在其《思维法则》一书中首次用符号语言描述了思维活动的基本推进规则。20 世纪上半叶，图灵提出了理想计算模型——图灵机，同时提出了用“图灵测试”来判断机器是否具有智能。

1946 年，莫克利(John William Mauchly)和埃克特(John Presper Eckert)等人成功研制了电子计算机 ENIAC，为人工智能研究奠定了强大的物质基础。后来冯·诺依曼(John von Neumann)提出了冯·诺依曼计算机模型，麦卡洛克(Warren McCulloch)和皮茨(Walter Pitts)建立了神经网络数学模型，开创了模拟人脑智能的人工神经网络(Artificial Neural Network，ANN)研究，克莱因(Stephen Cole Kleene)的有限自动机理论、维纳(Norbert Wiener)的控制论、香农(Claude Elwood Shannon)的信息论都为人工智能的诞生提供了理论和实践基础。

1956 年，在历时两个月的达特茅斯会议中，与会学者们深入探讨了如何利用计算机来实现人类智能的多个方面。图 1-4 是当时参加会议的部分专家合影及 50 年后的再聚首，参加会议的人员均来自美国的知名大学和计算机相关企业，后来，他们所在的机构也成为了全球人工智能研究的重要基地，由他们以及他们的同事和学生所取得的研究成果引领着人工智能后续的发展。值得一提的是，世界上第一个人工智能实验室是由麦卡锡与明斯基于 1958 年在麻省理工学院共同创立的，世界上第二个人工智能实验室也是由麦卡锡于 1963 年在斯坦福大学创建的。

左图左起：塞尔弗里奇(Oliver Selfridge)——机器感知之父、模式识别的奠基人；罗切斯特(Nathaniel Rochester)——IBM701 电脑总设计师；纽维尔(Allen Newell)——1975 年图灵奖获得者；明斯基——1969 年图灵奖获得者；西蒙(Herbert Alexander Simon)——1975 年图灵奖获得者、1978 年诺贝尔经济学奖获得者；麦卡锡——1971 年图灵奖获得者、LISP 语言发明人、达特茅斯会议的主要发起人；香农——信息论创始人。

右图左起：摩尔(Trenchard More)——达特茅斯学院教授；麦卡锡、明斯基、塞尔弗里奇、索洛莫洛夫(Ray Solomonoff)——算法概率论的创始人。

图 1-4 达特茅斯会议部分专家合影(1956 年)和 50 年后再聚首(2006 年)

达特茅斯会议被认为是人工智能正式诞生的标志，会议的发起人之一麦卡锡被誉为“人工智能之父”，1956 年被也称作“人工智能元年”。在会议中，麦卡锡介绍了下棋程序，尤其是在 α-β 搜索法上所取得的成就；明斯基则展示了名为 Snarc 的学习机原型(主要学习如何通过迷宫)。这些研究成果使与会者对“人工智能”这一新的研究领域充满信心。

诞生后的人工智能发展经历了三次高潮、两次衰落，可大致分成初步发展期、反思发展期、蓬勃发展期三个时期，每个发展期又可以细分为几个具体的发展阶段。图 1-5 呈现了 1956 年至 21 世纪 20 年代初人工智能技术在不同发展阶段的典型技术。

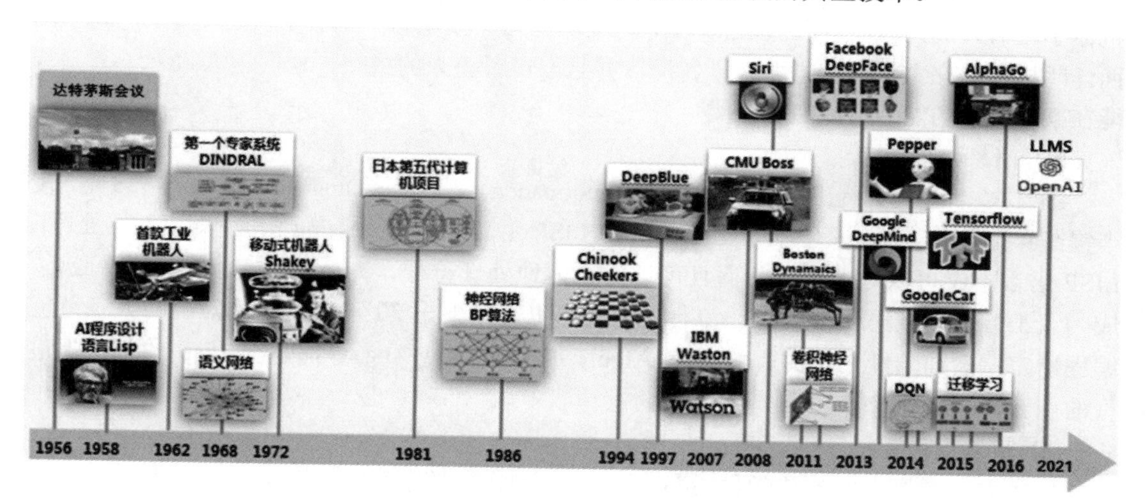

图 1-5　人工智能不同发展阶段的典型事件

1. 初步发展期(20 世纪 50—70 年代初)

1) 起步阶段(1956—1968 年)

20 世纪 50 年代中后期至 60 年代，人工智能迎来了起步发展阶段。麻省理工学院、斯坦福大学、卡耐基梅隆大学、爱丁堡大学、IBM 公司等成为了人工智能研究前沿阵地。科学家们经过积极探索，在多个方面取得了新的成果，如定理证明与问题求解、下棋、信息处理语言、机器人、人工神经网络、机器翻译等。

(1) 定理证明与问题求解。

1957 年，美国认知心理学家纽维尔和西蒙成功研制了逻辑理论机(Logic Theory Machine，LTM)，该程序可模拟人类运用数理逻辑证明定理时的思维活动，并证明了《数学原理》中的 38 条定理，成为支持符号系统理论的人工智能系统，也是机器证明定理的最早尝试；1960

年，他们又成功开发了通用问题求解程序(General Problem Solving，GPS)，解决了不定积分、三角函数、代数议程、猴子摘香蕉等问题。

(2) 下棋。

IBM 公司的软件工程师萨缪尔(Arthur Samuel)从 1952 年开始钻研西洋跳棋程序(Checkers)，该程序通过对落子的判断进行自我学习，很快便能战胜萨缪尔本人。经过不断优化，这个具有自学能力的启发式博弈程序于 1962 年向当时全美排名第四的专业棋手尼雷(Robert Nealey)发起挑战，获胜后引起轰动，给人留下了深刻的印象。萨缪尔在研究、编写程序的过程中，第一次提出了“机器学习”的概念，机器可通过自我学习来强化对抗能力。机器学习后来成为 AI 程序的核心算法，萨缪尔也因此被称为“机器学习之父”。萨缪尔的西洋跳棋程序在人机对弈方面开了先河，并且取得了骄人的成绩，也向世人宣告了人工智能在某些方面的能力可以超越人类。

(3) 信息处理语言。

纽维尔、西蒙等人提出了信息处理语言(Information Processing Language，IPL)。1958 年，麦卡锡在麻省理工学院定义了表处理语言 LISP(LISP 由 List 和 Processing 构成，即表数据处理)。LISP 语言不仅可以处理数值，而且可以更方便地处理符号，为 AI 研究提供了重要工具，成为人工智能领域第一个最广泛流行的语言，也是接下来 30 年内占统治地位的人工智能编程语言，后面陆续出现的程序语言 Algol、Pascal、C、Ada 等都是在 Lisp 的基础上进行的创新。

(4) 机器人。

1956 年，美国发明家德沃尔(George Devol)和物理学家英格柏格(Joe Engelberger)成立了一家名为 Unimation 的公司，这是世界上第一家机器人公司。1959 年，他俩发明了世界上第一台工业机器人，并将其命名为 Unimate(尤尼梅特)，意思是“万能自动”。英格伯格负责设计机器人的“手”“脚”“身体”，即机器人的机械部分和操作部分；德沃尔负责设计机器人的“头脑”“神经系统”“肌肉系统”，即机器人的控制装置和驱动装置。1961 年，Unimation 公司生产的世界上第一台工业机器人在美国新泽西州的通用汽车公司安装运行。这台工业机器人用于生产汽车的门、车窗把柄、换挡旋钮、灯具固定架，以及汽车内部的其他硬件等，迈出了工业机器人从实验室到工业实践场景的坚实步伐。1964 年至 1966 年间，麻省理工学院人工智能实验室的德裔计算机科学家维泽鲍姆(Joseph Weizenbaum)开发出有史以来第一款聊天机器人 Eliza Doolittle。1966 年，美国海军使用机器人“科沃”(CURV)，潜至 750 米深的海底，成功地打捞起了一枚失落的氢弹。这轰动一时的事件，使人们第一次看到了机器人潜在的军事使用价值。1969 年，日本早稻田大学加藤一郎实验室研发出世界上第一台双脚走路的人形机器人。

(5) 人工神经网络。

早在 1943 年，心理学家麦卡洛克和数理逻辑学家皮茨就提出了人工神经网络的概念，并给出了人工神经元的数学模型，开创了人工神经网络研究的先河。1957 年，美国神经学家罗森布拉特(Frank Rosenblatt)提出了可以模拟人类感知能力的“感知机”，成功地在 IBM704 机器上完成了感知机的仿真，并于 1960 年实现了能够识别一些英文字母的基于感知机的神经计算机 Mark1。这被称为第一代神经网络，初步实现了模拟人类的感知、识别、记忆、学习等能力。

(6) 机器翻译。

1933 年，法国工程师阿尔楚尼(George Artsouni)提出了用机器进行翻译的想法。1947 年，美国科学家韦弗(Warren Weaver)提出了利用计算机进行自动翻译的想法，并于两年后正式提出了机器翻译的思想，发表了“翻译备忘录”。1954 年，在 IBM 公司的支持下，美国乔治敦大学(Georgetown University)用 IBM701 计算机首次完成了机器翻译试验，实现了将 60 个俄语句子自动翻译成英语，向人们展示了机器翻译的可行性。20 世纪 50 年代至 60 年代前中期，出于军事需要和经济需要，美国和欧洲国家投入大量资金进行机器翻译的研究，一时间机器翻译成为人工智能领域的显学。

然而，1966 年的一份报告给机器翻译研究带来了灾难，报告名为“语言与机器”[12]，由美国科学院的语言自动处理咨询委员会(Automatic Language Processing Advisory Committee，ALPAC)经过两年的调查分析后发布，因此也称为 ALPAC 报告。该报告全面否定了机器翻译的可行性，宣称“在近期或可以预见的未来，开发出实用的机器翻译系统是没有指望的”，并建议停止对机器翻译项目的资金支持。由此，我们可以想象机器翻译遭受空前挫折，呈现空前萧条的惨状。

2) 反思阶段(1968—1975 年)

早期的人工智能在多个领域取得了一些进展，人们开始对人工智能的发展抱有很大希望。1958 年，西蒙和纽维尔预测：“十年之内，数字计算机将成为国际象棋世界冠军”，“十年之内，数字计算机将发现并证明一个重要的数学定理”。1965 年，西蒙甚至声称：“二十年内，机器将能完成人能做到的一切工作。”1967 年，明斯基对西蒙的观点进行附和：“一代之内，创造‘人工智能’的问题将获得实质上的解决。”1970 年，明斯基还对时间进行了压缩，认为“在三到八年的时间里，我们将得到一台具有人类平均智能的机器”。

但现实是，到了 20 世纪 70 年代初，这些预言都没有得到实现，人工智能的发展离当初人们对人工智能的设想和期望相去甚远，很多人工智能研究的子领域遇到了瓶颈，许多科研项目没有达到预想的目标。当时，由于算力不足、数据欠缺，特别是人工智能的基础理论研究遭遇了挑战，基于神经网络的联结主义流派受到批评，符号主义流派也面临着常识知识问题等困难，一些外行也加入到鞭笞人工智能的队伍，这些综合因素使得人工智能的研究进入低谷，大家开始对人工智能的发展失去信心，认为其只能处理“玩具”问题。与此同时，对人工智能研究提供资助的机构(如 DARPA、NRC)也削减甚至是停止了对无方向的人工智能研究的资助。人们从最初的相当乐观快速进入到相当悲观的状态，人工智能的第一次寒冬到来。

进入第一次低谷的人工智能界开始了反思与坚守，主要分为两派。一派以德雷福斯(Hubert Dreyfus)为代表，对人工智能进行批判，认为人工智能研究终究会陷入困局；而另一派则对人工智能抱有希望，代表人物为费根鲍姆(Edward Feigenbaum)，他们坚守阵地，认为要摆脱困境，需要大量使用知识，并将专家系统作为突破的方向，他们也因此开拓了新的天地。这一阶段，计算机程序设计语言、机器人技术也取得了一定进展。

(1) 专家系统。

作为一种计算机程序，专家系统利用知识和推理过程来解决那些需要重要的、特殊的人类专家去解决的复杂问题。1968 年，费根鲍姆带着学生成功研制了第一个专家系统，并将其命名为 DENDRAL，专门用于进行化学质谱分析。第一个专家系统的面世，是人工智能研究从算法转向知识表示的开端，也是人工智能走向实用化的标志。这一时期比较有名的专家系统有 1974 年医学领域的 MYCIN，1976 年矿藏勘探专家系统 PROSPECTOR 和语言理解系统 HEARSAY-Ⅱ等。

(2) Prolog 语言。

Prolog 语言是一种逻辑程序设计语言，它是在 1970 年英国爱丁堡大学柯瓦斯基(Robin Kowalski)首先提出的以逻辑为基础的编程(Programming in Logic)的基础上，由法国马赛大学科莫劳埃(Alain Colmerauer)所领导的研究小组于 1972 年实现的逻辑式语言[13]。Prolog 语言建立在逻辑学理论基础之上，专门用来解决逻辑问题，只要给出事实和规则，它就会自动分析其中的逻辑关系，然后允许用户通过查询，完成复杂的逻辑运算。Prolog 语言最初被运用于自然语言研究等领域，后被应用于建造专家系统、自然语言理解、智能知识库等人工智能领域。

(3) 移动机器人。

1966 到 1972 年间，由罗森(Charlie Rosen)领导的斯坦福研究院着力于移动机器人的研制，推出了世界上第一台真正意义上的移动机器人 Shakey，它能自主完成搬运积木块、走斜坡等动作。如图 1-6 所示，Shakey 装备了摄像机、测距仪、驱动电机等部件，并通过无线通信系统由两台计算机控制，运用了新开发的两种导航算法——A^*搜索算法(A^* Search

Algorithm)和可视图法(Visibility Graph Method)，可以进行简单的自主导航。虽然当时执行移动控制的计算机运算速度缓慢，导致 Shakey 需要几个小时来感知、分析环境和规划路径，显得过于简单而笨拙，但它解决了机器人开发所必需的感知、运动规划和控制问题，成为当时人工智能应用的成功案例。

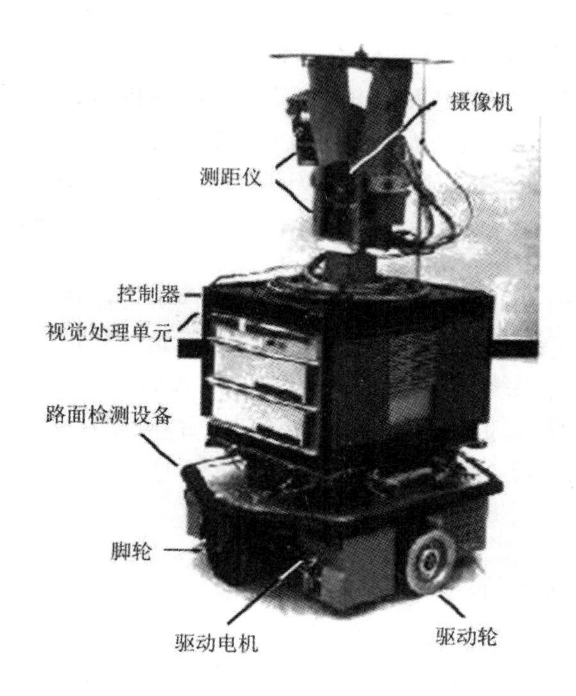

图 1-6　斯坦福研究院研制的移动机器人 Shakey

2. 反思发展期(20 世纪 70 年代中期—90 年代中期)

1) 复兴阶段(约 1976—1986 年)

1970 年代中后期，随着 BP(Back Propagation)算法研究的推进，第五代计算机的研发工作启动，专家系统的研究和应用也取得了一些进展，计算能力逐渐提高，人工智能开始了新一轮的突破发展，这个阶段被称为复兴阶段，其特征表现为重视知识、走向实用。

(1) 专家系统。

1980 年，卡内基梅隆大学设计出专家系统 XCON[14]，其拥有强大的知识库和推理能力，可以模拟人类专家解决特定领域的问题。专家系统确实对一些领域的工作带来了帮助，使得以专家系统为主的人工智能初创公司如雨后春笋般出现，由此，知识工程和专家系统成为人工智能研究的主流之一。与专家知识相对应的常识知识的研究也开启了新的项目，其中影响最大的是1984年斯坦福大学教授莱纳特(Doug Lenat)所领导的Cyc项目[15]，旨在给计算机教授“常识”，这个项目研究一直持续到今天。中国也陆续推出了医疗方面的“中医肝病诊治专家系统”、农业方面的“砂姜黑土小麦施肥专家咨询系统”等。

(2) 五代机计划。

专家系统的成功，让人们对人工智能重拾信心，大量的资助也接踵而来，出现了一些比较有影响的研究项目，其中包括1981年开始的日本第五代计算机计划(简称五代机计划)。日本第五代计算机以柯瓦斯基等人提出的逻辑程序语言Prolog为核心，期望能将人类的知识都表示成规则，然后通过这些规则的自动推理来解决问题，并通过自然语言和人类直接交流。美国、英国和欧洲大陆也启动了类似的计划，如美国国防高级研究计划局投资80亿美元的“战略计算计划”、英国的“阿尔维计划”、欧盟的ESPIRIT项目等。

(3) 机器翻译。

20世纪70年代中后期，随着计算机硬件技术的大幅提升，语言学的发展以及社会对机器从事翻译工作的信息服务需求增加，机器翻译开始复苏并日渐繁荣。业界研发出了各种实验的、实用的翻译系统，如Weinder、URPOTRAA、TAUM-METEO等。其中1976年由加拿大蒙特利尔大学与加拿大联邦政府翻译局联合开发的TAUM-METEO系统是机器翻译发展史上的一个里程碑，标志着机器翻译由复苏走向繁荣。这些系统的开发都基于规则的机器翻译，成为第一代机器翻译技术的典型应用。

(4) 神经网络。

联结流派的复苏则以深度学习为突破。1975年，韦伯斯(Paul Werbos)提出了BP算法，使得多层人工神经元网络的学习成为可能；1978年，日本理化学所的甘利俊(Shun-ichi Amari)出版了《神经元网络的数理》；1982年，霍普菲尔德(John Hopfield)提出了新的神经网络模型——Hopfield神经网络[16]，引入了“计算能量”概念，给出了网络稳定性判断，1984年，他又提出了连续时间Hopfield神经网络模型，为神经网络的研究做了开拓性的工作；1986年，以辛顿(Geoffrey Hinton)、卢默哈特(David Rumelhart)和麦克勒蓝(James McClelland)为首的研究小组重新提出了反向传播算法，即BP算法，同时也说明了三层的神经网络能够解决异或问题[17]；1989年，图灵奖得主杨乐昆等人使用深度神经网络来识别信件中邮编的手写体字符，后来，杨乐昆进一步运用卷积神经网络(Convolutional Neural Networks，CNN)完成了银行支票的手写体字符识别，识别正确率达到商用级别。BP算法在很多模式识别领域得到了很好的实际应用，如手写汉字的识别、字符识别、简单的人脸识别等方面，这引起了社会极大的关注。

2) 萧条阶段(1987—1993年)

随着专家系统和五代机研究的不断推进，人们发现要进行更深入的研究越来越困难，加上现代计算机的出现，以及所谓的专家系统使用范围依然有限，大约在 1987 年到 1993 年间，人工智能的研究遇到了第二次寒冬，类似于 20 世纪 70 年代前后的萧条再次来临——资助机构开始大幅度削减对人工智能的投入；人工智能公司纷纷倒闭；各国雄心勃勃的人工智能大计划纷纷搁浅……

其中的典型事件当属日本的第五代计算机计划，整个计划耗资 4 亿多美元。五代机计划的提出原本是为了整合已有人工智能技术，实现日本科技弯道超车的目标，虽然带来了 20 世纪 80 年代人工智能的繁荣，但其衰落在 1988 年已露端倪。当时的五代机研究已成为想获得投资和利益的“大杂烩”，失去了研究焦点，不仅未取得实质性技术突破，也未实现预想的自然语言人机对话、程序自动生成等目标。再加上当时日本经济发展速度急剧下降，研究投资削减，以及互联网的异军突起，使得日本政府不得不于 1992 年将研究计划草草收场。

虽然这一阶段的人工智能发展总体陷入停滞，却挡不住一些孜孜以求的科学家钻研的步伐。布鲁克斯(Rodney Brooks)教授在 1990 年发表论文，开启了机器人学角度的研究与实践，他认为人工智能并不一定采用从上到下的研究方法论，先研究高级的智能行为(如常识推理等)，也可以从底向上研究，如考虑一个机器身体如何在环境中感知和移动等[18]，并开发出了机器爬虫 Genghis 来加以佐证。布鲁克斯批评联结主义与符号主义不切实际，将简单事情复杂化，其研究与实践极大地促进了人工智能领域另一学派——行为主义的发展。

3. 蓬勃发展期(20 世纪 90 年代中期至今)

1) 稳定发展阶段(1994—2011 年)

在近二十年的时间里，人工智能经历了一段相对平稳的发展时期，在搜索、专家系统、语音处理、图像识别等方面取得了很大的成功，在围棋赛、自动驾驶、机器翻译、深度学习等应用领域也取得了一些重要突破。

(1) 围棋赛。

1994 年，跳棋程序奇努克(Chinook)第一次在人机跳棋竞技游戏中击败了人类上届冠军廷斯利(Marion Tinsley)；1997 年，IBM 公司开发的程序“深蓝”以 3.5∶2.5 战胜了国际象棋世界冠军卡斯帕罗夫(Garry Kasparov)[19]。“深蓝”的胜利意义非凡，它一方面是人工智能技术的能力在某一方面超过人类的标志，实现了三十多年前西蒙和纽维尔的预言，另一方面也让人们重燃对人工智能的兴趣，拾起了对人工智能的信心，成为人工智能发展史上的里程碑事件之一。2006 年 8 月，中国的浪潮天梭象棋程序以 3 胜 5 平 2 负击败了柳大华等 5 位中国象棋大师组成的联盟。

(2) 自动驾驶。

1980 年代末，美国卡耐基梅隆大学研究人员进行的 Alvinn 项目已经开始用神经网络来实现自动驾驶，到 1995 年已能成功自东向西穿越美国，历时 7 天，行驶近 3000 英里(1 英里 = 1069.34 米)。2005 年，在自动驾驶领域，由斯坦福大学团队开发的 DARPA 项目取得了较好的进展，完成了 131 英里路程的自动驾驶，开启了自动驾驶的深入研究与实践落地。此外，CMU Boss、Google、华中科技大学、百度等也加入了无人驾驶领域的研发，比较引人注意的是 2021 年 5 月，美国内华达州不仅允许无人驾驶汽车上路行驶，机动车驾驶管理机构还为 Google 的无人驾驶汽车颁发了一张合法车牌，为无人驾驶汽车进入实际生活作出了探索。

(3) 机器翻译。

1993 年，IBM 的布朗(Brown)和皮埃特拉(Della Pietra)等人提出了基于词对齐的统计翻译模型，让机器自动从语料库里学习相应的规则，这标志着基于词的统计翻译模型的第二代机器翻译技术的兴起。2003 年，奥齐(Franz Och)提出了对数线性模型及其权重训练方法[20, 21]，他在文章中提出了基于短语的翻译模型和最小错误率训练方法，这标志着统计机器翻译的真正崛起。2006 年，奥齐领导的谷歌翻译团队正式发布了首个互联网免费翻译系统，带来了统计机器翻译研究的热潮。

(4) 深度学习。

2006 年，辛顿提出了深度置信网络(Deep Belief Networks，DBN)，使深层神经网络的训练成为可能。GPU、FPGA 等器件被用于高性能计算，加之神经网络硬件和分布式深度学习系统的出现，加快了训练速度，使得深度学习成为人工智能领域最热门的研究方向。同年，人工智能专家李飞飞在研究算法的大趋势下，另辟蹊径地发现了“数据”的重要性，构建了大型图像数据集——ImageNet，开启了全球图像识别大赛的帷幕；运用深度学习技术的谷歌大脑(Google Brain)在观看了数千段的视频后，自发地找出了视频中的猫，成为深度学习在视频识别领域应用的典型案例。

2) 快速发展阶段(约 2011 年到 2021 年)

由于算力和数据能力的大幅提升，深度学习技术不断取得突破，其应用范围也不断拓展，在图像和视频识别、语音识别、自然语言处理、机器人等众多领域取得了显著成就[22]，产生了深远的影响，人工智能也因此迎来了第三次浪潮。

(1) 人机围棋大赛。

Google 旗下的 DeepMind 公司研发的围棋人工智能程序 AlphaGo 与“深蓝”的“算无遗漏”的暴力求解法不同，AlphaGo 采用的是深度学习和强化学习技术，以及监督学习策略网络。2016 年 3 月，AlphaGo 以 4∶1 的总分战胜了世界顶级围棋高手李世石；2017 年

5 月，在中国乌镇围棋峰会上，AlphaGo 以 3：0 的得分击败了世界排名第一的中国棋手柯洁，这也是人工智能人机大赛的里程碑事件。人们惊叹于人工智能人机棋赛的飞速进步，也惊恐于人工智能的强大是否会威胁人类的生存，而此后“AlphaGo Zero”“MuZero”“Alpha Fold”等一系列算法陆续出现，更是引发了人工智能将如何改变人类社会生活形态的话题。

新一代的 AlphaGo Zero(阿尔法元)完全从零开始，不需要任何历史棋谱的指引，更不需要参考人类任何的先验知识，完全靠自我强化学习(Reinforcement Learning)和参悟，棋艺增长速度和水平远超 AlphaGo。与 AlphaGo 需要在 48 个 TPU 上花几个月的时间学习 3000 万盘棋局才打败人类相比，阿尔法元只需要在 4 个 TPU 上用时 3 天，自己就能模拟 490 万盘棋局，大幅提升了学习能力。

除围棋大赛以外，在人机竞技领域，比较引人注目的事件发生在 2011 年，IBM 打造的认知计算(Cognitive Computing)方面的人工智能沃森(IBM Watson)参加了“危险边缘”(Jeopardy！)问答节目，并打败了两位人类冠军[23]，轰动一时。

(2) 语音识别。

语音识别随着深度学习技术，特别是深度神经网络(Deep Neural Network，DNN)的兴起而得到显著发展，识别的精度、速度与人类相仿。2011 年，微软研究院和谷歌的语言识别研究人员先后采用 DNN 技术使语音识别错误率降低了 20%～30%，是该领域 10 年来的最大突破。2014 年，Google 将语言识别的精准度从 2012 年的 84%提升到 98%。2015 年后，随着“端到端”技术的应用，语音识别的性能大幅提升。到了 2017 年，微软在 Switchboard 上的词错误率只有 5.1%，从而使语音识别的实验室准确性首次超越了人类。2016 年，亚马逊推出智能音箱产品 Amazon Echo，其远场语音交互的能力和近千万的销量着实令人惊艳。2018 年和 2019 年，中国科大讯飞提出深度全序列卷积神经网络(DFCNN)，百度提出了流式多级的截断注意力模型 SMLTA，进一步降低了语音识别的错误率，大幅提升了解码速度。目前，科大讯飞的语音识别技术已经处于国际领先地位，其语音识别和理解的准确率均达到了世界第一，自 2006 年首次参加国际权威的 Blizzard Challenge 大赛以来，一直保持冠军地位。

(3) 图像识别。

2012 年，辛顿将 ImageNet 图片分类问题的 Top5 错误率由 26%降低至 15%。同年，吴恩达(Andrew Ng)与迪恩(Jeff Dean)搭建的谷歌大脑(Google Brain)项目用包含 16 000 个 CPU 核的并行计算平台训练了超过 10 亿个神经元的深度网络，在图像识别领域取得突破性进展。同年，辛顿的学生克里泽夫斯基(Alex Krizhevsky)使用 AlexNet 以大幅度的优势取得了当年 ImageNet 图像分类比赛的冠军，深度神经网络逐渐开始大放异彩。2014 年，Google

的人脸识别系统 FaceNet 在人脸图像数据集 LFW(Labeled Faces in the Wild)上达到 99.63%的准确率。2015 年，Microsoft 采用深度神经网络的残差学习方法将 ImageNet 的分类错误率降低至 3.57%，已低于同类试验中人眼识别的错误率，而其采用的神经网络已达到 152 层。

图像识别在视频监控、自动驾驶、智能医疗等领域展现出了很好的应用前景，然而图像识别技术在广泛应用之前也面临着几个方面的挑战，例如如何在深度网络学习中获取、表示常识，并利用常识进行推理；如何在二维外观的基础上感知三维场景布局并推断其内在的含义；如何在场景中建立不同实体对象之间的关系和相互作用等。

(4) 机器翻译。

随着全球网络的广泛普及，人类命运共同体之间的交流日益频繁，对机器翻译的需求急剧增长。牛津大学、谷歌、蒙特利尔大学研究者提出了端到端的神经机器翻译技术，标志着第三代机器翻译时代的来临。2013 年，卡尔奇布伦纳(Nal Kalchbrenner)和布兰森(Phil Blunsom)在他们的文章“Recurrent Continuous Translation Models”[24]中提出了一种用于机器翻译的新型端到端编码器-解码器架构。该模型使用卷积神经网络将给定的源文本编码为连续向量，然后使用循环神经网络(Recurrent Neural Network，RNN)作为解码器将状态向量转换为目标语言。他们的研究可视为神经机器翻译(NMT)的开端。2014 年，本希奥(Bengio)提出的基于编码器-解码器架构的模型[25]，其中编码器和解码器均采用 RNN 结构，使用的是长短期记忆网络(LSTM)。这个架构已应用到 Google 翻译中，某些情况下翻译的质量甚至能超越人类翻译。

2015 年，蒙特利尔大学的 Bahdanau 等人提出引入注意力(Attention)机制，即在以往的编码器-解码器架构上，加入了对其的 Attention 权重[26]，从而使神经机器翻译达到实用阶段。2016 年，谷歌推出了基于神经网络的翻译体系 GNMT，与此同时科大讯飞上线了神经机器翻译 NMT 系统，神经机器翻译开始大规模应用。2017 年，谷歌发布了 Transformer 系统，该系统采用了完全注意力机制，并借鉴了人类视觉的选择性注意力机制，能够从众多信息中选择出当前任务目标更关键的信息，抛弃了传统的 CNN 和 RNN，整个网络结构完全基于 Attention 机制[27]，这扩展了注意力机制的应用范围，并在翻译质量上取得了艺术化的效果。

不同翻译模型和系统的问世，使机器翻译的水平得到了快速提升[28]。机器翻译虽然能够替代那些任务重复性较大、翻译难度较低的任务(如天气预报查询、旅馆预订服务、交通信息咨询等)，但是目前的机器翻译技术尚不成熟，无论是文本翻译还是口语翻译，机器翻译的质量远没有达到令人满意的水平。在遇到名称缩写、格式不统一、口语化表达等问题时，错翻、漏翻和重复翻译的情况仍时常出现。此外，在面对情绪化表达、一语双关或多义问题时，机器翻译也不能做到准确翻译和表达。

(5) 自动驾驶。

2012 年，图像分割领域因为深度学习的应用取得历史性突破，由此激发了人们对自动驾驶的研究。从 20 世纪 80 年代开始，一些著名的大学(如卡内基・梅隆大学(CMU)、斯坦福大学、麻省理工学院(MIT)、意大利帕尔玛大学等)开启了对自动驾驶的研究，典型产品为卡内基・梅隆大学研制的 NavLab 系列智能车辆和意大利帕尔玛大学 VisLab 实验室的 ARGO 试验车等。

对自动驾驶的研究得到了科技公司巨头、汽车行业巨头、网约车巨头们的支持，谷歌、百度、苹果、特斯拉、奥迪、通用、Uber 等纷纷布局自动驾驶领域，也促进了自动驾驶行业的快速发展。2015 年，特斯拉推出半自动驾驶系统 AutoPilot，这是第一个投入商用的自动驾驶系统。2018 年，全球首款搭载了 L3 级别的自动驾驶系统的新款奥迪 A8 问世，使驾驶员在拥堵路况下可以获得最大限度的解放。谷歌也于 2009 年加入自动驾驶领域，并直接开始研发 L4+ 级别的自动驾驶汽车。

我国在自动驾驶领域后来居上，发展势头强劲。1992 年，国防科技大学研制出我国第一台真正意义上的无人驾驶汽车；2011 年，一汽集团和国防科技大学联合研制了红旗 HQ3 无人驾驶汽车，并完成了 286 千米的高速无人驾驶；2015 年，百度无人驾驶汽车在北京进行了全程自动驾驶测试；2018 年，百度与厦门金龙合作生产了全球首款 L4 级别的自动驾驶公共汽车“阿波龙”；2019 年，百度与一汽红旗联合研发的自动驾驶出租车队 Robotaxi 在长沙已开放测试路段正式试运营。

自动驾驶作为一个行业，行业规范的确立是前置性条件。2016 年 9 月，美国国家公路交通安全管理局(NHTSA)发布了《美国自动驾驶汽车政策指南》，将自动驾驶技术按国际自动机工程师学会(Society of Automotive Engineers，SAE)制定的 J3016 自动驾驶分级标准分成为 L0、L1、L2、L3、L4、L5 六个等级，具体等级说明如下。

L0(非自动驾驶)：驾驶员完全掌控车辆；

L1(辅助自动驾驶)：自动系统有时能够辅助驾驶员完成某些驾驶任务；

L2(部分自动驾驶)：自动系统能够完成某些驾驶任务，但驾驶员需监控驾驶环境，完成剩余驾驶任务，并随时准备接管车辆；

L3(有条件自动驾驶)：自动驾驶系统既能完成某些驾驶任务，也能在某些情况下监控驾驶环境，但驾驶员必须准备好重新取得驾驶控制权(自动系统发出请求时)；

L4(高度自动驾驶)：自动驾驶在某些环境和特定条件下，能够完成驾驶任务并监控驾驶环境，在该范围内责任主体转移至系统；

L5(完全自动驾驶)：自动驾驶在所有条件下都能完成所有驾驶任务。

目前，市面上应用的自动驾驶基本在 L2 等级，还远没有达到 L5 等级的要求。

自动驾驶具体分级标准如表 1-1 所示。

表 1-1　自动驾驶分级标准

NHTSA 分级	SAE 分级	名称(SAE)	SAE 定义
L0	L0	非自动驾驶	由人类驾驶者全权驾驶汽车，在行驶过程中可以得到警告
L1	L1	辅助自动驾驶	基于驾驶环境对方向盘、加减速中的一项操作提供支持，其余由人类操作
L2	L2	部分自动驾驶	基于驾驶环境对方向盘、加减速中的多项操作提供支持，其余由人类操作
L3	L3	有条件自动驾驶	由无人驾驶系统完成所有的驾驶操作，根据系统要求，人类提供适当的应答，车内仍需配备安全驾驶员
L4	L4	高度自动驾驶	由无人驾驶系统完成所有的驾驶操作，根据系统要求，人类不一定提供所有的应答，车内可不配备安全驾驶员，但限定道路和环境条件
L5	L5	完全自动驾驶	由无人驾驶系统完成所有的驾驶操作，可能的情况下人类接管。车内无须配备安全驾驶员，不限定道路和环境条件

(6) 机器人。

机器人的发展大致可分成四代[29]：第一代机器人是遥控操作机器人，通过人发出的指令进行动作，具有记忆、存储能力，没有对周围环境的感知与反馈能力，典型的产品是工业机器人，现在被大量应用于汽车和电子工业中；第二代机器人是“有感觉”的机器人，机器人可以根据听觉、触觉、力量感觉等获得环境和对象信息，以调整自己的状态，完成握手、挥手、跳舞、上下楼梯、踢足球等动作，典型产品是日本的阿西莫机器人；第三代机器人是智能机器人，可利用各种传感器、测量器等来获取环境信息，然后利用智能技术进行识别、理解、推理，最后作出规划决策，是能自主行动实现预定目标的高级机器人，如我国宇树科技(UNITREE)的四足机器人和人形机器人；第四代机器人是在满足第三代机器人功能的基础上，能够学习、思考，且能进行情感表达的智能机器人，此类机器人目前仍处于概念设计阶段。

目前，机器人已应用到社会的各个领域，比较典型的有无人机、农场机器人、水下机器人、物流机器人等。此外，与人类的情感交流，也是机器人研究的目标之一，这类典型机器人有 Kobian 机器人、Sophia 机器人、ICUB 机器人等。

下面以无人机、波士顿动力机器人为例进行简单介绍。无人机即无人驾驶飞机，是利用无线电遥控设备和自备的程序控制装置操纵的不载人飞行器，被广泛应用于军事和民用任务中，如航拍、植物保护、微型自拍、快递运输、灾难救援、野生动物观察、传染病监控、地理测绘、新闻报道、电力巡检、灾难救援等。无人机领域最令人瞩目的当属深圳大疆创新科技有限公司，其业务多年来已从无人机系统拓展至多元化产品体系，在无人机、手持影像系统、机器人教育等多个领域领先全球。

成立于 1992 年的波士顿动力公司(Boston Dynamics)是机器人开发公司的典型代表。虽然波士顿动力公司几经易主，但其在移动机器人技术方面取得的成绩令人惊叹，其研制的机器人已成为一个系列，如图 1-7 所示。其典型产品有会捕捉数据进行侦察甚至会开门的黄色机器人 SPOT 及 Spot Arm；会搬运物体的仓库机器人 Stretch；使用机器学习视觉系统的自动卸货机器人 Pick；会奔跑、跨越障碍物，甚至会翻跟头的机器人 Atlas 等。

图 1-7　Boston Dynamics 机器人“家族”与会翻跟头的机器人 Atlas

3) 生成式人工智能爆发阶段(2022 年至今)

生成式人工智能是当前人工智能发展的热点，以 ChatGPT 为代表的生成式聊天机器人风靡全球。ChatGPT 是 Chat Generative Pre-trained Transformer 的缩写，是一种基于 GPT 模型来生成内容，并进行人机对话的人工智能程序。其中，Chat(聊天)表明这个人工智能用于人机对话交互；Generative(生成的)意味着 AI 能够创造新的内容，而不仅仅是用于识别模式或进行预测；Pre-trained(预训练)意味着 AI 模型在被微调以执行特定任务之前，已经在大型数据集上进行了训练，可以使模型能够理解广泛的主题和上下文；Transformer 是 Google 公司于 2017 年提出的新型深度学习神经网络架构，特别擅长处理序列数据(如语言)，它使用注意力机制来理解句子中单词的上下文，能够生成连贯且与上下文相关的内容。

ChatGPT 由美国人工智能公司 OpenAI 开发。2015 年，马斯克(Elon Musk)、阿尔特曼(Sam Altman)等人创办了 OpenAI 公司，旨在开发安全且开放的 AI 工具，通过赋予人们权力(而不是消灭人类)来实现安全的通用人工智能(AGI)。当时，为了使计算机更好地理解自然语言，一些专家开始研究如何使用深度学习技术来构建一种能够理解人类语言的模型——GPT。早期研发阶段主要使用了基于统计的方法来训练 GPT 模型，虽然收集了大量的语言数据，但人们从训练结果中发现模型生成的内容缺乏真实感和新颖性。在深度学习阶段，人们开始尝试使用深度学习算法来训练 GPT 模型，由此产生了 2018 年的 GPT-1、2019 年的 GPT-2、2020 年的 GPT-3 等模型。以 Transformer 模型作为基础架构，GPT 不断采用更大的模型规模、更多的训练数据和更先进的训练技术，从而提高了模型的性能和生成文本的质量。

2022 年 11 月，OpenAI 推出了基于 GPT-3.5 架构的大型语言模型，也就是现在的 ChatGPT。ChatGPT 不仅能够处理更复杂的语言任务，还能够根据上下文生成合理的回复，为用户提供更加自然、流畅的交互体验，迅速引起了广泛的关注和讨论。许多公司和机构开始探索将其应用于各种实际场景中，如自然语言处理、聊天机器人、智能客服、文本生成、情感分析、智能写作、析出摘要等。

通过大规模语料库的训练、复杂的神经网络架构、预训练与微调等技术，ChatGPT 的理解能力大幅提升，能够更好地理解和处理自然语言任务。

(1) 大规模语料库的训练。通过深度学习技术训练，ChatGPT 在大规模语料库上进行学习，能够接触到更多的语言数据和上下文信息。这种训练方式让 ChatGPT 能够学习到语言的规律、语法结构、语义关系等知识，从而提升了对自然语言的理解能力。

(2) 复杂的神经网络架构。深度学习技术为 ChatGPT 提供了复杂的神经网络架构，如 Transformer，这种架构通过自注意力机制等方法能够捕捉文本中的语义和上下文信息，从而更好地理解句子的含义和关系。这使得 ChatGPT 能够处理更复杂的语言任务，理解更细微的语义差别。

(3) 预训练与微调技术。ChatGPT 采用了预训练技术来提高模型的性能。预训练是指在大规模语料库上进行无监督学习，让模型学习到语言的通用规律和知识，然后在具体的任务上进行微调来适应特定的任务和数据，提高模型在该场景中的理解能力，以适应不同的应用场景。

GPT 模型的不断迭代和运用，使得以 ChatGPT 为代表的生成式人工智能不仅在自然语言处理领域取得了显著的进展，在文本生成、上下文感知、理解和推理、多模态处理以及个性化定制等方面也展现出了新的特征和应用潜力，并呈现出向计算机视觉、认知与推理、机器人等其他人工智能领域不断渗透和推广的趋势。

(1) 文本生成能力。与前几版 GPT 相比，GPT-4 可以生成更加自然、流畅和连贯的文本。它可以根据上下文生成合理的句子和段落，并在语法、语义和风格上与原始文本保持一致。这种文本生成能力可以应用于各种场景，如创作、写作、摘要等。

(2) 上下文感知能力。ChatGPT 能够根据对话的上下文信息来理解用户的意图和表达，从而给出更准确的回应。这种上下文感知能力使得 ChatGPT 能够进行连贯的对话，并在对话中逐渐深入理解用户的意图和需求。

(3) 理解和推理能力。GPT-4 可以更好地理解和推理复杂的自然语言问题，可以分析句子中的语义关系、推理隐含信息和解答问题，这使得GPT-4在自然语言理解和问答系统等方面有更大的应用潜力。

(4) 多模态处理能力。GPT-4不仅可以处理文本数据，还可以处理图像、音频和视频等其他模态的数据。它可以理解图像中的视觉元素、音频中的声音特征，并将它们与文本信息相结合，实现多模态的自然语言处理。

(5) 个性化定制能力。GPT-4可以根据用户的偏好和需求进行个性化定制。它可以根据用户的输入历史、兴趣偏好和行为模式来调整生成文本的风格和内容，提供更加个性化的服务。

2024年2月，OpenAI发布了首个文生视频模型SORA，所生成的视频图像在连续性、真实感等方面表现优异，同时能围绕主体进行远景、中景、近景、特写镜头切换，被称为是“世界模拟器”。同一时间，谷歌发布了基础世界模型Genie，可以由一张图片生成具有交互功能的二维虚拟世界，并能按照物理世界的规律预测潜在动作，谷歌由此声称开启了图文生成交互世界的新时代。

4. 中国的人工智能技术发展

1) 中国人工智能政策

中国高度重视发展人工智能技术，近年来出台了一系列政策，助力人工智能持续快速发展。2016年，人工智能被写入国家“十三五”规划纲要，国家发展和改革委员会等四部门制定并印发《“互联网+”人工智能三年行动实施方案》；2017年，国务院印发《新一代人工智能发展规划》，工业和信息化部出台《促进新一代人工智能产业发展三年行动计划(2018—2020年)》；2018年，人工智能再次被写入政府工作报告，有关部门出台《高等学校人工智能创新行动计划》《新一代人工智能产业创新重点任务揭榜工作方案》；2019年，人工智能升级为智能+，有关部门出台《关于促进人工智能和实体经济深度融合的指导意见》《新一代人工智能治理原则——发展负责任的人工智能》《国家新一代人工智能创新发展试验区建设工作指引》；2020年，人工智能成为“新基建”的重要项目之一，有关部门出台《关于“双一流”建设高校促进学科融合 加快人工智能领域研究生培养的若干意见》，并提出要加快人工智能在农业领域的应用；2021年，国家出台“十四五”规划纲要，提出“打造数字经济新优势”的建设方针，强调了人工智能等新兴数字产业在提高国家竞争力上的重要价值。大数据技术的发展重点从单一注重效率提升，转变为“效率提升、赋能业务、加强安全、促进流通”四者并重。党的二十大报告也指出：推动制造业高端化、智能化、绿色化发展……推动战略性新兴产业融合集群发展，构建新一代信息技术、人工智能等一批新的增长引擎；2024年，政府工作报告提出要深化大数据、人工智能等研发应用，开展“人工智能+”行动，强调了人工智能与行业领域、应用场景的融合。

2) 中国人工智能产业概览

人工智能应用遍及各行各业。人工智能产业链可分为三层：基础层、技术层和应用层，如图 1-8 所示。基础层主要包括数据(基础数据、大数据)、算力(智能芯片、智能服务器与计算中心)、算力模型生产(智能云、开放平台、开源框架、效率化生产平台)；技术层包括关键技术(计算机视觉、自然语言处理、语音识别)和通用技术(机器学习、知识图谱)；应用层则涉及安防、医疗、工业、教育、金融、互联网、零售、交通等领域。

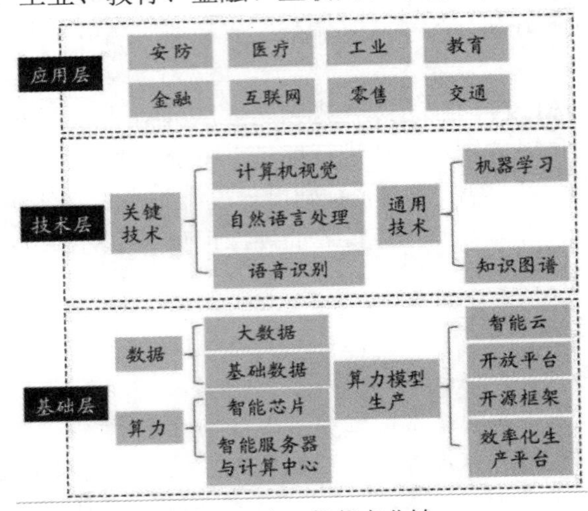

图 1-8 人工智能产业链

《中国新一代人工智能科技产业发展报告(2023)》(以下简称“2023 报告”)显示：“我国人工智能已经广泛应用在包括企业智能管理、智能营销与新零售、智能金融、智慧城市、智能医疗、新媒体和数字内容、智能制造、智能教育、智能交通、网络安全、智能物流、智慧文旅、智能政务、智能能源、智能硬件、智能网联汽车、智能家居、智能农业和智能安防在内的 19 个应用领域。”中国人工智能科技产业技术体系是个复杂技术体系，包括了大数据和云计算、物联网、智能机器人、智能推荐、5G、区块链、语音识别、虚拟/增强现实、智能芯片、计算机视觉、自然语言处理、生物识别、空间技术、光电技术、自动驾驶、人机交互和知识图谱在内的 17 类技术。

3) 中国的生成式人工智能发展

近年来，ChatGPT 带来了自然流畅的交互体验，促进了人们工作和创新方式的变革，也激发了一些国内科技企业的开发和应用热情，出现了“百模大战”的惊人场景。中国的一些知名科技公司纷纷推出自己的 AIGC 大模型产品，这些产品根据不同的功能定位，基于不同的数据集进行训练，可应用于不同的场景，见表 1-2。需要说明的是，随着时间推移和技术发展，这些大模型会不断深化、调整其定位和应用场景，也会有更多的新模型涌现。

表 1-2 国内部分知名企业的 AIGC 大模型列表[①]

公 司		大模型名称	功能模块	发布时间	定位及应用场景
	阿里巴巴	M6 大模型	—	2021 年 3 月	提供语言理解、图像处理、知识表征等智能服务
		通义	通义千问	2023 年 4 月	提供智能编码、创作、投研、健康、法律等服务，阿里巴巴所有产品接入
	华为	盘古	—	2021 年 4 月	包括 NLP 大模型、CV 大模型、科学计算大模型
	腾讯	混元	混元助手	2022 年 12 月	完整覆盖 NLP、CV、多模态、文生图等基础模型和众多行业、领域、任务模型，跨模态视频检索、中文语义理解能力领先
	百度	文心	文心一言	2023 年 3 月	五大能力：文学创作、商业文案创作、数理逻辑推算、中文理解、多模态生成
	360 集团	360GPT	智脑	2023 年 4 月	360 智脑结合了浏览器、数字助理、智能营销等场景应用
	商汤	日日新 SenseNova	商量 SenseChat	2023 年 4 月	自研 AI 绘图、视频制作和生成工具平台，包括秒画、如影、琼宇、格物等
	昆仑万维	天工	天工	2023 年 4 月	生成能力可满足文案创作、知识问答、代码编程、逻辑推演、数理推算等
	科大讯飞	讯飞星火	讯飞星火	2023 年 5 月	提供文本生成、语言理解、知识问答、逻辑推理、数学能力、代码能力、多模交互服务，同步推出面向教育、办公、车载等行业解决方案
	深度求索	DeepSeek	DeepSeek-V3	2024 年 12 月	首个引发全球关注的推理大语言模型，具有低成本、高效率、开源等特点，覆盖企业服务、金融、教育等多领域场景
			DeepSeek-R1	2025 年 1 月	

① 资料来源：《中国企业家》根据网络公开资料整理，统计时间截至 2025 年 2 月 28 日。

从上述对人工智能发展历史的分析可以看出，人工智能的总体发展呈现如下趋势：从能存会算的运算智能，到能听会说、能看会认的感知智能，再到能理解会思考的认知智能。虽然人工智能的发展并非一帆风顺，但人们对人工智能技术发展的追求，人工智能对人类智能的研究、模仿甚至超越一直没有停止过。随着人工智能技术越来越强大，未来如何更好地实现人机协同成为我们每个人都面临的时代之问。

(二) 人工智能的研究方法

人们在研究人工智能的过程中形成了多个学派，主要有符号主义学派、行为主义学派、连接主义学派[30]，他们分别持有不同的学术观点、研究方法，研究工作重点也有所不同。

有研究者认为，符号主义学派模拟的是人的思维，行为主义学派模拟的是人的肢体运动，连接主义学派模拟的是人的大脑。此外，一些其他研究途径也取得了一定的研究成果，如模拟人类社会的智能 Agent，模拟群居昆虫的群体智能，模拟生物免疫的人工免疫系统等。

1. 符号主义(Symbolicism)学派

符号主义学派是研究人工智能的主流之一，代表人物有纽维尔、西蒙和尼尔森(Nils John Nilsson)等。符号主义学派在 20 世纪 80 年代取得了很大发展，它模拟的是人的逻辑-数学智能，起源于数理逻辑/逻辑推理，认为认知即计算，人类智能的基本元素是符号，认知可以用符号表示，而认知过程就是各种符号运算的过程。早期，符号主义学派研究者借助计算机开发了逻辑演绎系统，以证明数学定理为典型；后来开发了具有工程应用价值的专家系统以解决特定领域的逻辑推理与判断问题；之后，这些努力发展为知识工程的理论与技术。

2. 行为主义(Actionism)学派

行为主义学派的起源受到 20 世纪 40—50 年代控制论思想的影响，认为认知即反应，提出了控制系统、自组织系统、工程和生物控制等，并将神经系统的工作原理与信息理论、控制理论、逻辑以及计算机联系起来，以模拟人所控制的智能活动和行为，如自适应、自组织、自学习等行为。到了 20 世纪 80 年代，研究者们研制出了智能控制、智能机器人系统，对身体运动智能的模拟取得了重要进展，由此，行为主义学派在 20 世纪末逐渐成为人工智能研究的新学派，引起了广泛的注意。

行为主义学派的代表人物有维纳(Norbert Wiener)、布鲁克斯等。布鲁克斯认为机器人做出行动只需要两步：感知、行动。他所开发的六足行走机器人被看作是新一代的“控制论动物”，是一个基于感知-动作模式模拟昆虫行为的控制系统。著名的波士顿动力机器人也是这一学派的杰出作品。

3. 连接主义(Connectionism)学派

连接主义学派起源于仿生学领域，特别是对人脑模型的研究。该学派把人的智能归结为人脑的活动，认为认知即网络，其核心原理涉及神经网络及神经网络间的连接机制与学习算法。早期，连接主义以由生理学家麦卡洛克和数理逻辑学家皮茨创立的脑模型——MP模型为基础，用电子装置模拟人脑神经元工作。1980 年代，鲁梅尔哈特(David Rumelhart)等人提出了多层网络中的反向传播(BP)算法，开启了连接主义学派迅猛发展之势。机器学习、深度学习，再加上大数据、算力提升等因素，促进了这一学派的蓬勃发展。我们所熟悉的围棋 AlphaGo，图像识别、语音识别等都是这一学派理论的典型应用。

连接主义学派的代表人物有麦卡洛克、皮茨、霍普菲尔德、鲁梅尔哈特、塞弗里奇、鲁梅尔哈特，以及后来深度学习算法的提出者本吉奥(Yoshua Bengio)、辛顿和杨乐昆(Yann LeCun)等人。

表 1-3 对人工智能的不同研究方向进行了梳理、比较。

表 1-3　人工智能研究的不同方向比较

学派	代表人物	基本思想	基本方法	主要工作
符号主义学派	西蒙、纽维尔、麦卡锡、尼尔森等	认为人的认知基元是符号，认知过程即符号操作过程； 认为人和计算机都是物理符号系统，因此能用计算机来模拟人的智能行为； 知识表示、知识推理和知识运用	功能模拟方法： 模拟人类认知系统所具备的功能，通过数学逻辑方法来实现人工智能	逻辑理论家系统，模拟人证明数学定理的思维过程； GPS 通用问题求解，模拟人的解题过程； 物理符号系统假设
行为主义学派	维纳、布鲁克斯等	认为智能取决于感知和行动，提出智能行为的感知-动作模式； 认为人工智能可以像人类智能一样逐步进化； 智能行为只能在现实世界中与周围环境交互作用而表现出来	行为模拟方法： 模拟人行为的方法，不同行为表现出不同的功能和不同控制结构	无须知识表示的智能； 无须推理的智能； 机器虫，机器人
连接主义学派	霍普菲尔德、塞弗里奇、鲁梅尔哈特、杨乐昆、辛顿等	认为思维基元是神经元； 认为人脑不同于电脑，提出连接主义的大脑工作模式，用于取代符号操作的电脑工作模式	结构模拟方法： 模拟人的生理神经网络结构，不同结构表现出不同的功能行为	人工神经网络以分布式方式存储信息，以并行方式处理信息，具有自组织、自学习能力

三、人工智能的六大研究与实践领域

全球著名人工智能专家朱松纯教授将人工智能的研究与实践归纳为计算机视觉、自然语言处理、认知与推理、机器人、博弈与伦理、机器学习六大主要领域[31]。

(一) 计算机视觉

计算机视觉(Computer Vision)旨在模拟人类的视觉系统，即人眼“看”的功能，其使用计算机和相关设备通过深度学习构建神经网络，以指导系统进行图像处理和分析任务[32]。经过充分训练，计算机视觉模型可以识别甚至跟踪物体或人，目的是让计算机系统能通过视觉观察来感知环境，为后续理解世界、具有自主适应环境的能力奠定基础。

计算机视觉包含多种技术，如模式识别、图像理解等。模式识别又分为文字识别、指纹识别、二维码识别、人脸识别等具体应用；图像理解指的是将计算机获得的视觉数据信息进行基于先验知识、学习算法的机器学习，从而实现目标识别、场景分类等任务，典型的应用场景是无人驾驶汽车对交通场景的识别。

(二) 自然语言处理

自然语言处理(Natural Language Processing，NLP)也称自然语言理解与交流(Natural Language Understanding & Communication)，是人工智能的关键技术之一，可使机器能够阅读和理解人类语言，特别是可以使用自然语言用户界面直接从人类编写的资源中获取知识，并与人进行对话、交流。自然语言处理的直接应用包括语音识别、信息检索、文本挖掘、问题回答[33]和机器翻译[34]等，在 Web 搜索、社交网络、生物数据分析和人机交互等领域有广泛应用。

自然语言理解与交流包括两个部分，一是计算机要能理解自然语言或文本的含义，即自然语言理解；二是在理解的基础上能用自然语言来表达自己的意图、想法，并进行交流，即自然语言生成。处理简单直接的语言，现已不是问题，但由于人类语言的复杂性、多变性、微妙性，同一段话可能会产生不同的含义，即使是人类自身也不一定能正确理解，对于计算机要有在自然语言理解与交流方面的精准性和完美性，更是充满挑战。用人性化的维度(如情感、努力、意图、动机、强度等)对语言文本进行分类或标记，并结合规则和机器学习的方法，是提升自然语言处理能力的未来发展趋势。

(三) 认知与推理

阿里巴巴达摩院发布的“2020 十大科技趋势”中，首项趋势便是“人工智能从感知智能向认知智能演进”[35]。其中指出，人工智能已经在“听、说、看”等感知智能领域达到或超越了人类水准，但在需要外部知识、逻辑推理或者领域迁移的认知智能领域仍处于初级阶段。由此可以看出认知智能对于 AI 的重要性。

认知与推理(Cognition and Reasoning)是人工智能的核心，主要的研究方向有知识表示、推理、规划等。知识表示的目的是让机器存储相应的知识，并且能够按照某种规则推理演绎得到新的知识；早期的推理是直接模仿人类的逻辑推理方式，面对不确定或不完整的信息时，需要运用概率方法进行推理，面对天文数量级的数据时，最有效的算法成为推理研究的关键；规划意味着智能代理必须能够制定目标和实现这些目标，并在结果不确定的状态下进行推理，改变计划并达成目标。

认知与推理离不开知识库，知识库中是否包含各种物理和社会常识，特别是社会中最基础的、能触类旁通的知识，是限制认知和推理发展的瓶颈和关键。如何从认知心理学、脑科学等领域汲取智慧，建构起跨领域的知识图谱，让知识能够被理解、经逻辑推理后能被恰当地运用，成为认知智能取得突破的方向之一。

(四) 机器人

机器人的诞生和机器人学(Robotics)的建立，无疑是 20 世纪人类科学技术的重大成就之一。机器人学是一门跨领域的科学，涉及机器人的设计、构造、操作和应用，类似于计算机系统的控制、感觉反馈和信息处理[36]。机器人需要执行特定的任务，如搬运物体和导航等，这就需要机器人在空间上感知周围的环境，学习并建构环境地图，弄清如何从一点运动到另一点，并执行相应的移动[5]。机器人技术涉及运动学、动力学、系统结构、传感技术、控制技术、行动规划等，如果以人为参照物，还需要整合计算机视觉、自然语言处理等人工智能技术。目前这一领域发展非常迅速，已开发出用于工业、极限环境作业、医疗服务、教育等领域的各种类型的机器人。

智能机器人旨在模仿人类的智能，应具有或部分具有四种机能：一是运动机能，相当于人的手、脚、腿、臂等四肢的工作机能，能够通过机械臂、机器足对环境施加作用；二是感知机能，相当于人的眼睛、耳朵、皮肤等感觉器官的工作机能，通过视觉、听觉等获取外部环境信息，为进行自我行动决策和监视提供依据；三是思维机能，相当于人大脑的工作机能，通过认识、推理、判断和学习来进行思考和解决问题；四是人机交互机能，能够理解外部环境，输出内部状态，能与人进行信息交换。

工业机器人大多用于从事简单、重复、繁重的工作，如采摘苹果、西红柿、蓝莓等水果，如装箱、搬运物品、上下物料等运输任务，或者喷漆、焊接、装配、清理等不适宜于人工作的有害场所任务；极限作业机器人则用于代替人类在危险的环境工作，如有放射性的地方、震后灾区、战争区域、煤炭矿井、深海、太空、火场、隧道等极限恶劣环境中去完成勘探、巡逻、排爆、扫雷等任务；医疗机器人用于为病人进行手术或为失去部分人体机能的病人运用补偿机械和服务机械提供医疗服务，如动力假肢、护理机器人、导盲犬机器人等；教育机器人则是将教育的内容储存其中，运用机器人的感知、语音和动作的互动等功能完成知识的传播功能，同时给学习者带来人工智能体验。

(五) 博弈与伦理

博弈(Game)探讨的是智能机器与人类的较量，AlphaGo 近年来分别战胜了围棋高手李世石、柯洁，引起人们对于人工智能与人类博弈的高度关注。其实，早在 1997 年，IBM 公司研制的深蓝系统首次在正式比赛中战胜了国际象棋世界冠军卡斯帕罗夫，就已经树立了第一个人工智能在博弈领域战胜人类的里程碑，并引发了对伦理问题的热议。此外，在另一棋牌项目——德州扑克中，人工智能与人类也展示了较量，Tartanian、Clau-do 两个扑克程序分别于 2014、2015 年战胜该领域的顶级人类专家。博弈的较量刺激了算法博弈论的发展，AlphaGo 之所以取得了成功，是因为它融合了深度学习、强化学习、蒙特卡罗树搜索等多种技术。

伦理(Ethics)涉及的是人与人之间的关系和处理这些关系的规则。人工智能的飞速发展引发了不可逆转的社会变革，而且智能机器通常被设计为无人介入下能进行自主行动的物体，因此，人工智能与人的关系以及处理这些关系的规则越来越受到研究者的关注。一方面，智能机器在人类伦理道德中碰到的问题，如电车问题、盗药救人问题等，如何做出道德判断并进行行动选择是不可回避的；另一方面，智能机器还会碰到其自身与人类的关系问题，在人与机器发生冲突时，智能机器该如何应对与取舍，人工智能是否安全可控？预示人与人工智能关系转折的“奇点”是否存在？如果存在，什么时候会到来？或者能不能阻止它的到来？如何阻止？如何让智能技术更好地服务于人与社会的发展？这些问题都牵动着人工智能研究者和开发者的神经，也许对人工智能发展进行立法才是解决人工智能伦理问题的关键需求。百度创始人李彦宏曾表示：“人工智能伦理将是未来智能社会的发展基石[37]”。

此外，大数据时代对个人隐私权的影响不容忽视，以前的模糊化、匿名化措施在智能大数据时代已不再有效，数据采集、数据使用、数据取舍、数据外泄等方面的隐私保护成为当下社会面临的巨大挑战。

(六) 机器学习

机器学习(Machine Learning，ML)诞生以来就是人工智能研究的核心概念之一，是使计算机具有智能的根本途径，涉及对通过经验自动改进的计算机算法的研究[38]，通俗地说，机器学习旨在通过计算机模拟或实现人类的学习行为，以获取新的知识或技能，重新组织已有的知识结构，从而不断地改善自身的性能。一个系统或机器是否具有学习能力已成为当下判断其是否具有“智能”的重要标志。机器学习的研究主要分成两个方向[39]：一是传统的机器学习研究，侧重于学习机制的研究，主要探索并模拟人类的学习机制；二是大数据环境下的机器学习研究，专注于如何有效利用信息，从海量的大数据中挖掘出内隐的、有效的、可理解的知识。

深度学习(Deep Learning，DL)是机器学习领域的新研究方向之一，它借鉴了人脑的多分层结构、神经元的连接交互信息的逐层分析处理机制，具有自适应、自学习能力和强大的并行信息处理能力，在很多方面取得了突破性进展，其中最有代表性的是图像识别、语音识别，以及搜索技术、数据挖掘、机器翻译、自然语言处理、推荐和个性化技术等[40]。当前，生成式人工智能所采用的大语言模型属于深度学习的一个分支，通过对大规模数据的学习和模型训练，能够生成文本、图片、音乐、视频等内容。

目前，机器学习的应用遍及人工智能的各个领域，如数据挖掘、计算机视觉、自然语言处理、生物特征识别、搜索引擎、语音和手写识别、机器人等。李国杰院士认为[41]深度学习是一种新的科学范式，是“科学研究第五范式”的雏形，是一种全新的、人类也无法真正理解、但能被实践检验的认知方法论。

四、主题学习活动：人工智能与人类的关系

(一) 学习主题

1. 期待与担忧

思考人工智能与人类的关系。

2. 主题学习参考

(1) 美国杂志《纽约客》(THE NEW YORKER)以自主创作封面和插图闻名，2017 年 10 月 23 日这期的封面如图 1-9 所示。图中描绘了这样一幅未来图景：一个满脸胡须的年轻乞丐坐在未来的曼哈顿街上乞讨，身旁的机器人向他手里的杯子里投掷螺丝和螺帽，他身旁的小狗也满怀惊讶和担忧地看着旁边走过的机器狗。这期杂志出版后，引起了人们对于被人工智能所取代的担忧，以及人工智能与人类关系的广泛关注和讨论。

图 1-9 《纽约客》封面

(2) 在谈到在人类智能与人工智能之间如何进行选择时，刘伟教授给出如下一段话：

智能是一个复杂的系统，既包括计算也包括算计，一般而言，人工(机器)智能擅长客观事实(真理性)计算，人

类智能优于主观价值(道理性)算计。当计算大于算计时，可以侧重人工智能；当算计大于计算时，应该偏向人类智能；当计算等于算计时，最好使用人机智能。(摘自刘伟“智能是人机环境系统交互的产物”)

(二) 学习活动

(1) 针对上述两份主题学习参考进行分析和讨论，深入思考人工智能与人的关系；

(2) 梳理人类历史上重大技术发展的历程，以及在此过程中技术与人的关系；

(3) 基于以上认识，对技术至上、技术恐惧的观点进行分析评价，形成正确合理的技术观。

(三) 学习探究

针对学习活动的任务，制作 PPT 报告一份，并进行交流和分享。

(四) 拓展阅读

(1) KURZWEI L R. The singularity is near[M]. 李庆诚，董振华，田源，译. 北京：机械工业出版社.

(2) 刘云浩. 人工智能，不是填充知识的容器，而是要点燃的火把[J]. 中国计算机学会通讯，2021，17(7)：7.

专题二 人工智能教育概览

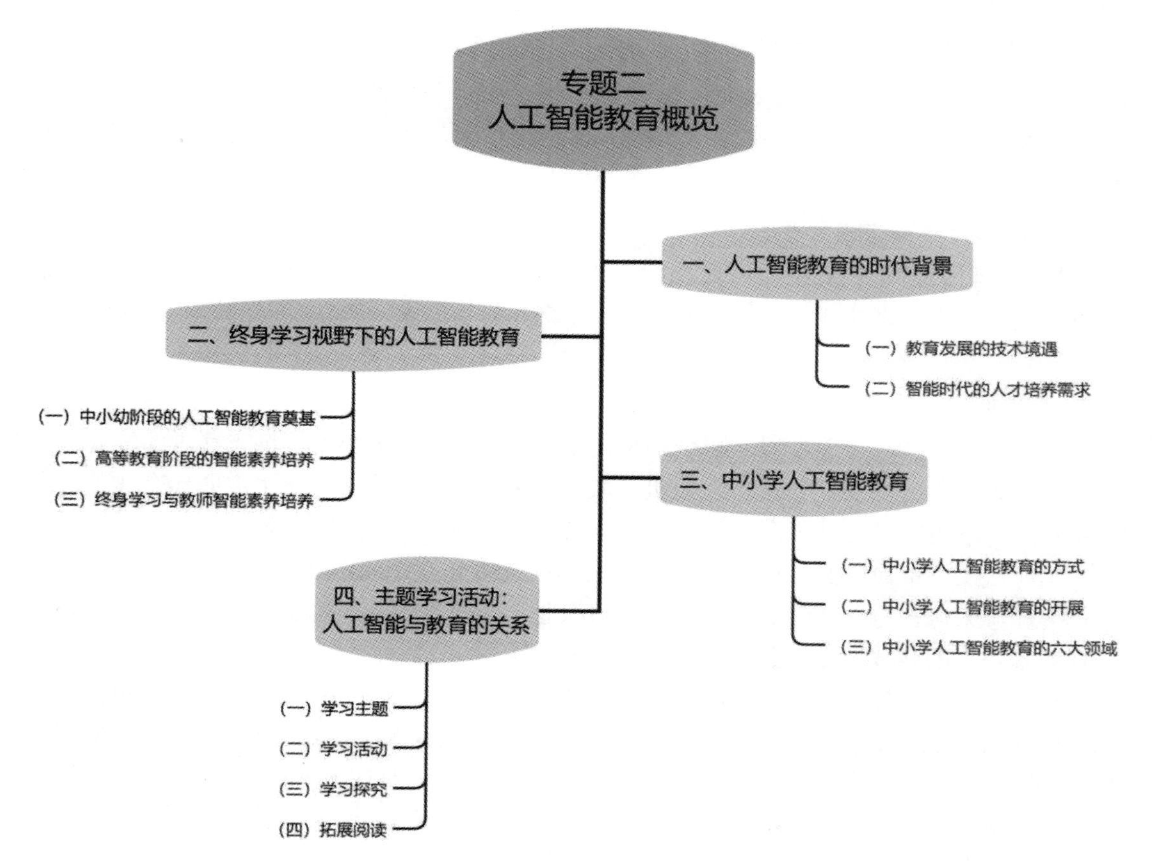

教育是提升技术的根基，而技术是推动教育的动力。我们正处于一场技术变革的前夜，人工智能是这场变革的核心。

——比尔•盖茨(Bill Gates，微软公司联合创始人)

一、人工智能教育的时代背景

人工智能教育的开展缘于人工智能技术，特别是算力、算法和数据这三大基础性技术的飞速发展，缘于人工智能技术在社会各领域广泛深入的应用，缘于因市场需求而产生的对智能人才的迫切需要，更缘于因人工智能技术应用所带来的人类学习、工作、生活方式的深刻变革。

(一) 教育发展的技术境遇

教育和技术的发展各有其自身的规律与逻辑，同时，两者也相互影响。人类有教育之初就有技术的介入，教育所培养的人才又不断产生技术创新；反之，技术的发展也不断改变着人类的学习方式，催生新的教育形式和生态。

1. 技术与教育的融合发展

当前，我们正处于工业 4.0 时代，人工智能、物联网、大数据、5G 等技术的融合带来了以智能制造为代表的新业态，引发了对人才培养的新需求，教育发展的智能化趋势已初现端倪。

1) 四次工业革命

近代以来，技术飞速发展不断带来时代变革，社会生产力取得了突飞猛进的发展。工业革命开始于 18 世纪 60 年代，是以机器取代人力，以大规模工厂化生产取代个体工厂手工生产的一场生产与科技革命。两个多世纪以来，全球经历了四次工业革命。

第一次工业革命以蒸汽机为主要技术，约在 1760 年至 1840 年的 80 年间，以煤炭、石油作为能源来源，将其转化成动能，带来纺织业、金属冶炼业、机器机械制造业、交通运输业的繁荣，因此被称为“蒸汽时代”。

第二次工业革命是电气环境的诞生，在 1860 年至 1920 年的 60 年间，由于发电机、内燃机的发明，电力与石油、煤炭、天然气等一起成为主要能源，带来了大型重工业，如钢铁行业、化工行业、汽车制造、造船工业等的发展，因此被称为“电气时代”或“电器时代”。

第三次工业革命以电子计算机的出现为标志，约在 1940 年至 21 世纪初，以原子能、电子计算机、空间技术和生物工程为主要技术，催生了电子工业、家电、核工业、航天、信息产业、移动互联网的飞速发展，这一时代被称为“信息时代”或“数字时代”。

第四次工业革命是21世纪以来以互联网+人工智能融合为标志的工业变革，如以石墨烯、虚拟现实、量子信息技术、可控核聚变、清洁能源以及基因生物技术、脑科学等为主要技术，催生了新材料、生物基因、人工智能等行业，被称为“智能时代”或“工业4.0时代”。

2) 技术引发教育变革

蒸汽时代和电气时代，为适应工业化机器大生产的需求，给工业生产流水线输送大量符合标准的产业人才，诞生了以班级授课为主要形式的现代传统教育。进入信息时代，第三次工业革命中计算机、电子信息技术被发明、普及和应用，并逐渐进入教育领域，出现了多媒体教学、计算机辅助教学等早期信息化教育，以及数字化的教学和学习资源。

如今，我们已经迈入工业4.0时代，以人工智能、大数据、物联网、云计算、虚拟现实、区块链等为代表的智能信息技术，给教育发展带来了机遇和挑战。智能技术与教育教学深度融合成为建设高质量教育体系的主要路径，也成为破解大规模的个性化教育、教育教学精准化管理、教育高位均衡发展等一系列问题的关键举措，具备多元化、个性化、智能化等特征的智慧教育已成为未来教育的主要形态[42]。

当下，智能技术正在向教育教学各环节逐步渗透，面向教育者、学习者、管理者，面向教学侧、学习侧、管理侧同时赋能，努力提升教学质量，促进个性化教育与教育公平，如图2-1所示，主要概括为四个方面。

(1) 精确化教学：服务于教师的精确化教学。人工智能可以作为智能助教，为教师教学提供有益的辅助和补充，可以协助教师开展作业的智能批改，可以采集学生的学习信息，进行学情分析，作为开展教学的基础和选择教学策略的依据，同时，虚拟现实VR和增强现实AR等技术，可以增加学生学习体验的沉浸度、临场感。

(2) 个性化学习：服务于学生的个性化学习。目前已有人工智能应用于游戏学习、拍照搜题、自适应学习、教育机器人等。拍照搜题运用了图像识别技术，可以便捷地查询想要获得的解答；自适应学习运用了学习分析技术，对学习者的学习情况进行诊断，并提供个性化的学习路径；游戏化学习是教学者结合游戏的设计策略进行教学设计，使学习者在智能信息技术环境下以游戏化的方式完成学习内容；教育机器人则运用了智能感知技术、智能交互技术，需要以对语音、图像、触摸的理解为基础，从而通过语言、动作、表情等对外界做出反应，当然其背后离不开机器学习、大数据技术的支撑。

(3) 科学化管理：服务于学校的科学化管理。利用人工智能可以助力智慧校园建设，通过校园内的统一身份认证，实现校园安全、师生出入和活动等监控，同时通过智能排课系统实现冲突自动检测，批量调课，生成多形式个性化课表；以师生基本信息为基础，融合师生在校的教学和学习的过程和结果数据，可以为学校决策提供支持，提高学校治理现代化的水平。

(4) 自动化评阅：人工智能可以支持学校考试、评价的智能化，如试题贴上知识点、难度系数等标签，可以按照设定的规则从试题库抽题组卷；学生考试完成后，进行机器阅卷、试卷分析；针对口语考试，运用自动语音识别的考试系统对学生的口语进行打分，给出评价意见，以促进学习者口语水平提升等。

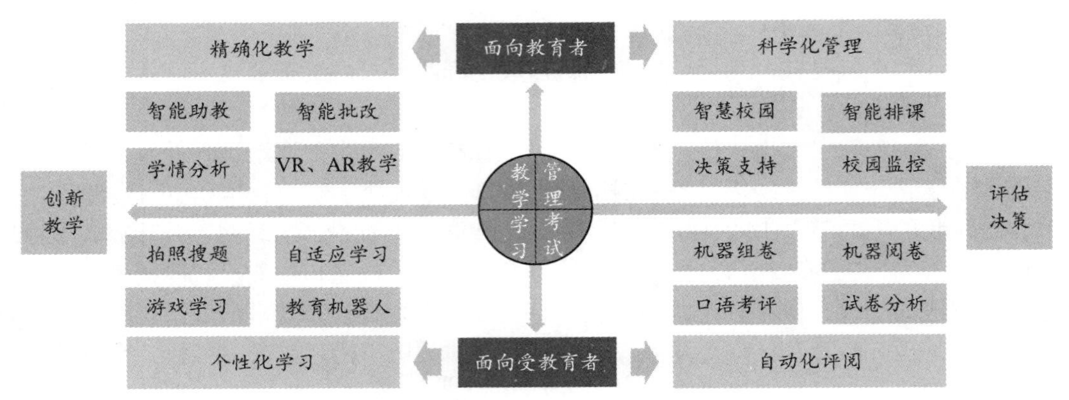

图 2-1 智能技术融入教育教学环节[43]

2. 教育发展的智能化趋势

《地平线报告》(Horizon Report)是全球教育科技发展的风向标之一，旨在预测未来几年教育科技的发展和应用趋势，为决策者、教师、学习者提供信息，助力他们在管理、服务、教学、学习时恰当地选择和运用技术。《地平线报告》已连续发布多年，也逐渐细分到多个领域，如高等教育、基础教育等。

1) 高等教育

2021 年 4 月，美国高等教育信息化协会 EDUCAUSE 发布了《2021 地平线报告：教与学版》[44]。报告描述了正在塑造全球高等教育教与学的未来的 15 个宏观趋势，分成五个类别：社会、技术、经济、环境和政治。社会领域的发展趋势有：远程工作/学习、数字鸿沟的扩大、心理健康问题；技术领域的发展趋势有：混合学习模式的广泛采用、更多地使用学习技术、在线教师发展等。报告分析认为，对高等教育教学产生重大影响的六项关键技术和实践，分别是人工智能、混合和混合课程模型、学习分析、“微证书”、开放教育资源(OER)、高质量的在线学习。由此可以看出，人工智能依然是影响未来高等教育发展的重要技术之一，它正出现在整个高等教育教学和学习中，涉及学习管理系统、监考、评估、学生信息系统、办公效率、图书馆服务、招生、残疾人支持、移动应用程序等领域。在大多数情况下，人工智能被用来解决教学和学习的长期或当前挑战。然而，对人工智能技术的偏见和数据采集的道德问题仍然存在，这使得高等教育不仅要成为谨慎的、尊重伦理的人工智能使用者，而且要彻底重新思考课程和相关学术项目的机会，以更好地服务于“人工智能一代”。

2) 基础教育

2021 年，美国新媒体联盟发布了《2021 地平线报告(基础教育版)》，北京开放大学地平线报告项目组翻译并发布中文版。报告表示：今后五年最有可能影响基础教育技术规划和决策制定的六个发展动向分别是增加学习机会和便捷性、激励教学创新、开展实景体验学习、跟踪和评估学业进展数据、促进教学专业化、普及数字化素养。基础教育中未来1～5 年将采用的六项重要技术分别是创客空间、分析技术、人工智能、机器人、虚拟现实、物联网。

其中，人工智能技术的不断发展使得现在的智能机器功能越来越接近人类智能，如知识工程允许计算机模拟人类感知、学习和决策，基于神经网络的语音识别和自然语言处理使得人类和机器在进行交互时用户界面更加自然、人性化。此外，人工智能利用在线学习、自适应学习软件以及仿真方式能够更直观地与学生互动，并具有更大的潜力。

其他五项技术与人工智能的相关性较高，例如创客空间技术使用了 3D 打印、机器人技术、基于网络应用的 3D 建模等，机器人技术与编程融合为跨学科的 STEM 学习活动，其中的机器人技术，也是人工智能研究的主要领域之一。教育大数据的分析技术，可以收集教师教学与学生学习的相关数据，从而支持教师教学的数字化因材施教和基于数据的精准培训，对于教师和学生来说，理解如何使用新的数据工具和培养分析技能(包括数据素养、计算思维和编程)是至关重要的。物联网通过处理器或内置传感器，将生成学生学习和活动的数据，这些数据成为后续进行数据分析的来源之一，也为智慧校园的远程管理、状态监控提供了技术支持。

(二) 智能时代的人才培养需求

智能时代的人才培养需要以人工智能与人类智能的比较为基础，分析清楚人工智能和人类智能各自的擅长与局限，才能有效利用人工智能擅长的领域，形成正确的技术价值观，充分发展人类智能所擅长的领域，以促进人类智能与人工智能的和谐共生。

1. 人工智能与人类智能的比较

无论是符号主义学派、行为主义学派，还是连接主义学派，他们对人工智能的研究都是以人类智能作为参照系的。对当下的人工智能技术发展和人类智能进行比较，有利于我们深入理解人工智能，为后续开展人工智能教育奠定基础。

1) 两者内涵的比较

通俗地说，人工智能是研究和开发能够模拟、延伸和拓展人类智能的理论、方法、技术的系统，以人类的智能作为参照，让智能机器会听、会说、会看、会思考、会学习、会行动。会听通过人工智能的语音识别、机器翻译等技术去实现，会说通过语音合成、人机对话等自然语言处理技术去实现，会看通过图像识别、文本识别等计算机视觉技术去实现，会思考从人机博弈、定理证明等维度去模拟、拓展，会学习则离不开机器学习、知识表示等技术，会行动通过机器人、自动驾驶等技术去延伸。

我们也可以从多元智能的角度，将人工智能与人类智能进行比较。霍华德·加德纳教授将人的智能分成八种类型：语言智能、音乐智能、逻辑-数学智能、空间智能、身体运动智能、人际智能、自我认知智能、自然探索者智能，每类智能都有其核心要素和终极状态，如表 2-1 所示。

表 2-1　加德纳的多元智能类型[45]

智　能	终极状态	核 心 要 素
逻辑-数学智能	科学家　数学家	• 辨别、逻辑或数学模式的敏感性和能力； • 处理长串推理的能力
语言智能	诗人　记者	• 对词语的声音、节奏和意义的敏感； • 对语言的不同功能的敏感性
音乐智能	作曲家　小提琴家	• 创造和欣赏节奏、音调和音色的能力； • 欣赏音乐表现力的形式
空间智能	航海家　雕刻家 工程师　画家	• 能够准确地感知视觉空间世界并在最初的感知上进行转换
身体运动智能	舞蹈家　运动员 外科医生 手工艺大师	• 有能力控制身体的动作和熟练地处理物体
人际智能	政治家　心理医生 教师　销售商	• 理解他人的情绪、性情、动机和欲望，并作出适当的反应
自我认知智能	有详细、精准、自我认识的人	• 获得自己的感觉，并能辨别它们，并利用它们来引导行为； • 了解自己的长处、短处、欲望和智慧
自然探索者智能	博物学家　猎人 渔夫　农夫　园丁	• 辨别环境(不仅是自然环境，还包括人造环境)的特征并加以分类和利用的能力

以人类的多元智能为参照，可以从人工智能技术与其的对应关系、人工智能技术实现的空间结构两个方面进行比较[46]。从两者核心要素的对应关系来看，人工智能的六个主要核心技术领域在一定程度上能模拟和实现一些人类的多元智能，其对应关系大致如图 2-2 所示(线条的粗和细表示对应关系程度的高和低)。

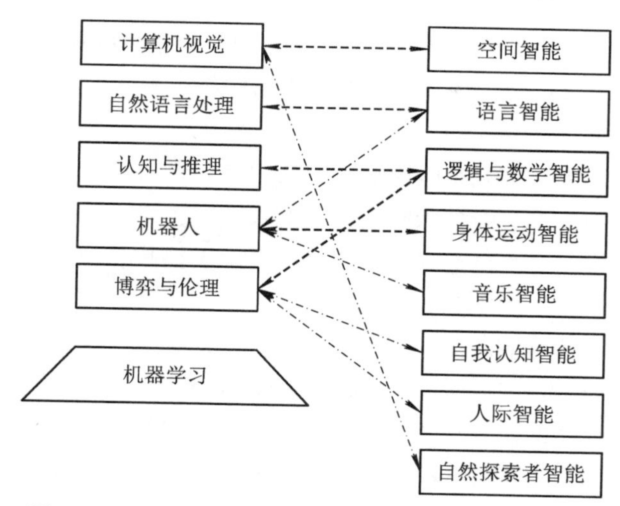

图 2-2　人工智能技术研究领域与多元智能的相对关系

计算机视觉跟人类的空间智能之间，自然语言处理跟语言智能之间，认知与推理、博弈与伦理跟逻辑与数学智能之间，机器人跟身体运动智能之间有着较强的对应关系，前者是对后者的模拟、延伸和拓展。计算机视觉对于自然探索者智能，可以从视觉和空间感知角度去提供一些模拟的支持；机器人除了可以模拟人类的身体运动智能，人们还在语言智能、音乐智能方面对其进行了一些开发应用，让机器人学会与人进行交流，学会编曲奏乐；博弈与伦理的研究还涉及以人类的自我认知智能、人际智能为基础的模拟、思考与分析。

虽然，我们简单地将人工智能与加德纳提出的多元智能进行了比较，便于大家理解人工智能与人类智能的关系，但这八种智能并非人类智能的全部，人类智能是多种智能的综合体，是复杂的、多样的、有机的，每一种多元智能都会有不同的表现方式，不同方式之间也是相互影响的。马克思曾说："人的本质不是单个人所固有的抽象物，在其现实性上，它是一切社会关系的总和。"智能是人的本质特征之一，人类的智能是人与环境、社会相互作用的产物，它既有客观的逻辑，也有主观的非逻辑，是个极其复杂的系统。对人类智能的研究有很长的路要走，对模拟、延伸、拓展的人工智能研究来说，其往后的道路也依然漫长。

以人类语言智能为例[47]，人的语言或信息组块能力强，具有有限记忆和理性；人可以在使用母语时不考虑语法进行交流，在感官辨别的基础上，能感知语言、图画、音乐的多义性，还具有情感性、默会性、跨情境的应变性；人在处理语言及信息时能将表面上无关的事物关联起来，充满想象力。而目前的智能机器在语言方面虽具有无限记忆和理性，对于语音的识别、翻译等堪与人类相媲美，但其语言或信息组块能力弱，情感性、应变性等都与人类语言智能存在较大差距；机器目前可以下棋、回答问题，但跨情境的随机应变能力弱，综合辨析能力不足，不会形成概念或提出新概念，更不会产生形而上学的理论。

2) 两者应用的比较

在上述人工智能与人类多元智能内涵的比较中，我们可以看出它们各自的特长与局限性，也就是说，当前的人工智能技术有其擅长的领域，也有因其特性和技术局限性而涉及较少、不太擅长的领域，对其进行规律性探究，有助于扬长补短，培养核心素养服务，为未来人类与机器的和谐共生奠定基础。

人工智能在社会各领域的广泛应用，引发了人们对“未来人工智能是否会取代人类工作岗位”的担忧。剑桥大学学者奥斯本(Michael Osborne)和弗雷(Carl Frey)开展的一项对365个职业被机器人淘汰概率的研究结果显示[48]：打字员、会计、银行职员被人工智能取代的概率位列前三，分别为98.5%、97.6%、96.8%；而艺术家、音乐家、科学家、律师、法官、心理医生、教师则不易被取代。

研究认为，一些职业之所以被机器人取代的概率高，主要因素有：① 不需要天赋，经由训练即可掌握的技能；② 大量的重复性劳动，每天上班无须过脑，熟练即可；③ 工作空间狭小，坐在格子间里，不闻天下事。也就是说人工智能擅长做一些规范性、墨守成规、有模仿能力的事情，规范性意味着要遵守纪律，按规则去有计划地执行；墨守成规意味着需要有基本知识，按逻辑去顺从地执行；有模仿能力意味着有计算力，能尽可能准确地去执行。一些职业不易被机器人取代，影响因素主要有：① 岗位需要社交能力、协商能力以及人情练达的艺术；② 岗位需要同情心，以及对他人真心实意的扶助和关切；③ 岗位需要创意和审美。也就是说人类智能更擅长于做以下相关的事情，如品德、批判精神、冒险精神、创造力、宽容、自由、审美、个性、利他、探索、生存、模糊等。

目前，人工智能得到了广泛应用，如无人驾驶、机器人生产、无人化智能服务、智能化报表分析生成、AI撰稿、AI作曲、AI绘画、AI视频生成等，且有逐步替代人类工作的趋势，可预见未来人类绝大多数的工作将会被AI所取代[49]。当然，由于新技术的兴起，也会出现一些新的工作。

2. 智能时代的人才需求特征

基于前文对人类智能与人工智能的比较分析，面向未来社会的发展和岗位需求，智能时代的人才应具有如下特征[50]。

1) 具有能够分解问题、深度思考的能力

随着工业1.0到4.0的不断迭代升级，机械逐渐取代了工业化大生产中重复的体力劳动，那些重复的脑力劳动也呈现出被人工智能取代的趋势，但是脑力劳动中那些不可重复的部分却难以被取代，如针对不同场景分解问题的能力是很难被取代的，分解问题是解决复杂任务的关键，也是目前人工智能技术的薄弱环节；又如深度思考，其意味着认真观察，保持专注，激发想象力、创造力，突破思维定式，学会批判性思维、跨学科思维，所以它们都是未来人才必备的核心竞争力。

2) 具有人机交流协同的能力

正如我们现在能操作各种技术产品、与技术所创造的世界并存一样，智能时代的人才应具备一定的智能素养，学会和人工智能共存，要对人工智能的利弊、与人类的关系等有清晰的认识，既能够遵守技术伦理规范，又能够充分发展和利用人工智能为人类服务，这就需要掌握和智能机器对话的技能，理解人工智能背后的计算思维、逻辑思维等基础，从而以人机协同的方式进行学习、工作。近年来，逐渐兴起的 STEAM 教育、人工智能教育等，有助于培养未来人才的智能素养，以适应不断变化的社会需求。

3) 具备感知人性和共情的能力

由于当前的人工智能技术还只是局限于某些领域的专用人工智能，距离通用人工智能还有很长的路要走，如对于人类的情感、文化甚至人性等这类特有智能，以及认识世界的常识系统、对物理和社会空间中各种现象进行整合和归纳、与他人的沟通与协作的能力等，都也很难企及。因此，未来人才要在感知人性和共情方面加强培养，这是未来社会中个体的差异化发展以及社会良性、健康发展的基础。

也有学者认为，人工智能时代，程序化工作和一部分非程序化工作将被人工智能取代，工作将向高度智慧化转移，劳动者的工作定位发生变化，学校教育和企业教育中应注重提高受教育者的人工智能素养，培养创造性思维能力、社会交流能力以及环境应变能力[51]。

二、终身学习视野下的人工智能教育

人工智能技术属于信息技术范畴，其广泛应用已构成了当下人类的生存境遇，学生在学校、家庭、社会中接触智能技术已无法避免。唯有了解人工智能，运用人工智能，理性地对待，才能适应未来智能时代的发展需求，做到与人工智能协同发展。

在人生的不同阶段，开展人工智能教育有不同的目标、要求和任务，下面从中小幼阶段、高等教育阶段、终身学习等方面分别阐述。

(一) 中小幼阶段的人工智能教育奠基

对中小幼阶段的学生开展人工智能教育的主要目标是让青少年和儿童接触、体验人工智能，培养基础的智能素养。

1. 学龄前儿童教育阶段的智能启蒙[52]

学龄前儿童教育是为学校教育和终身教育奠基，理应积极响应人工智能教育的需求。针对学龄前儿童的身心发展特点，其人工智能教育只能定位于启蒙性质。

早在 2011 年，圣文森特学院 Fred Rogers 儿童媒体研究中心与全美幼教协会共同提出的《早期教育技术方案：支持 0～8 岁的儿童(草案)》[53]就指明了早期教育实践中应用信息技术的方向，具体包括应用信息技术提高教育效果的方法、不同年龄段儿童应用信息技术的指导建议等。同年，美国芝麻街工作室和斯坦福大学联合发布报告《迈出一大步：数字化时代幼儿教育规划》[54]，提出应整合数字媒体应用，以有效改善幼儿教育质量，并提出了数字化技术与幼儿教育融合的三条途径。研究表明，人工智能启蒙教育适合于学龄前儿童，但要关注启蒙教育的目标、内容和方式的适切性。

面向学龄前儿童的人工智能启蒙教育，其目标意味着要消除他们对智能技术的神秘感、陌生感，体验智能技术的应用，感知智能技术的发展，应用智能技术进行游戏、学习和创作，其关键任务是为儿童适应未来的智能时代奠基，创设智能学习情境，增进儿童对人工智能的了解，激发学习兴趣，在儿童心里埋下人工智能的“希望之种”。其内涵可分解为智能感知技术启蒙、智能交互技术启蒙和智能处理技术启蒙。

智能感知技术主要是从视觉、听觉两个感官维度感知图像和声音，做到能看会听，其启蒙教育是让儿童通过智能机器或应用程序对外界事物进行识别，如植物识别、人脸识别、语音识别等。除幼儿园可以通过创设丰富的智能情境让儿童体验人工智能带来的有趣和“好玩”以外，一些城市的科技馆、少年宫、图书馆也会利用社会资源定期举办人工智能专场体验活动。

智能交互技术主要是从语言、面部表情、动作等维度表达声音、行动和情感，做到能说会唱、能动会走，其启蒙教育是儿童了解智能技术，特别是了解机器人与人也有相通之处，会做出类似于人类的反应。英国普利茅斯大学 ROBO21C 项目机器人专家贝尔培米(Tony Belpaeme)教授认为“机器人不会完全取代教师，但却能激发对儿童的教育”[55]。儿童教育机器人一般都具有可爱的卡通或拟人形象，在语音交互方面，大多具有语音唤醒功能，能与儿童进行简单的自然语言交流，也有根据不同的学习需求设计了儿童英汉双语、诗歌、童谣、童话故事等交互功能；在动作交互方面，一些智能机器人能进行声源定位或人像定位，转动头的方向，模拟人与人之间的面对面交流，或循声音的方向而行走；在情感交互方面，基于类儿童情感引擎，通过表情、语速、动作、灯光等元素的综合处理，智能机器人可以根据不同的情境表现出不同的情绪，强化“拟人”效果[56]。

智能处理技术涉及较为复杂的机器学习、认知与推理等，对学龄前儿童来说太过深奥，但可以通过专为儿童设计的简单编程学习给他们以思维、逻辑的启蒙，激发探究的好奇心和创造力，培养发现问题、分析问题、解决问题的能力，更重要的是为儿童计算思维能力和信息素养的提升奠定基础。“重视儿童编程教育，从人工智能启蒙教育抓起，构筑人工智能战略的基石是我们教育工作者的重要职责。”[57]对于学龄前儿童的编程教育启蒙，要遵循幼儿身心发展规律和认知特点，其关键并不是学习编程规则和代码编写，而是用简单易懂的图形化的编程工具让儿童可以更多地想象、动手、玩耍、分享和反思，学会创造性地思考和做事[58]。目前市场上比较适合于学龄前儿童进行编程启蒙教育的工具可分成两类，一类是图形化编程软件，如 LOGO、ScratchJr、Tynker、Daisy the Dinosaur、Hopscotch 等，其特征是覆盖了主要计算课程的编程元素，如事件、序列、迭代等，且大多是免费的；另一类是有形机器人编程，有专为 4～9 岁儿童开发的手动编程机器人，不需要电脑软件和平板，使用可触摸的编程模块，像拼积木一样学习编程，如 MatataLab 等。

2. 中小学阶段的通识智能素养教育

国务院颁布的《新一代人工智能发展规划》指出“实施全民智能教育项目，在中小学阶段设置人工智能相关课程、逐步推广编程教育”“建设和完善人工智能科普基础设施”“支持开展人工智能竞赛，鼓励进行形式多样的人工智能科普创作”[59]。2018 年 9 月，华东师范大学慕课中心和商汤科技合作开发的《人工智能基础(高中版)》教材由华东师范大学出版社、商务印书馆出版，全国已有多所学校引入该教材作为选修课或校本课程。2019 年 1 月，教育部发布“中小学人工智能教育”项目，将北京、广州、深圳、武汉、西安作为第一批五个试点城市，面向 3～8 年级学生开展人工智能教育与编程课程。江苏、浙江、山东、山西、福建等多省教育厅发布通知，提出开展中小学人工智能课程实验，推进人工智能教育试点区域和试点学校的建设，推动人工智能教育落地。

由于人工智能也属于信息科技的范畴，因此信息科技课程的核心目标，即培养学生的学科核心素养也可以作为人工智能相关课程的上位目标，即计算思维、数字化学习与创新、信息意识、信息社会与责任。小学、初中、高中三个阶段的课程在普及人工智能知识的基础上各有侧重，因而课程目标的设定应有针对性、相关性、区分度。有学者构建了中小学人工智能课程目标及内容架构[60]，如表 2-2 所示，在落实过程中，小学阶段着重于带领学生感悟人工智能；初中阶段，通过项目式活动的开展让学生亲身体验和感受人工智能的魅力；高中阶段，鼓励学生利用所积累的人工智能知识进行问题解决的实践创新。

表 2-2 中小学人工智能课程目标及内容架构

学段		人工智能基础				简单人工智能应用模块开发			人工智能技术的发展与应用		课程目标		
		脑认识基础	机器感知与模式识别	自然语言处理与理解	知识工程	编程语言	算法基础	开源硬件应用	机器人系统介绍	智能系统开发	计算思维	数字化学习与创新	信息意识信息社会与责任
小学	1、2	√									悟人工智能		
	3、4	√											
	5、6					√							
初中	7	√									验人工智能		
	8					√							
	9								√				
高中	10、12	√									创新与创造		

2024 年 11 月，教育部办公厅发布了《关于加强中小学人工智能教育的通知》，旨在培养具有创新潜质的青少年群体，为促进新质生产力发展储备人才。通知指出要探索中小学人工智能教育的实施路径，提出了六大任务及举措：构建系统化课程体系，实施常态化教学与评价，开发普适化教学资源，建设泛在化教学环境，推动规模化教师供给，组织多样化交流活动。通过统筹谋划，稳步推进，要求 2030 年前在中小学普及人工智能教育。

文件中提到，要研究制订中小学人工智能通识教育指南和普及读本，小学低年级阶段侧重感知和体验人工智能技术，小学高年级阶段和初中阶段侧重理解和应用人工智能技术，高中阶段侧重项目创作和前沿应用。

(二) 高等教育阶段的智能素养培养

1. 人工智能相关专业的人才培养

针对人工智能领域专业人才的培养需求，建设人工智能学科的具体举措有：完善人工智能领域学科布局，设立人工智能专业，推动人工智能领域一级学科建设，尽快在试点院校建立人工智能学院，增加人工智能相关学科方向的博士、硕士招生名额。鼓励高校在原有基础上拓宽人工智能专业教育内容，形成“人工智能 + X”复合专业培养新模式，重视人工智能与数学、计算机科学、物理学、生物学、心理学、社会学、法学等学科专业教育的交叉融合。加强产学研合作，鼓励高校、科研院所与企业等机构合作开展人工智能学科建设[59]。

要完善人工智能领域人才培养体系，具体体现为完善学科布局，加强专业建设和教材建设，加强人才培养力度，开展普及教育，支持创新创业，加强国际交流与合作[61]。

专业建设方面，目前对照国家和区域产业需求，一些高校相继开设了人工智能相关专业，如人工智能、智能科学与技术、数据科学与大数据技术、机器人工程、模式识别与智能系统、自动化等。有的聚焦于人工智能的通用技能培养，如人工智能专业、智能科学与技术专业等；有的聚焦于人工智能某一领域的技能深化，如机器人工程、大数据技术、模式识别等。

在教材建设方面，应加快人工智能领域科技成果和资源向教育教学转化，推动人工智能重要方向的教材和在线开放课程建设，特别是人工智能基础、机器学习、神经网络、模式识别、计算机视觉、知识工程、自然语言处理等主干课程的建设，涌现了一批具有国际一流水平的本科生、研究生教材和国家级精品在线开放课程。同时，还应将人工智能纳入大学计算机基础教学内容，或开设人工智能通识课程。

在加强人才培养力度方面，应完善人工智能领域多主体协同育人机制，深化产学合作协同育人，推广实施人工智能领域产学合作协同育人项目，以产业和技术发展的最新成果推动人才培养改革，推动高校教师与行业人才双向交流机制；鼓励有条件的高校建立人工智能学院、人工智能研究院或人工智能交叉研究中心，推动科教结合、产教融合协同育人的模式创新，多渠道培养人工智能领域创新创业人才；引导高校通过增量支持和存量调整，稳步增加相关学科专业招生规模、合理确定层次结构，加大人工智能领域人才培养力度。

2. 高校其他专业的“人工智能+”

不断迭代的人工智能技术促进了数字经济的高速发展，人工智能产业链逐渐形成，同时，人工智能对各行业的渗透也在不断加深，如人工智能与金融、制造、电信、服务、交通、医疗、能源、教育等行业融合，AI 在赋能这些行业的同时，也使得这些行业岗位的人才需兼具行业技能和人工智能素养，这就要求高校相关专业的人才培养要将数字素养、人工智能素养纳入培养目标和毕业要求，在课程体系设计、课程内容重构、教与学的方法、第二课堂等培养环节都要关注和落实学生的智能素养培养要求，由此带来了“人工智能+”专业建设的热潮。

根据人工智能理论和技术具有普适性、迁移性和渗透性的特点，一些高校主动结合学生的学习兴趣和社会需求，积极开展“新工科”“新文科”研究与实践，注重学科交叉，推动了人工智能与计算机、控制、数学、统计学、物理学、生物学、心理学、社会学、法学等学科专业教育的融合，积极探索“人工智能 + X”的人才培养新模式。

(三) 终身学习与教师智能教育素养

1. 终身学习

智能时代，终身学习不仅是一种生存方式，也是个体开展个性化学习，迎接新世纪挑战的实践路径[62]，是一个时间上终身持续，内容上全面覆盖，方式上多元泛在的学习过程。信息技术特别是网络技术的发展，互联网上丰富的教育资源也为终身学习提供了资源保障，使得终身学习实现的概率不断增加。对于未来人工智能的发展前景，我们在进行判断和预测时，既要看到人工智能技术的高速发展和巨大潜力，又要看到现有技术的局限性和人工智能理论取得重大突破的艰巨性[41]。哈佛大学学习技术研究专家克里斯托弗教授认为：人类和人工智能也能很好地合作，即人工智能做估算(reckoning)(计算预测，calculative prediction)，人类做评判(judgment)(实践性智慧，practical wisdom)[63]，需要协同工作、学习和生活。

面向与人工智能协同共生的目标，人类需要具备智能素养，了解和认识当下的人工智能发展，充分发挥人工智能的特长为人类服务；另一方面，人工智能一直奔跑在高速发展的快车道上，技术创新、更迭频繁，人们要跟踪、了解人工智能的前沿技术和最新应用，不断地加强学习和研究，开展人工智能技术创新，因此，对于人工智能相关知识的学习和应用成为终身学习的应然内容。

2. 教师智能素养培养

从教师的培养来看，教育部在 2018 年发布的《高等学校人工智能创新行动计划》中指出：要在教师职前培养和在职培训中设置人工智能相关知识和技能课程，培养教师实施智能教育能力[61]。这就要求，除在师范生培养中要开设人工智能相关课程以外，在职教师的专业发展、在职培训中也要开设一些人工智能相关的课程、项目、活动，以提升教师的智能素养，促进人工智能与教育教学的深度融合，提高教学质量。当然，随着人工智能技术的不断发展，对教师智能素养也提出了不断更新迭代的要求，如生成式人工智能出现后，如何运用生成式人工智能助力备课、上课、撰写教研论文等，成为教师需要研究与实践的新能力。

1) 上位的政策要求

2018 年，《中共中央　国务院关于全面深化新时代教师队伍建设改革的意见》明确提出：教师要主动适应信息化、人工智能等新技术变革，积极有效开展教育教学[64]。《教育部办公厅发布的关于开展人工智能助推教师队伍建设行动试点工作的通知》指出要提升教师的智能教育素养。

2019 年，教育部发布的《关于实施全国中小学教师信息技术应用能力提升工程 2.0 的意见》指出：教师需要主动适应人工智能等新技术变革，形成智能化教育意识，掌握智能化教育工具，探索跨学科教学、智能化教育等教育教学新模式。

2021年，教育部在首批试点行动取得成效的基础上，开展第二批人工智能助推教师队伍建设试点行动，再次提出要提升教师智能教育素养，为智能教育培育一批“领头雁”。试点行动分为两类：地区试点、高校试点。地区试点要求面向职后教师的智能素养提升，包括智能工具与资源的利用、创新未来教师培养模式、智能研修优化、教师大数据应用、智能引领乡村学校与薄弱学校教师发展等方面。高校试点要求聚焦四个方面，分别是：① 创建智能教育环境；② 建设教师智能教育体系；③ 加强教师大数据建设与管理；④ 服务地方教育教学改革与创新。

2) 智能技术对教师专业发展的挑战

人工智能技术在教育领域得到广泛应用，教师的角色地位和知识能力面临人工智能带来的伦理挑战、教学挑战和学术挑战。一是人工智能与教师的关系。智能技术的不断发展，可能会接管教师的很多职责，但不可能取代教师，只能作为辅助技术手段[65]。Pedro等学者认为人工智能在课堂上的应用可能会重新定义教师的角色，“提升教师的人工智能素养”应作为构建人工智能时代教育生态系统的重要内容[66]。首届国际人工智能与教育大会上发布的《北京共识——人工智能与教育》也强调：人工智能可以促进学习和学习评价，赋能教学和教师，需要“动态地审视并界定教师的角色及其所需能力，强化教师培训机构并制定适当的能力建设方案，支持教师为在富含人工智能的教育环境中有效工作做好准备”[67]。二是教师的知识能力结构需要适应性调整，教师的培训至关的重要。“教师需要吸收新的能力，包括理解人工智能支持的系统如何促进学习、研究和分析数据技能，有效管理人力和人工智能资源的技能，以及对人工智能和数字技术影响人类生活方式的关键观点”。三是人工智能技术工具的开发。开发者要与教师建立对话和理解，提供教育工作者需要的支持[68]。

3) 教师智能教育素养的内涵结构

技术更迭，特别是智能技术推动着教师角色及行为方式的变化，对教师素养内涵和培养方法都提出了新的要求。教师的智能教育素养是指教师胜任智能时代教育教学工作的，集人工智能知识、整合人工智能的教学能力以及人工智能教育伦理与信念于一体的综合素养[69]，是人工智能素养与教师专业素养的交集，主要分成知识与技能、能力、伦理信念三个基本维度。刘斌认为智能教育素养涉及理解和掌握人工智能技术及其教育应用的基本知识、实施智能化教育教学并促进教师专业发展的核心能力、对待智能教育的理性态度与合乎伦理道德的实践等方面的内容[70]。胡小勇等人聚焦中小学教师，将智能教育素养的结构划分为知识基础层、能力聚合层、思维支撑层、文化价值深化层[71]。

4) 教师智能教育素养的培养路径

教师智能教育素养的培养路径可以从政策引领、构建职前职后一体化发展体系、条件保障、教师自主发展等方面去建构[70]。针对师范生，可以从更新优化教师教育课程、增强案例教学的层次性、创建智能化教学环境、多元主体协同提升教师教育者的智能教育素养[69]

等方面制定培训方案；针对在职教师，则需要制定专题培训方案[72]，分为两类，一类是人工智能在教育领域中的应用，另一类是人工智能技术的操作与实践，培训的方式可以是专题讲座、技术体验、小组活动、实际操作等。

总之，教师智能教育素养培养是教师与智能技术的双向建构。一方面，教师不仅需要对智能技术进行掌握与应用，还要具有智能认知与意识，具有人与智能技术关系的价值判断与伦理道德；另一方面，国家和社会要研究和发展智能教育技术，以智能技术赋能教师教学、育人、专业发展和学生成长。

三、中小学人工智能教育

人工智能教育是人工智能技术发展到一定阶段，与教育相互影响、相互融合的产物。一方面，人工智能向教育渗透，改变着教育的人才培养目标、内容结构，学习者需要学习人工智能的相关内容，以提升智能素养去适应未来智能社会的发展；另一方面，人工智能赋能教育，改变着学习者的学习方式、教师教育教学的方式、教育管理与评价的方式等，促进教育治理现代化的水平提升。前者是狭义的人工智能教育(Education about AI)，即以人工智能为学习内容所开展的教育，也是本书所关注和聚焦的主题；后者是教育人工智能(Education with AI)，包含了研究教育中所使用的人工智能技术，人工智能技术如何对教育产生变革和影响，即人工智能赋能教育。

(一) 中小学人工智能教育的方式

2017 年，国务院印发《新一代人工智能发展规划》，提出“实施全民智能教育项目，在中小学阶段设置人工智能相关课程，逐步推广编程教育”。2018 年，教育部进一步明确，要“构建人工智能多层次教育体系，在中小学阶段引入人工智能普及教育”。由此可以看出人工智能教育的普及性、多层次性特征，普及性要求人工智能教育必须是面向全民的，面向公众的；多层次性说明人工智能教育需要针对不同年龄阶段的人群开展不同层次的教育，在基础教育阶段强调智能素养的养成，在高等教育阶段则强调专业化智能人才的培养。

人工智能教育可通过在基础教育课程中设置人工智能相关内容、面向中小学生的人工智能专题教育、社会公众的人工智能知识普及教育这三种方式开展。前两者是本书中所介绍的人工智能教育的主要内容。

1. 国家规定的人工智能相关课程

在基础教育中开展人工智能教育，旨在让中小学生理解类人智能机器代替人类解决实际问题的原理，一方面需要遵从人工智能学科本身的知识体系、思想方法和发展趋势，另一方面，也需要符合基础教育人才培养的规律和要求。在基础教育开设人工智能相关课程是在国家课程设置时一种通常的做法，但不同国家在课程开设方式、课程类别与内容方面会有所不同。

1) 课程开设方式

联合国教科文组织通过调查，于2022年2月发布了全球第一份关于基础教育阶段人工智能课程开设状况的调查报告——《K-12 人工智能课程蓝图：政府认可的人工智能课程》[73]。该报告完成了对 30 个国家和地区中小学人工智能教育课程的全面调查，认为人工智能课程融入学校教育教学的模式有多种。一是分离式课程，即在国家课程框架内设置独立的学科类别，有专门的时间分配、教科书和资源。早在2003年，教育部就发布了《普通高中信息技术课程标准》，将“人工智能初步”作为选修模块，纳入国家课程；在教育部印发的2017版《普通高中信息技术课程标准》中，人工智能则作为选择性必修课程，包括了人工智能基础、简单人工智能应用模块开发、人工智能技术的发展与应用，并明确了课程目标；教育部2022版义务教育课程“信息科技”从综合实践活动中分离出来，全国统一独立设课，同时发布了课程方案与课程标准。依据核心素养和学段目标，结合学生认知特征，信息科技课程围绕数据、算法、网络、信息处理、信息安全、人工智能六条主线设计了义务教育全学段内容模块与跨学科主题。由此可以看出，人工智能相关内容的学习已被列入国家课程，作为义务教育阶段的必修课程，服务于全民智能素养的提升。二是嵌入式课程，即人工智能的内容成为其他学科类别中的专题，如韩国提供了两门人工智能选修课，一门属于数学，一门属于技术和家政学。三是跨学科课程，这类课程涉及多个学科领域，常以项目式方法来实行对人工智能的学习，如在阿联酋，人工智能被整合进一系列学科中，如信息与通信技术、科学、数学、语言、社会研究和道德教育等。

2) 课程类别与模块

对所开课程进行分类汇总后，联合国教科文组织把课程分成了三大类别和九个课程模块：第一类为人工智能基础，包含算法与编程、数据素养、情境问题的解决等三大模块；第二类为伦理与社会影响，包含人工智能的伦理、人工智能的社会影响、人工智能在ICT以外领域的应用等三大模块；第三类为理解、使用和开发人工智能，包含理解和运用人工智能方法(AI techniques)、理解和使用人工智能技术(AI technologies)①、开发人工智能技术等三大模块。

2. 学校自主的人工智能专题教育

在国家课程中规定开设人工智能相关内容之外，各省各地的中小学在实践活动、第二课堂等领域也在开展AI专题教育，主要以校本课程、特色课程为载体，以项目和平台为资

① 人工智能方法与人工智能技术是不同的，前者指的是开发人工智能技术的方法，包含经典AI、机器学习、监督学习、无监督学习、强化学习、神经网络、深度学习、一般对抗网络等；后者指运用人工智能方法开发的程序或系统，如聊天机器人、计算机视觉、自然语言处理等。

源，以教师培训为助力，推动着中小学人工智能教育的蓬勃开展。专题教育也可以让学生利用非正式的学习机会，如利用校内外资源和网络，进行校内的 AI 竞赛集训，参加国内国际的相关比赛等。

下面以人大附中人工智能课程为例[74]，如图 2-3 所示，学校构建了金字塔形的“STEAM + 人工智能教育”课程体系，基于人工智能技术发展框架的感知、认知、创新等多个层次，从面向全体的普及教育，到部分选修的跨学科实践应用，再到少数的深入研究、创新。

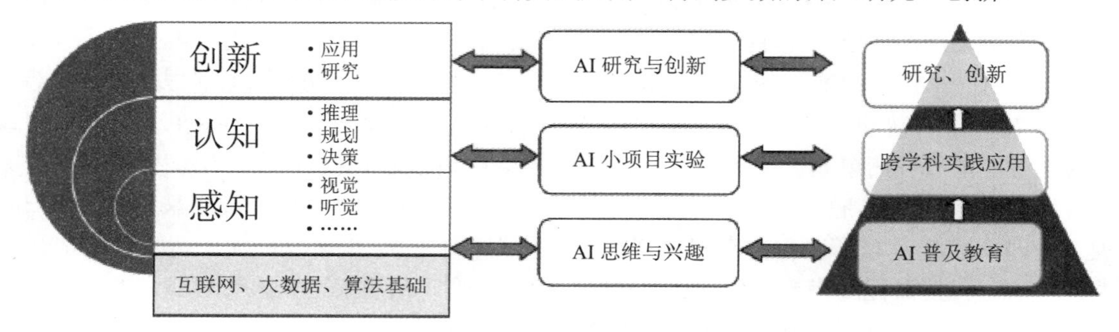

图 2-3 人大附中“STEAM + 人工智能教育”课程体系

国家政府部门在推进教育信息化 2.0 的过程中，对人工智能专题教育也十分重视，以项目方式推动了人工智能教材开发、资源配套和教师培训等工作。2020 年 10 月，中央电化教育中小学人工智能教育试点项目(小学阶段)启动[75]，通过专家报告、教材解读、典型经验分享等多种形式对与会代表进行培训，努力提升实验学校教师的人工智能教育基本素养与教学能力，促进项目落地落实。

3. 社会开展的人工智能普及教育

《新一代人工智能发展规划》提出：支持开展形式多样的人工智能科普活动，鼓励广大科技工作者投身人工智能的科普与推广，全面提高全社会对人工智能的整体认知和应用水平。

面向社会公众的人工智能普及教育是社会公益事业的重要组成部分，社会各级科学技术协会承担着科普教育的职责，应积极通过科技馆、科普教育基地等平台和资源开展青少年科技教育、社会科普活动、科学研究交流。例如，2021 年中国科协青少年科技中心推出全国青少年人工智能科普活动网络嘉年华[76]，依托“学习体验”“展览展示”“云路演”和“影视厅”四大板块，打造了“互联网+AI 普及”的线上学习交流平台，让青少年在实际编程操作中学习知识，也促进了社会公众对青少年学习人工智能的了解。

一些传媒公益栏目、科技公司、公益机构也在助力全民智能素养的提高。例如，高等教育出版社、浙江大学上海高等研究院联合上海人工智能实验室智能教育中心共同打造了原创人工智能前沿科普有声通识数字栏目——《走进人工智能》[77]。2021 年，科大讯飞公司专门打造的“启迪未来，与 AI 同行”科大讯飞(青岛)人工智能科技馆正式开馆运营[78]，同时开展了AI科普月活动；人工智能科技馆聚焦社会生活，以“人类与智能·生活与社会”为展示主线，设置“创想空间”“讯飞视界”“智汇生活”“智引未来”四个分主题展区，围绕感知智能、认知智能及人工智能的行业应用，融合机器视觉、语音识别、语音合成、深度学习等尖端科技，展现了“看得见、摸得着”的人工智能技术原理及具体应用。公益机构如南京图书馆，经常开办一些人工智能相关的科普展览，开设青少年科普夏令营活动，如实物编程、机器人编程、无人机编程等，受到了小朋友和家长们的欢迎，认为编程教育能促进儿童智能知识或技能、合作探究能力、创造力、创新思维的培养。

（二）中小学人工智能教育的开展

鉴于人工智能对于国家发展的重大战略价值，世界各国都非常重视全民智能素养的提升和智能人才的培养，基础教育承担着提升全民素养和为专业人才培养奠基的双重任务，所以，中小学人工智能教育受到了越来越多的重视。

很多国家前期开设了计算机教育、信息技术教育类课程，纷纷渐进式调整了信息技术课程的目标，优化了课程内容与结构，如中国的中小学人工智能教育已正式开展了二十余年，从2003年高中技术课程中的“人工智能初步”选修模块，到2017年高中信息技术课程中的“人工智能初步”选择性必修模块，再到2022年义务教育信息科技课程中人工智能作为主线之一贯穿于全学段内容，中小学人工智能教育经历了从选修到必修，从隶属于其他课程到独立设课，从高中向义务教育阶段不断拓展与延伸的过程，受到了越来越多的重视、支持与政策保障。美国信息技术教学的目标和主要内容明确指出：使用AI进行训练和教学，同时使学生认识AI的意义及其应用，并介绍自动化系统、机器人、虚拟现实技术等[79]。新加坡政府于2018年3月发布了“AI Singapore”项目，旨在促进和增强新加坡在人工智能领域的创新能力，同时推出了“AI for Students”“AI for Kids”两项人工智能教育计划。其中，“AI for Students”计划主要面向中学阶段，在该计划下学生和教师可以自由访问其课程的核心内容(AI Makerspace和DataCamp)，并参与专业社区讨论；“AI for Kids”计划则面向小学阶段，在该计划下学生可学习人工智能的基本概念、开放工具、开发应用，以解决日常生活中的实际问题。

1. 中国的中小学人工智能教育

1) 义务教育阶段的人工智能教育

2022年3月，为落实全国教育大会精神，全面落实立德树人根本任务，进一步深化课程改革，教育部印发了义务教育课程方案，以及语文、信息科技等16个课程标准(2022版)、2022版义务教育课程方案[80]。将信息科技从综合实践活动课程中独立出来，义务教育从三年级到八年级独立开展《信息科技》课程实施，占九年总课时比例的1%～3%，同时优化了课程内容结构，设立了跨学科主题学习活动，加强了学科间的相互关联，带动了课程综合化实施，强化了实践性要求。

《义务教育信息科技课程标准(2022 年版)》[81]中提出信息科技课程要培养学生的核心素养，主要包括信息意识、计算思维、数字化学习与创新、信息社会责任四个方面。

(1) 信息意识。

定义：个体对信息的敏感度和对信息价值的判断力。

内涵：

• 具备信息意识的学生，具有一定的信息感知力，熟悉信息及其呈现与传递方式，善于利用信息科技交流和分享信息、开展协同创新；

• 能根据解决问题的需要，评估数据来源，辨别数据的可靠性和时效性，具有较强的数据安全意识；

• 具有寻找有效数字平台与资源解决问题的意愿，能合理利用信息真诚友善地进行表达；

• 崇尚科学精神、原创精神，具有将创新理念融入自身学习、生活的意识；

• 具有自主动手解决问题、掌握核心技术的意识；

• 能有意识地保护个人及他人隐私，依据法律法规合理应用信息，具有尊法学法守法用法意识。

(2) 计算思维。

定义：个体运用计算机科学领域的思想方法，在问题解决过程中涉及抽象、分解、建模、算法设计等思维活动。

内涵：

• 具备计算思维的学生，能对问题进行抽象、分解、建模，并通过设计算法形成解决方案；

• 能尝试模拟、仿真、验证解决问题的过程，反思、优化解决问题的方案，并将其迁移运用于解决其他问题。

(3) 数字化学习与创新。

定义：个体在日常学习和生活中通过选用合适的数字设备、平台和资源，有效地管理学习过程与学习资源，开展探究性学习，创造性解决问题。

内涵：

• 具备数字化学习与创新的学生，能认识到原始创新对国家可持续发展的重要性，养成利用信息科技开展数字化学习与交流的行为习惯；

• 能根据学习需求，利用信息科技获取、加工、管理、评价、交流学习资源，开展自主学习和合作探究；

• 在日常学习与生活中，具有创新创造活力，能积极主动运用信息科技高效地解决问题，并进行创新活动。

(4) 信息社会责任。

定义：个体在信息社会中的文化修养、道德规范和行为自律等方面应承担的责任。

内涵：

• 具备信息社会责任的学生，能理解信息科技给人们学习、生活和工作带来的各种影响，具有自我保护意识和能力；

• 乐于帮助他人开展信息活动，负责任地共享信息和资源，尊重他人的知识产权；

• 能理解网络空间是人们活动空间的有机组成部分，遵照网络法律法规和伦理道德规范使用互联网；

• 能认识到网络空间秩序的重要性，知道自主可控技术对国家安全的重要意义。自觉遵守信息科技领域的价值观念、道德责任和行为准则，形成良好的信息道德品质，不断增强信息社会责任感。

课程标准设计了从 1 年级至 9 年级共四个学段四方面核心素养的学段目标，其中 3～8 年级单独开设课程，其他年级相关内容融入语文、道德与法治、数学、科学、综合实践活动等课程。依据核心素养和学段目标，信息科技课程的内容围绕数据、算法、网络、信息处理、信息安全、人工智能六条逻辑主线展开。其中人工智能主线设计了应用系统体验、机器计算与人工计算的异同、伦理与安全挑战三方面的学习内容，信息科技内容模块与跨学科主题如图 2-4 所示。

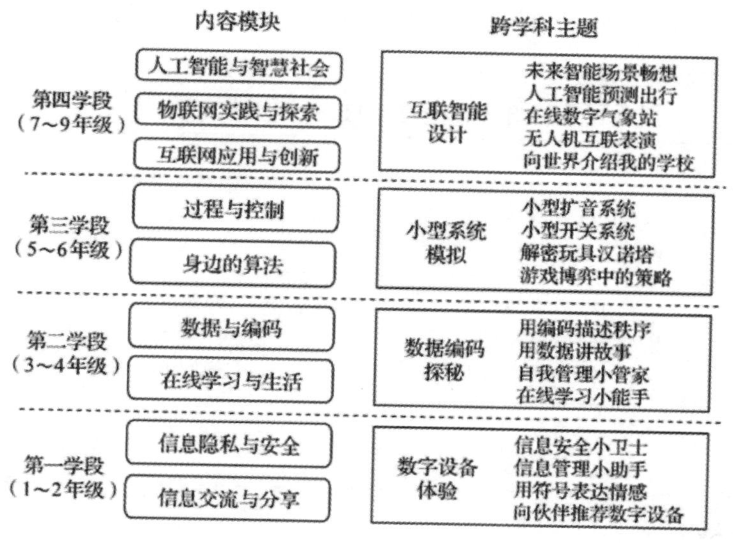

图 2-4　信息科技内容模块与跨学科主题

第四学段(7～9 年级)的内容模块中还专门安排了“人工智能与智慧社会”和跨学科主题：互联智能设计。通过这个模块的学习，学生能认识和感受人工智能的魅力，了解人工智能发展须遵循的伦理道德规范，认识智慧社会的新机遇与挑战。具体内容包括：人工智能的基本概念和常见应用，人工智能的实现方式，智慧社会下人工智能的伦理、安全与发展三部分。

2) 高中阶段的人工智能教育

2003 年 4 月颁布的《普通高中技术课程标准(实验)》首次将 AI 学科纳入信息技术课程范畴。“人工智能初步”“算法与程序设计”“网络技术应用”“数据管理技术”为选修模块，在全国发行的多套高中信息技术学科教材中也都有相应的人工智能分册或相关内容。但是，受限于当时人工智能技术本身的发展，教学内容更多涉及的是“专家系统”“分布式计算”等传统概念以及递归程序设计等实践内容。

2017 版《普通高中信息技术课程标准》中的内容模块如表 2-3 所示，保留了“人工智能初步”，将其作为选择性必修模块，主要分为“人工智能基础”“简单人工智能应用模块开发”“人工智能技术的发展与应用”三个主题，要求学生了解人工智能的发展历程及概念，描述典型人工智能算法的实现过程，搭建简单的人工智能应用模块，同时增强利用智能技术服务人类发展的责任感。在必修模块中也多处涉及人工智能相关内容，如在必修模块“数据与计算”中通过对人工智能典型案例的剖析，让学生认识到人工智能在信息社会中越来越重要的作用。“人工智能初步”不同版本的教材陆续出版，如教科版、人教版、浙教版和粤教版等，这些教材的内容侧重点有所不同，但均包含了人工智能的概念特征、历史发展、核心算法、典型应用等部分，相关的课程项目案例与教学套件也得到不断丰富，成为课程教与学的重要资源。

表 2-3　高中信息技术课程结构[82]

<table>
<tr><th>类　别</th><th colspan="2">模 块 设 计</th></tr>
<tr><td>必修</td><td colspan="2">模块 1：数据与计算
模块 2：信息系统与社会</td></tr>
<tr><td>选择性必修</td><td>模块 1：数据与数据结构
模块 2：网络基础
模块 3：数据管理与分析</td><td>模块 4：人工智能初步
模块 5：三维设计与创意
模块 6：开源硬件项目设计</td></tr>
<tr><td>选修</td><td colspan="2">模块 1：算法初步
模块 2：移动应用设计</td></tr>
</table>

2. 美国的 AI4K12 项目

国外中小学人工智能教育发端于早期的编程教育、计算机教育，如美国从 2010 年开始逐步推广编程教育，2018 年启动中小学人工智能教育行动；英国早在 2013 年就将“计算科学”课程列入小学阶段必修课，甚至有些学生从 5 岁就开始接受早期的编程教育；澳大利亚也将编程融入“数字技术”课程，从 5 年级开始列为必修课；日本、韩国也将人工智能融入中小学课程中，成为基础必修课。然而人工智能教育并非等同于编程教育，更不等同于程序设计，中小学人工智能教育更多应关注的是对人工智能的体验、认识、应用，甚至创新，是关注人工智能发展对社会带来影响，从而形成正确的技术价值观和社会责任感。

下面我们以美国的 AI4K12 项目为例，来了解美国中小学人工智能教育的开展。

1) 项目简介

AI4K12 是 2018 年 5 月由美国人工智能促进协会(AAAI)和美国计算机科学教师协会(CSTA)联合发起的项目，得到了美国国家基金(NSF)和卡内基梅隆大学计算机科学学院的资助。作为美国 K-12 教育领域开展人工智能教学的第一个专项行动，AI4K12 基本解决了学什么、怎么教、在哪里学等问题，且成效显著。其目的有三：

一是为 K-12 阶段开展人工智能内容的教学制定国家指南。项目以感知、表示和推理、机器学习、人机交互和社会影响五个大概念[83]为框架，并在其基础上设计了从幼儿园到高中三年级的分学段目标。项目还推荐了实验、手工模拟、设计开发和案例分析四种类型的教学活动，贯穿从感性到理性，从理论到应用的 AI 学习全流程，让人工智能教学既遵循孩子的天性和学习的规律，又便于教师执行。

二是为 K-12 教师开发一套精心策划的人工智能资源目录，并公布于网站。点击目录可快速而高效地链接至全面而丰富的学习资源与活动支持资源，资源都标注了适用主题、学段、应用功能，既方便教师自学，也可以用于教师组织学生开展学习活动。

三是推动形成 K12AI 社区。这是一个由实践者、研究人员、资源和工具开发人员组成的社区，专注于面向 K-12 人工智能教育的受众，让 AI 教与学不是信息孤岛，而是基于可共享、可沟通交流的平台。

2) 五个大概念(BigIdea)

AI4K12 项目绘制了五个大概念的关系图，如图 2-5 所示，对感知、表示与推理、机器学习、人机交互、社会影响这五个大概念的内涵、逻辑关系进行了简要的说明，生动形象，通俗易懂。

(1) 感知。计算机使用传感器来感知世界，而感知是从传感器信号中提取意义的过程。AI 领域最重要的成就之一，就是使计算机能够足够好地去“看”“听”，即感知，以投入实际应用。

(2) 表示和推理。智能代理(能够)保持对现实世界的表示，并用它们进行推理。表示是自然智能和人工智能的基本问题之一。计算机使用数据结构来构建表示，而这些表示辅助推理算法，从而从已知信息中推导出新的信息。虽然智能代理可以推进非常复杂的问题解决，但它们并不能像人类一样思考问题。

(3) 机器学习。计算机可以从数据中学习，机器学习就是一种在数据中找到规律的统计推断。这种统计推断一方面依赖于算法，另一方面依赖于用于训练的大量数据，正是由于算法的不断优化和大数据的获得，AI 在许多领域都取得了显著进步。这些“训练数据”通常必须由人们提供，但有时也可以由机器自己从网上获取。

(4) 人机交互。智能代理需要多种知识才能与人类自然交互。为了与人类自然地交互，智能代理必须能够用人类语言交谈，识别面部表情和情感，并利用文化和社会习俗的知识来推断所观察到的人类行为的意图。这些问题想要解决都不容易。

(5) 社会影响。人工智能对社会既有正面影响，也有负面影响。人工智能技术正在改变我们的工作、出行、沟通和相互照顾的方式。但我们必须注意其可能带来的危害。例如，若用于训练人工智能系统的数据存在偏见，可能会导致部分人受到的服务质量低于其他人。因此，讨论 AI 对我们社会的影响，将道德层面的设计及应用作为评价智能系统的标准是重要的。

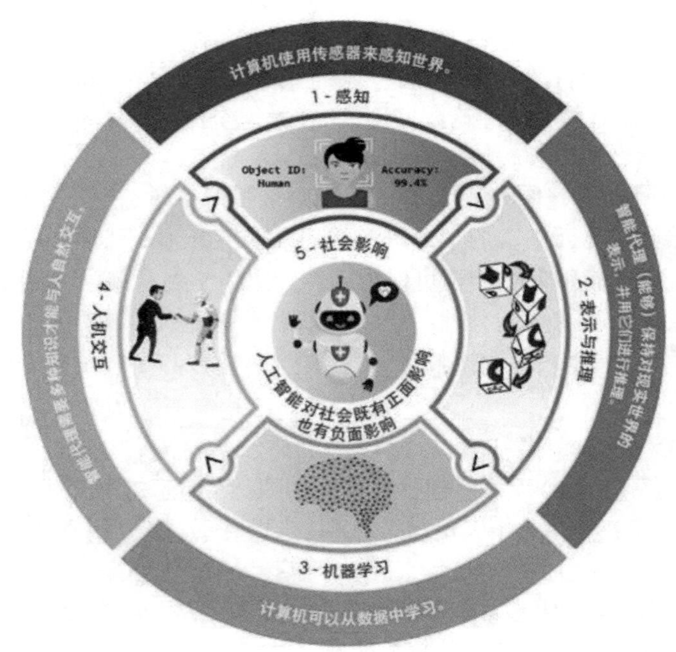

图 2-5　AI4K12 项目中的五个大概念

3) 不同学段学生的学习要求

项目针对不同学段的学生，在五个大概念上也提出了不同学习要求，如表 2-4 所示[84]。

表 2-4 AI4K12 项目中不同学段学生的学习要求

大概念	K—2 学段	3—5 学段	6—8 学段	9—12 学段
概念 1：感知	知道如何与基于声音的代理交互，并有一些机器视觉的经验(例如，使用网络摄像头和基于 Web 的应用程序或谷歌的 QuickDraw 演示来识别人脸或物体)	能够修改简单的基于感知的应用程序，编写儿童的编程框架。例如，他们可以创建对口语、视觉标记或特定面孔作出反应的应用程序	能够自己创建更复杂的应用程序	能够识别和展示机器感知系统的局限性，并使用机器学习工具(见概念 3)去训练感知分类器
概念 2：表示与推理	能够检查智能代理创建的表示，并使用纸和铅笔创建简单的表示	能够在简单的计算机程序中使用表示。例如，在 Scratch 中，一个精灵可以把画布和精灵当作世界的表示，并使用模块来查询它	学生应该能够检查表示，如谷歌知识图和模拟简单的图搜索算法	能够使用基本的数据结构来编写简单的推理算法
概念 3：机器学习	通过让电脑学会识别他们的脸或简单的手势来体验机器学习	能够修改对象识别的应用程序。例如，编写一个 Scratch 程序来响应相机图像中的特定对象	能够衡量一个经过训练的系统对新输入的概括程度，理解训练数据中的偏差如何影响表现	能够使用交互式工具(如 Tensorflow Playground) 来训练网络，高年级学生能够使用 Python 工具(如 scikit-learn)编写简单的机器学习应用程序
概念 4：人机交互	能够描述智能助手能理解的请求类型，并使用 Web 应用程序来演示面部表情识别	能够区分聊天机器人和人类，并分析自然语言的例子，以确定哪些是计算机难以理解的，以及为什么	能够使用语法分析器来演示句法分析，并构造出一些纯语法分析器会因为错误的介词短语附着而导致错误处理的句子	能够构建语法来解析简单的语言，并使用语言处理工具来构建聊天机器人。能够使用情绪分析工具从文本中提取情感基调
概念 5：社会影响	能够识别人工智能如何对他们的日常生活作出贡献，以及在未来将如何作出更多的贡献(例如机器人仆人)	以对新事物影响的批判性思维来思考人工智能应用，比如自动驾驶汽车，将给不会驾驶的人带来福音，但也可能让出租车司机失业	能够将早期工业革命与人工智能未来学家所称的第四次工业革命相提并论	能够评估新的人工智能技术，并描述由它们带来的伦理或社会影响问题

(三) 中小学人工智能教育的六大领域

专题一中，我们以人类的多元智能为参照，分析了人工智能技术的六大研究与实践领域：计算机视觉、自然语言处理、认知与推理、机器人、博弈与伦理、机器学习。这些领域的技术是开展中小学人工智能教育的重要内容。

与高等教育人工智能专业学生学习人工智能技术的目标不同，对于中小幼阶段的学生来说，幼儿教育阶段定位在智能启蒙教育，中小学阶段定位在感知、体验、理解的通识智能素养教育，而且，学习内容需要以通俗的、适合的、与生活相关的方式呈现。

下面以美国 AI4 中小学项目、中国的义务教育阶段的信息科技课程标准为例来分析其教育主题和内容与人工智能的六大领域之间的关系，更好地理解中小学人工智能教育的开展情况。

1. 美国 AI4K12 项目五个大概念与 AI 六大领域

如图 2-6 所示，美国 AI4K12 项目提出了人工智能学习的五个大概念，对应人工智能的六大领域。分析如下：

(1) 感知模拟的是人类感知能力，指的是计算机使用传感器来感知世界。感知渠道主要有两种——视觉、听觉，因此与计算机视觉、自然语言处理相关度很高。

(2) 表示与推理模拟的是人类思维与推理，指的是对现实世界进行表示，并用它们进行推理的技术。对现实世界的表示和推理主要通过数据结构和算法进行，与六大领域中的认知和推理具有较高的相关度。六大领域中的博弈，模拟的是人类下棋等行为的思维过程，与五个大概念中的表示与推理也有较高的相关性。

(3) 机器学习模拟的是人类的学习行为，以获取新知，不断改善自身的性能，是其他技术的基础，所以在 AI4K12 项目和六大领域中都得到了充分重视。计算机基于一定的算法，可以从数据中学习，如基于深度卷积神经网络(Deep CNN)计算模型开展深度学习，成为当前物体识别的主流方法。

(4) 人机交互模拟的是人类交流的能力，指的是计算机具备了多种知识后进行表达，能与人类进行交流，涉及的领域较多，如要进行图像视觉的交流，与计算机视觉有关；进行语言交流，与自然语言处理有关；涉及行为动作的交流，与机器人学有关。

(5) 社会影响与六大领域中的博弈和伦理有较高的相关度，考虑的是智能技术对社会和人类所带来的影响，客观地来说影响有正面和负面之分。由于当前的人工智能技术缺乏伦理的原则和规制，只是根据人类设置的程序执行人类的命令，一方面，人们担心技术如果被不法分子利用，后果堪忧；另一方面，人工智能技术已经引起的和可能带来的一些人权伦理、责任伦理、道德伦理、代际伦理、环境伦理等问题，也需要正视并得到合理的解决。所以，博弈与伦理成为从社会视角研究与实践人工智能的主要领域之一，需要在基础教育中培养学生客观、正向的技术价值观。

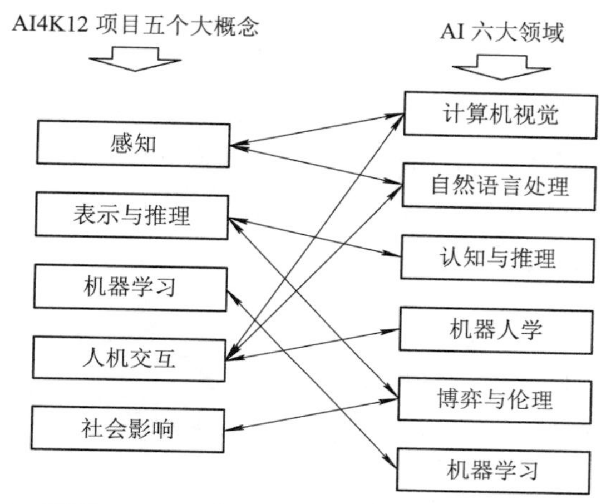

图 2-6　美国 AI4K12 项目五个大概念与人工智能的六大领域

2. 中国信息科技课程六大概念与 AI 六大领域

新一轮的基础教育课程改革中面向培养学生信息素养、数字素养的需要，“信息科技”作为独立的课程在中小学阶段开设，要求占总课时的 1%～3%，在国家课程体系中地位凸显；同时，为进一步培养学生的通识智能素养，开始逐渐融入人工智能技术的相关内容，尤其体现在义务教育 1～9 年级的“信息科技课程标准”主题或模块中。

《义务教育信息科技课程标准(2022 年版)》[81]旨在提升学生的数字素养与技能，培养信息意识、计算思维、数字化学习与创新、信息社会责任四方面的核心素养。因为不是完全服务于人工智能教育，所以在进行各年级的主题选择时，以更为广泛的信息科技以及信息科技对社会影响、学生的生活体验等作为主要方向，凝练了数据、算法、网络、信息处理、信息安全、人工智能六个学科大概念，并由此形成了课程的逻辑主线。

(1) 数据：数据来源的可靠性—数据的组织与呈现—数据对现代社会的重要意义；

(2) 算法：问题的步骤分解—算法的描述、执行与效率—解决问题的策略或方法；

(3) 网络：网络搜索与辅助协作学习—数字化成果分享—万物互联的途径、原理和意义；

(4) 信息处理：文字、图片、音频和视频等信息处理—使用编码建立数据间内在联系的原则与方法—基于物联网生成、处理数据的流程和特点；

(5) 信息安全：文明礼仪、行为规范、依法依规、个人隐私保护—规避风险原则、安全观—防范措施、风险评估；

(6) 人工智能：应用系统体验—机器计算与人工计算的异同—伦理与安全挑战。

如图 2-7 所示，实线表示相关程度较好，虚线表示有一定的相关性。人工智能不是孤立的存在，而是建立在物联网、大数据、云计算的基础之上的。物联网解决的是感知真实的物理世界；云计算解决的是提供强大的计算能力去承载这个数据；大数据解决的是对海量的数据进行挖掘和分析，把数据变成信息；人工智能解决的是对数据进行学习和理解，把数据变成知识和智慧。网络解决的是数据传输问题，为信息的沟通、交流，协同工作准备条件。信息处理(信息交流与分享)、信息安全(信息隐私与安全)是可以直接感受和体验的，具有直观性、生活化的特点，可以作为学生学习信息技术的基础性内容，为进一步学习数据、算法、网络、人工智能提供感性认识。

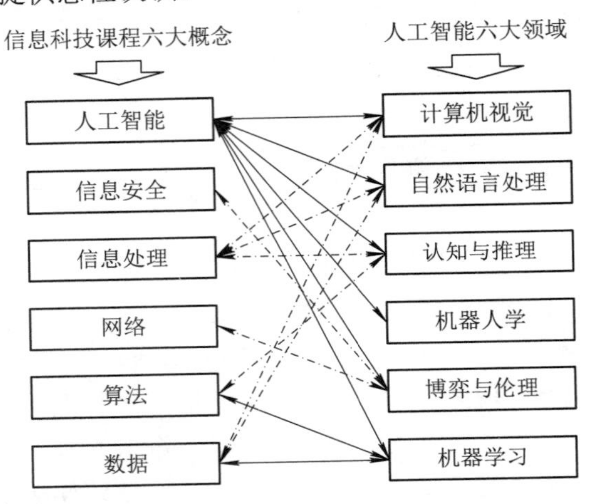

图 2-7　信息科技课程的六大概念与人工智能的六大领域

《义务教育信息科技课程标准(2022 年版)》在进行课程内容模块设计时，按照义务教育阶段学生的认知发展规律，统筹安排了各学段学习内容的九个主题。在各学段的课程目标设计中，小学低年级注重生活体验；小学中高年级初步学习基本概念和基本原理，并体验其应用；初中阶段深化原理认识，探索利用信息科技手段解决问题的过程和方法。九个主题分别是：第一学段(1～2 年级)，① 信息交流与分享，② 信息隐私与安全；第二学段(3～4 年级)，③ 在线学习与生活，④ 数据与编码；第三学段(5～6 年级)，⑤ 身边的算法，⑥ 过程与控制；第四学段(7～9 年级)，⑦ 互联网应用与创新，⑧ 物联网实践与探索，⑨ 人工智能与智慧社会。

本书第三至第八章将围绕计算机视觉、自然语言处理、认知与推理、机器人、博弈与伦理、机器学习等人工智能的六大领域技术及其在中小学的教育展开。通过对智能技术本身的介绍、对中小学中相关智能技术教育的开展、典型教学案例的呈现，让读者了解智能技术的内涵及其在中小学进行教学的情况，同时通过主题学习活动的开展，让读者更深入地理解人工智能技术的价值及其应用，学会自主学习和探究、合作与交流。

四、主题学习活动：人工智能与教育的关系

（一）学习主题

1. 双向互动

思考人工智能与教育的关系。

2. 主题学习参考

(1) 2019年3月，联合国教科文组织发布报告《教育中的人工智能：可持续发展的挑战和机遇》[85]。报告以人工智能技术如何帮助教育系统利用数据推动教育公平、提高教育质量为核心，分析了相关研究案例，并就人工智能相关问题进行了探究。报告提出了人工智能教育发展的愿景、目标、途径、挑战等。人工智能教育发展的愿景是促进人工智能教育的可持续发展，人工智能赋能教育的目标是改善学习和促进教育公平。为人工智能时代做好教育准备的两个途径是：构建面向数字化和人工智能赋能世界的课程，通过后期教育和培训增强社会的人工智能能力。报告提出了人工智能教育发展的六个挑战及启示：一是提升制定全面的人工智能公共政策的能力；二是人工智能应用于教育时要确保包容性和公平性；三是帮助教师为人工智能辅助教育做好准备；四是构建开放、高质量和包容性强的教育数据系统；五是加强教育领域中人工智能应用的研究；六是关注数据采集、使用和传播中的伦理和透明度问题，确保人工智能技术的有效应用。

(2) 人工智能和教育，都是为立德树人服务的，核心价值的体现是人的成长。

伟大的人民教育家陶行知先生曾说："人像树木一样，要使他们尽量长上去，不能勉强都长得一样高，应当是：立脚点上求平等，于出头处谋自由。"

陶行知1927年创办晓庄乡村试验师范学校，确立了晓庄师范的培养总目标为"培养乡村人民儿童所敬爱的导师"，为达成总目标，陶行知又进一步提出了五项具体培养目标：

① 农夫的身手；

② 科学的头脑；

③ 改造社会的精神；

④ 健康的体魄；

⑤ 艺术的兴趣。

（二）学习活动

(1) 梳理你的学习和生活中运用的人工智能技术，思考其对你的影响；

(2) 调研人工智能在教育中运用的典型案例，梳理其给教育带来的改变；

(3) 思考人工智能与教育如何双向赋能，请给出三条建议。

(三) 学习探究

针对学习活动(2)、(3)的任务，进行课堂交流和分享。

(四) 拓展阅读

(1) 《义务教育信息科技课程标准(2022 年版)》。

标准包括六个部分以及附录。六个部分分别是：一、课程性质，二、课程理念，三、课程目标，四、课程内容，五、学业质量，六、课程实施。

一、课程性质

信息科技是现代科学技术领域的重要部分，主要研究以数字形式表达的信息及其应用中的科学原理、思维方法、处理过程和工程实现。当代高速发展的信息科技对全球经济、社会和文化发展起着越来越重要的作用。

义务教育信息科技课程具有基础性、实践性、综合性，为高中阶段信息技术课程的学习奠定基础。信息科技课程旨在培养科学精神和科技伦理，提升自评可控意识，培育社会主义核心价值观，树立总体国家安全观，提升数字素养与技能。

二、课程理念

1. 反映数字时代正确育人方向
2. 构建逻辑关联的课程结构
3. 遴选科学原理和实践应用并重的课程内容
4. 倡导真实性学习
5. 强化素养导向的多元评价

课程目标、课程内容、学业质量、课程实施，详见标准具体内容。

(2) 《K-12 阶段人工智能课程：政府认可的人工智能课程指南》[73](K-12 AI curricula：A mapping of government-endorsed AI curricula)。

为帮助各国政府有效理解并设计中小学 AI 课程，2022 年，联合国教科文组织联合中国好未来公司正式对外发布“人工智能与未来学习”项目成果《K-12 阶段人工智能课程：政府认可的人工智能课程指南》研究报告，这是关于中小学 AI 课程全球状况的第一份报告。

报告分析了全球范围内近 51 个国家中小学学习人工智能课程的现状，重点聚焦在课程内容、学习效果，并描述了课程开发和评估机制、课程定位、教学时需要准备的工具和需要的环境、建议的教学方法，以及对教师的培训等。联合国教科文组织、好未来希望通过该报告，引导未来人工智能课程设计的政策制定、国家课程或者校内学习项目的设计。

专题三
计算机视觉及教育

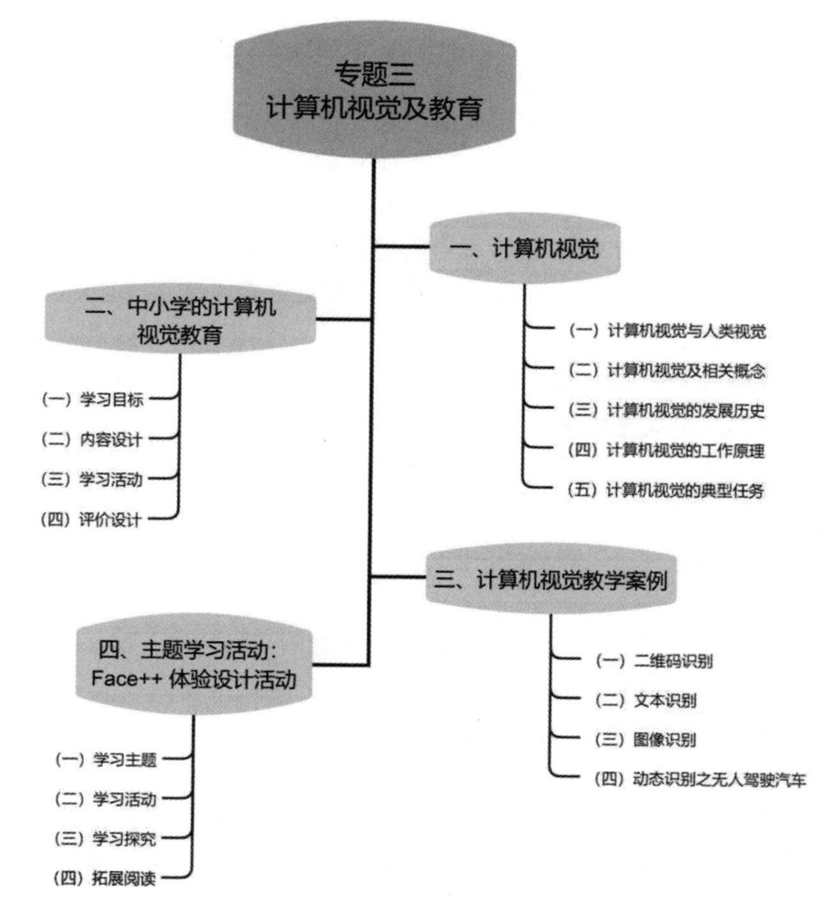

计算机视觉将成为理解世界的关键。

——李飞飞(美国国家工程院院士，入选 2022 福布斯中国全球华人精英 TOP100)

视觉系统是人类感知和理解外部世界的主要途径之一，但仍有很多信息不能由人类视觉系统直接准确地获取。在此背景下，计算机视觉应运而生，并发挥着日益重要的作用。一方面，计算机视觉模拟人类的视觉感知，识别和理解周围的世界；另一方面，计算机视觉利用外部设备拓展人类的视觉范围，成为人工智能技术的主要研究和实践方向。

一、计算机视觉

计算机视觉(Computer Vision，CV)的内涵丰富，可以从以下几个方面来深入理解。

(一) 计算机视觉与人类视觉

人类认识外界的信息中有 80%来自视觉，由此可以看出视觉对于人类智能的重要意义。与此相似，计算机视觉被认为是让机器拥有智能行为的垫脚石[86]，旨在模拟人类的视觉系统，从数字图像或视频中获得对视觉材料的类似人类的高水平理解，包含模式识别、图像处理、图像分析、机器视觉等。形象地说，计算机视觉就是给机器安装上“眼睛”和“大脑”，最终使计算机像人那样，通过视觉看见并看懂世界。

简单来说，计算机视觉解决的主要问题是：给出一张二维图像或视频，计算机视觉系统必须识别出图像或视频中的对象及其特征，如形状、纹理、颜色、大小、空间排列、姿态、运动等，从而尽可能完整地描述、存储、识别与理解该图像。

(二) 计算机视觉及相关概念

计算机视觉与图像处理、机器视觉之间既有区别，又有联系。

1. 计算机视觉

计算机视觉是使用计算机及相关设备对生物视觉的一种模拟，是一门研究如何使机器“看”的学问，目标是描述和解释图像[87]或视频。通俗地说，计算机视觉是使计算机能“看懂”“理解”图像中的内容，从而对图像中的对象进行感知、识别和理解，如对对象或物体的检测、识别、跟踪，以及对物体所在场景的判别和理解，其重点是从图像或视频中提取相应场景的有意义的三维信息。计算机视觉的研究目标是模拟和复制人眼的视觉感知功能，用计算机视觉系统来观察和理解世界，从而获得自主适应环境的能力。

计算机视觉主要是运用高级的算法或模型，如深度学习、模式识别等，并将其广泛应用于二维码识别、人脸识别、自动驾驶、无人机、医疗保健、农业、无人安防等领域，常用的工具有 TensorFlow、OpenCV 等。计算机视觉可以解决较为复杂的问题，如面部识别(Facebook 的人脸识别)、视觉搜索引擎(Google 图片、必应等)、生物识别方法等。

2. 图像处理

图像处理(Image Processing)的重点是处理原始图像，对图像进行优化等操作。通常，图像处理的目标是改进图像或将图像作为特定任务的输入，可对图像进行增强、降噪、添加滤镜、对比或旋转等(图像处理的典型组件)操作，以获得更好的视觉效果。图像处理技术主要是对图像数据的处理，可以在像素级别上进行，并不需要对图像内容和意义进行复杂的把握，目的是为后期的效果呈现、识别、理解等奠定基础。图像处理常用于摄影后期的图片加工、遥感图像的处理以及医学成像等领域，常用的工具有 Photoshop、MATLAB 等。

3. 机器视觉

机器视觉(Machine Vision，MV)可以被看作是工业化的计算机视觉，指的是一种基于图像的自动检测和分析，即自动从图像中提取信息的技术和方法，通常用于工业、医疗、军事、安防、智能交通等领域，特别是在半导体、电子行业以及汽车工业等领域，机器视觉可为自动化检测、过程控制和机器人导航等提供支持。简而言之，机器视觉实质上是使用机器代替人的眼睛，实现测量和判断的功能。机器视觉系统通过机器视觉产品(即图像摄取装置)将被摄取目标转换成图像信号，传送给专用的图像处理系统，获取被摄目标的形态信息，并根据像素分布和亮度、颜色等，将图像信号转变成数字信号；图像处理系统对这些信号进行各种运算来抽取目标的特征，进而根据判别的结果来控制现场的设备动作。

机器视觉技术的运用，可促进工业的智能化、高效化。例如，在智能制造领域，机器视觉可用于自动检测、自动化加工，如识别零件，检测生产线上的缺陷和故障；在物流领域，机器视觉可用于分拣、包装、物流等环节，促进智慧物流发展；在化学工业中，机器视觉系统可以通过检查生产线中的容器(是否清洁、有无损坏)或检查最终产品是否正确密封来提高产品质量等。

机器视觉和计算机视觉是相互联系的：机器视觉是计算机视觉在工厂自动化中的应用，过去的机器视觉主要应用于工业领域，计算机视觉则不限于工业领域。也可以说计算机视觉提供了图像和景物分析的理论及算法基础，机器视觉则为计算机视觉的实现提供了硬件支持和实现手段。如图 3-1 所示，计算机视觉、机器视觉都需要建立在图像处理、图像分析、图像形态学的基础之上。

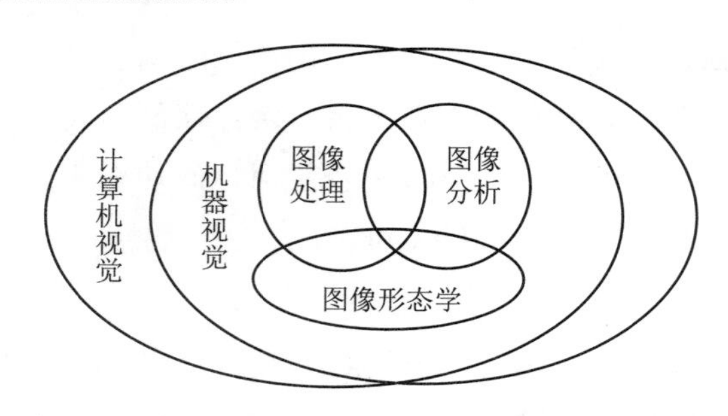

图 3-1 计算机视觉与机器视觉、图像处理等的关系

(三) 计算机视觉的发展历史

计算机视觉的发展历史大致可以分成以下四个阶段。

1. 20 世纪 50 年代至 60 年代中期

这个时期的计算机视觉研究方向主要是模式识别，用于分析和识别二维的平面图像，直到 60 年代中期，模式识别逐渐发展成为一门独立的学科。起源于统计模式识别的计算机视觉，在当时应用范围相对有限，常用于光学字符识别、工件表面检测、显微图像分析以及航空图片解读等方面。

2. 20 世纪 60 年代中期至 70 年代

这个阶段，人们开启了以理解三维场景为目标的三维计算机视觉研究。罗伯茨(Lawrence Roberts)发表了《三维固体的机器感知》(*Machine Perception of Three-dimensional Solids*)，他也因此被广泛认为是现代计算机视觉的先驱之一。罗伯茨利用计算机技术将获取到的模拟图像转换成数字图像后，从数据中创新性地提取出了多面体的三维结构图形，并且分析了这些图像的特点[88]。1966 年，人工智能学家明斯基在给学生布置的作业中，要求学生编写一个程序，让计算机告诉我们它通过摄像头看到了什么，这也被认为是计算机视觉最早的任务描述。

3. 20 世纪 70 年代至 90 年代

这个时期，人们开始研究如何让计算机回答出它看到的东西。20 世纪 70 年代，古兹曼(Adolfo Guzman)开发的 SEE 系统是最早尝试解释三维物体的项目之一[89]。1977 年，麻省理工学院教授马尔(David Courtnay Marr)立足于计算机科学，综合运用心理物理学、神经生理学等方面的研究成果，提出了第一个较为完善的视觉系统框架——视觉计算理论(Computational Theory of Vision)。1982 年，马尔的《视觉》一书问世，标志着计算机视觉成为了一门独立学科。马尔认为计算视觉就是要对外部世界的图像构成有效的符号描述，核心是要从图像的结构推导出外部世界的结构，最终经由图像的一系列转换和处理达到对外部现实世界的认识。此外，他还提出了计算理论、表征与算法、实现三层次的研究方法。随后，霍恩(Berthold Horn)教授在麻省理工学院人工智能实验室首次正式开设了“机器视觉”(Machine Vision)课程[90]。90 年代，计算机视觉技术取得了更大的发展，并广泛应用于工业领域，这是因为一方面 CPU、DSP 等图像处理硬件技术的飞速进步；另一方面人们开始尝试不同的算法，引入了统计方法和局部特征描述符号。

4. 21 世纪以来

进入 21 世纪，基于计算机视觉的应用呈暴发式增长，除手机、计算机上的应用外，计算机视觉技术在交通、安防、医疗、机器人上也有各种形态的应用。同时，计算机视觉领域的技术发展呈现出许多新的趋势：① 计算机视觉与计算机图形学深度结合，基于图像的建模和绘制技术的发展，以及两者的交叉为计算机视觉提供了新的应用挑战，如虚拟现实、增强现实、智能交互等；② 计算摄像技术的发展，包括通过多曝光实现的高动态范围成像等，再加上互联网兴起和数码相机带来的海量数据汇聚，使得计算机视觉的应用更加深广；③ 在目标识别领域，基于特征的方法与学习方法的结合成为主流趋势，显著提升了目标识别的性能，为计算机视觉的发展提供了新思路、新方法；④ 机器学习、深度学习方法在计算机视觉中的应用，将深度学习方法应用于图像和视频识别，特别是在目标检测、跟踪和理解等领域取得了显著进展，使得计算机视觉发展迅速，前景广阔；⑤ 生成式人工智能与计算机视觉互促共进，不仅可以用于图像的生成和增强、超分辨率重建和修复等，提高计算机视觉系统的性能和应用范围，而且可以为生成式人工智能提供更多的数据和应用场景，进一步优化生成式人工智能的性能。

计算机视觉虽然在计算机图形学、图像与信息处理、传感器技术、机器学习、人工智能等技术，特别是深度学习技术的加持下获得了快速发展，但目前的计算机视觉还只是聚焦在图像信息的组织和识别阶段，对于事件的解释还鲜有涉及，且相对于人类视觉能力和感知能力来说，仍存在很大差距，处于发展的初级阶段。因为整个世界和外部环境是丰富的，人的感官世界极其复杂，对环境的适应性、灵敏性与生俱来，而对于计算机来说，识别一类目标是要基于大数据、深度学习才能完成的，而且目标形态各异、外界环境变化、任何遮挡等因素都会造视觉识别的失真甚至失败，因此，计算机视觉要模拟和复制人的生物视觉功能还有很长的路要走。

(四) 计算机视觉的工作原理

简单来说，计算机视觉的工作可以分成三步——获取图像、处理图像、理解图像，但从原始的(静态的、动态的)图像到像素，再到获得对图像的语义理解并不是个简单的过程。计算机视觉的系统框架可以分成三层——图像数据处理层、图像特征描述层、图像知识获取层，如图 3-2 所示[91]。

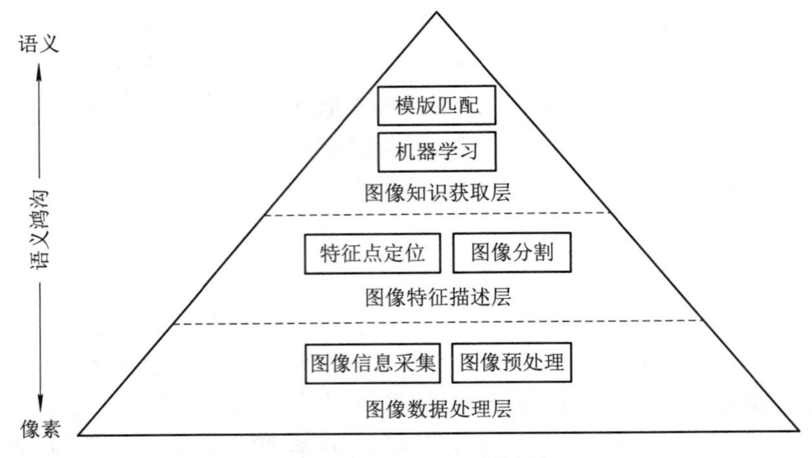

图 3-2 计算机视觉系统框架

1. 图像数据处理层

本层包括图像信息采集和图像预处理，主要是对图像像素或者频域的数字信号进行相应处理，例如图像获取、传输、压缩、降噪、转换、存储、增强和复原等操作。

2. 图像特征描述层

本层主要是对带有特征的图像进行特征点定位和图像分割。图像特征包括形状、颜色、空间位置、频域纹理、运动等。若干底层特征组成更上一层的特征，这样经过多个层级的组合后，即可在顶层做出分类。

3. 图像知识获取层

本层重点关注如何将所得到的图像特征“翻译”为描述其内容的语义信息，即构建图像特征与语义信息之间的关系，主要包括模板匹配和机器学习。常用的图像知识学习算法有神经网络、卷积神经网络等。

(五) 计算机视觉的典型任务

基于大量不同任务的计算机视觉，组合在一起可实现高度复杂的应用[92]。计算机视觉系统作为感知器时，运用深度学习技术可完成以下核心任务：目标分类、物体识别和检测、图像语义分割、视觉跟踪。

1. 目标分类

目标分类是根据图像的语义信息对目标进行分类，它是计算机视觉的核心任务。同时，目标分类也是物体检测、图像分割、物体跟踪等其他高层次视觉任务的基础。通过目标分类，计算机能够识别出一张照片上的人、车、树木等元素，并对它们进行标识。比较经典的案例是李飞飞团队对猫的识别研究等，此类目标识别任务都属于图像分类。

2. 物体识别和检测

物体识别和检测一直是计算机视觉中非常基础且重要的一个研究方向，即给定一张输入图片，算法能够自动找出图片中的常见物体，并将其所属类别及位置显示出来。与目标分类用于判断图像中的事物是否属于某一类不同，物体识别和检测用于确定对象是否出现在图像中，如果出现，则对其进行定位[93]。除此之外，还衍生出了诸如人脸检测(Face Detection)、车辆检测(Vehicle Detection)等细分类的检测算法。

如图 3-3 所示，在这个密集图像[94]中，我们可以看到计算机视觉系统识别出了大量不同对象，包括汽车、人、自行车，甚至包含文本的标志牌等。

图 3-3　物体检测结果

3. 图像语义分割

图像语义分割(Semantic Segmentation)是一种将图像划分成一系列具有特定语义信息的图像区域的方法[95]。在语音识别中，语义指的是语音的意思，在图像领域，语义指的是图像的内容，即对图像的理解。

目前，图像语义分割已成为图像理解分析领域的一个研究热点，并展现出广阔的应用前景，在智能汽车、地理信息系统、医疗影像分析、机器人等领域都得到了应用。例如，在医疗领域，通过对胸部 CT 图像进行语义分割，可分别识别出人的肋骨、肺、脊柱、心脏等器官的影像，帮助医生迅速分析病人病情。

4. 视觉跟踪

视觉跟踪是指对图像序列中的运动目标进行检测、提取、识别和跟踪，获得运动目标的运动参数，如位置、速度、加速度和运动轨迹等，从而进行下一步的处理与分析，实现对运动目标的行为理解，以完成更高一级的检测任务[96]。跟踪算法需要从视频中去寻找到被跟踪物体的位置，并适应各类光照变换、运动模糊以及表现的变化等。目前，视觉跟踪技术已经广泛应用于各领域，如智能监控系统中应用视觉跟踪来确定目标的运动轨迹和速度；自动驾驶系统运用视觉跟踪系统可以实时感知前后左右其他汽车的运动方向与速度，实现高级空间推理和路径规划，如降速、车身转向，甚至是紧急停车等自动操作。

二、中小学的计算机视觉教育

目前，中小学智能教育已在广泛普及计算机视觉的初步知识及其相关应用，不同的学段在内容组织与设计上相互衔接、各有侧重。本节以两套典型的中小学人工智能系列教材为例，对中小学中的计算机视觉教育专题进行分析，一套是由中央电化教育馆和科大讯飞共同打造的中小学人工智能教育系列教材(北京师范大学出版社出版)，包括《人工智能(小学版)(上册)》《人工智能(小学版)(下册)》《人工智能(初中版)》《人工智能(高中版)》，共计4 册。另一套是由信息科技课程专家任友群主编的《人工智能》丛书(上海教育出版社出版)，包括《人工智能(小学版)》《人工智能(初中版)》《人工智能(高中版)》，共计 3 册，该套教材根据上海部分中小学对人工智能课程与教学的探索和实践，创造性地设计了人工智能教育的生态系统，开创了人工智能融入基础教育的新模式。下面对这两套教材进行简要介绍。

1. 北京师范大学出版社出版的《人工智能》系列教材

2019 年，北京师范大学出版社出版了《人工智能》系列教材，共 4 册，如图 3-4 所示。

图 3-4 北京师范大学出版社出版的《人工智能》系列教材

《人工智能(小学版)》上、下两册是适合小学生学习的人工智能情景教材，通过卡通人物对话、小项目等，让学生在轻松的情景中学习人工智能的知识，理解什么是人工智能。

《人工智能(初中版)》从理解人工智能技术原理、制订人工智能问题的解决方案、交流和协作 3 个方面，让初中生掌握人工智能技术的基本原理，了解相关的人工智能技术技能，形成对人工智能技术的科学认识，达到对初中生进行人工智能技术与工程素养融合教育的目的。

《人工智能(高中版)》强调以“体验式学习”为主的学习方式，以具体的实践活动和任务，引导高中生学习机器学习、智能语音、计算机视觉、自然语言处理、计算机博弈等知识，希望高中生在掌握人工智能基础理论知识的同时，也能够运用人工智能知识解决生活与学习中的实际问题。

2. 上海教育出版社出版的《人工智能》系列丛书

2019 年，上海教育出版社出版了《人工智能》系列教材，如图 3-5 所示。

图 3-5　上海教育出版社出版的《人工智能》系列教材

《人工智能(小学版)》旨在帮助小学生初步感知人工智能，启发学生有意识地尝试用计算思维方式去解决生活中的各式问题，在实践中培育数字化素养和社会责任感。

《人工智能(初中版)》旨在让初中生实现人工智能初体验——通过对人工智能的解构(看、听、说、想、动)及综合实践项目等掌握人工智能的基本知识和技能；在实施案例的基础上强化应用能力。

《人工智能(高中版)》基于项目化学习的理念来引导高中生认识人工智能的几个主要板块，如路径规划、图像识别、语音识别、视频分析、自然语言处理等。内容围绕人工智能主题展开，旨在培养学生的高阶思维品质和与之相适应的意识、能力和行为习惯。

下面，我们将围绕“计算机视觉”这一主题，从学习目标、内容设计、学习活动以及评价设计这四个方面，对北京师范大学出版社、上海教育出版社出版的不同学段系列人工智能教材中的内容进行分析比较。

(一) 学习目标

1. 两版教材中的学习目标

两版人工智能教材针对基础教育的小学、初中、高中学段的学习需求，分别设计了不同的学习目标，如表 3-1 所示。

表 3-1　两版教材中计算机视觉主题的学习目标

教　材	北京师范大学出版社	上海教育出版社
《人工智能(小学版)》	**第一章　送餐机器人** 1. 知道计算机视觉技术可以让机器具备能看会认的能力。 2. 会描述物体识别、文字识别和人脸识别的实现过程。 3. 学会运用人工智能实验教具搭建送餐机器人的方法，能运用人工智能教学应用平台实现编程与调试。 4. 学会运用人工智能教学应用平台实现送餐机器人的物体识别、文字识别和人脸识别功能。 5. 知道计算机视觉技术在带来便利的同时也存在一定的风险	**模块三　越走越近** 1. 让学生能够描述出“刷脸”技术带来的便利以及存在的威胁。 2. 了解基于人工智能图像识别技术的应用。 3. 体验图像识别、语音交互等人工智能技术服务。 注：教材未直接列出学习目标，学习目标是编者基于教材内容及活动总结而来的
《人工智能(初中版)》	**第四章　计算机视觉技术** 1. 感受计算机视觉技术给人们带来的便利。 2. 知道计算机视觉中图像的形成和工作流程。 3. 实现计算机视觉技术的简单应用。 4. 关注计算机视觉技术的应用领域和发展	**第二章　第一节　“看”——让机器看懂人类世界** 1. 价值观念：感受计算机视觉技术的魅力；增强应对人工智能潜在风险的意识和能力。 2. 核心理念：体验图像识别过程；了解计算机视觉的应用和发展。 3. 能力培养：图像识别的基本原理和方法；客观认识计算机视觉技术对生活的影响。 4. 活动建议：思考并讨论计算机视觉技术的应用；水果图像特征提取(特征空间、分界线)；水果自动分拣装置的设计
《人工智能(高中版)》	**第四章　计算机视觉：让机器能看会认** 1. 了解了计算机如何处理图图像。 2. 通过旅游照片分类、车牌识别及出行安检三个生活中常见的具体应用，体验、探究图像分类、文字识别与人脸识别的核心概念与基础知识。 3. 思考技术应用给人们带来的便利、问题与挑战	**项目三　能识别车牌的闸机** 1. 了解图像识别的流程和相应概念，了解颜色空间的概念，掌握和利用 Python 对数字图像进行预处理。 2. 初步理解支持向量机(Support Vector Machines，SVM)的原理。 3. 掌握应用支持向量机方法进行图像分类的实施步骤。 4. 理解深度神经网络算法的原理，掌握深度神经网络图像识别的实施步骤

2. “感知”主题下 K-12 人工智能教育分级学习目标

美国人工智能促进协会(AAAI)于 2019 年发布的《K-12 人工智能教学指南》设计了从幼儿园到高中的人工智能教学的目标与内容，发布了 AI 教学资源目录，同时将 K-12 阶段所需学习的人工智能知识分成了五大概念，分别是感知、表示与推理、机器学习、人机交互、社会影响[97]。

其中感知是指从传感器信号中提取意义的过程。计算机使用传感器来感知世界，让机器学会“听”和“看”是 AI 领域迄今为止最重要的成就之一。计算机视觉技术就包括在“感知”主题的“看”之中，因此，了解该主题的 K-12 人工智能教育分级学习目标非常重要。

感知主题的主要概念包括：人类的感觉和机器传感器；从感觉到知觉；感知的类型：视觉、语音识别等；感知如何工作：算法；计算机感知的局限；智能与非智能机器。

“感知”主题的分级学习目标如下[98]：

K-2 学段：识别计算机、机器人和智能应用中的传感器；能与 Alexa 或 Siri 这样的智能代理进行交互沟通。

3-5 学段：描述传感器输入如何转变为模拟或数字信号；证明计算机感知的局限；使用机器感知构建应用程序。

6-8 学段：解释传感器的局限对计算机感知的影响；解释智能感知系统如何利用多种算法和多种传感器；使用多种传感器和感知类型来构建应用程序。

9-12 学段：描述不同形式计算机感知中蕴含的领域知识；演示语音识别在处理同音词和其他类型歧义词方面的困难。

(二) 内容设计

北京师范大学出版社出版的小学、初中、高中三版教材都将“计算机视觉”作为单独一章。上海教育出版社出版的《人工智能(小学版)》以生活中具体的应用场景来让学生感知人工智能技术，内容包括计算机视觉、自然语言处理等，并以具体的案例呈现常见的人工智能技术。

1. 小学阶段

北京师范大学出版社出版的《人工智能(小学版)》第一章中，通过设计与制作送餐机器人来学习人工智能中的计算机视觉技术。这一章共分为七节，分别是“体验送餐机器人”“送餐机器人的功能和结构”“组装送餐机器人”“让送餐机器人能看会认”“动手制作送餐机器人”“制作水果超市小导购”“计算机视觉技术的发展应用”[99]。每节通过两个卡通人物对话的方式引入主题学习内容，从体验、了解原理到组装、编程，让小学生在“做中学”，感受和体验人工智能技术。

上海教育出版社出版的《人工智能(小学版)》在模块三“越走越近”中，以“刷脸”支付和VR眼镜的生活实例，让小学生明白这些都是基于人工智能的计算机视觉技术应用。

2. 初中阶段

北京师范大学出版社出版的《人工智能(初中版)》将计算机视觉分为五个部分：“体验计算机视觉应用”“计算机视觉技术的原理”“智能配货机器人”“计算机视觉应用方案设计”“计算机视觉技术的应用与发展”[100]。教材融合了人工智能技术的产品体验、知识讲解、实验验证和产品设计，科大讯飞还为教材开发了配套的人工智能实验平台，利用配套的平板电脑软件“畅言智AI”可完成实验任务。

上海教育出版社出版的《人工智能(初中版)》第二章“理解人工智能”第一节的主题是“看”——让机器看懂人类世界。这个章节主要涉及计算机视觉的内容，包含“体验与思考”“学习与思考”“拓展与练习”三个模块，让学生从体验、学习、拓展和总结中逐层深入地解构和认识与人工智能相关的计算机视觉技术，并最终落到实践中。

3. 高中阶段

北京师范大学出版社出版的《人工智能(高中版)》第四章“计算机视觉：让机器能看会认”分为四个小节：“认识计算机视觉”“图像分类：旅行照片分门别类”“文字识别：小区车牌识别”“人脸识别：出行安检人证一致”[101]。让学生先认识基础的像素、分辨率、阈值，再通过照片分类、车牌识别以及出行安检等生活中的应用体验探究图像分类、文字识别以及人脸识别三类计算机视觉应用。最后通过小结与反思带领学生思考计算机视觉带来的便利与挑战。

上海教育出版社出版的《人工智能(高中版)》中项目三“能识别车牌的闸门”包括三个学习任务：图像识别与图像的预处理、用支持向量机方法识别车牌、基于深度模型的车牌识别。这三个任务从车库闸机对车牌识别的情景入手，解析图像识别背后人工智能技术的秘密。项目通过介绍使用灰度化、二值化对采集的图像数据进行预处理，再分别用SVM和DNN方法对车牌数字进行识别，让学生感受不同图像识别算法之间的差异。

在教材内容方面，小学阶段的教材注重生活实际，通过案例将抽象概念具体化，帮助学生感知计算机视觉技术。初中阶段的教材注重讲解计算机视觉技术的作用、原理，培养学生对计算机视觉技术的鉴赏力、理解力和应用力。高中阶段的教材重视学生的动手实践能力，利用人工智能应用框架搭建人工智能应用模块，并根据实际需要配置适当的环境、参数等，以锻炼学生在真实情境中合理运用人工智能，创造性地解决问题。值得关注的是，上海教育出版社出版的《人工智能(高中版)》还阐述了所采用算法的具体原理与流程。

(三) 学习活动

下面对两个版本教材中设计的小学、初中、高中不同阶段“计算机视觉”主题学习活动进行对比分析，如表 3-2 所示。

表 3-2　两版教材中计算机视觉主题的学习活动

教材	北京师范大学出版社	上海教育出版社
《人工智能(小学版)》	**活动内容：** 1. 角色扮演：与送餐机器人进行互动点餐。 2. 小组探究：送餐机器人的功能与结构、组装送餐机器人的硬件模型、训练机器人。 3. 学习任务：编写程序。 **活动目的：** 1. 通过角色扮演，让同学们置身于现实情境，更好地了解学习主题。 2. 以小组合作的形式开展活动，有助于提高沟通能力和协作能力，一定程度上促进了交往水平的提升。 3. 通过设计具体的学习任务，帮助学生熟悉相关的工具和技能	1. 思考：“刷脸”技术给生活带来的便利以及“刷脸”支付和其他支付方式相比的优势、劣势、机会和威胁。 2. 实践：有兴趣的话体验社区的志愿者服务。 3. 探讨：怎样适应越来越智能化的生活？ 4. 班级讨论：机器能懂“诗情画意”吗？
《人工智能(初中版)》	**活动内容：** 1. 学习活动：绘制人脸解锁的流程图、提取并观察图像特征、水果特征模型的开发、计算机视觉应用方案设计、风险认识与防范。 2. 扩展阅读：颜色模型、计算机视觉技术的风险案例。 **活动目的：** 1. 通过设计不同主题的学习活动，加深同学们对计算机视觉技术的作用、原理的理解。 2. 开展项目式的学习活动，有助于引导学生用计算机视觉技术解决一些简单的应用问题	1. 想一想：人脸识别智能检票系统使用的关键技术；识别植物过程中哪些因素会影响图片识别的准确率。 2. 体验植物识别软件。 3. 课堂小讨论：计算机“看”到的图像画面有点模糊不清，机器是否有办法让画面变清晰；计算机视觉技术未来的应用场景。 4. 课堂实战演练：完成水果图像识别中的自然特征提取，讨论哪些特征可以区分不同水果。 5. 练习：水果自动分拣装置的设计

续表

教材	北京师范大学出版社	上海教育出版社
《人工智能(高中版)》	**活动内容：** 1. 感知体验：图像/视频构成、计算机视觉技术、拍照翻译。 2. 实践探究：图像储存、图像分类/文字识别/人脸识别的工作原理和难点。 3. 分析思考：简述计算机视觉技术的工作原理和人脸识别的安全隐患。 4. 扩展阅读：像素游戏、自动驾驶、车牌制作标准、人脸表情识别。 5. 基础练习：小节知识点练习。 **活动目的：** 1. 通过实践活动、感知体验，让学生亲身体验人工智能技术，以此探究并阐述工作原理。 2. 通过基础练习，加深对小节学习内容的理解与强化。 3. 拓展阅读是对学习内容的延伸，增加继续探索的兴趣，为课后继续探究提供落脚点	**任务 1　图像识别与图像的预处理** 1. 实践体验：建立数据库，学习图像处理的几种方式。 2. 实践评价：知识与技能掌握程度的自我评价。 3. 拓展活动：对图片进行色彩变换。 **任务 2　用支持向量机方法识别车牌** 1. 实践体验：体验使用支持向量机进行图像识别的过程。 2. 实践评价：知识与技能掌握程度的自我评价。 **任务 3　基于深度模型的车牌识别** 1. 实践体验：体验利用深度神经网络算法进行图像识别的过程。 2. 实践评价：知识与技能掌握程度的自我评价

(四) 评价设计

教材在编制过程中充分考虑到了评价的设计，不同版本教材的评价设计各具特色。

1. 北京师范大学出版社出版的《人工智能》系列丛书

(1) 《人工智能(小学版)》中是以“送餐机器人”为主题开展教学活动的，评价设计主要包括小组评价和组内评价，引导学生综合评估实际问题解决能力、情感态度与价值观等是否达到标准。小组评价主要是小组展示设计作品及设计过程，其他小组以“作品完成度”“作品创新性”“作品介绍清晰且流利”“设计过程的反思”为评价维度进行评价；组内评价的内容则从“个人任务的设计思路”“个人任务的完成情况”“与其他成员之间的配合默契度”“参与小组讨论的思维活跃度”出发进行小组内成员互评。

(2) 《人工智能(初中版)》中则在活动中设计了两个计算机视觉方案选题，以小组的形式，根据选题要求给出方案设计结果，包括任务描述、功能设计、结果分析和对科技公司的建议。在设计方案开展过程中设置了过程性评价，学生设计完方案后在班级内展示，互相交流、学习其他组的设计优点，根据反馈优化设计方案。

(3) 《人工智能(高中版)》在每节小结中设计了“基础练习”，主要围绕图像处理、图像特征提取、文字识别、人脸识别这四个方面的内容，在每小节内容后面以选择题和问答题的形式呈现，以强化、巩固学生们对于每个小节内容的认识，让学生在练习中加深记忆。

2. 上海教育出版社出版的《人工智能》系列丛书

(1) 《人工智能(小学版)》模块三的评价设计主要是以自评为主，设计了“自我测评与智能体验”，并根据模块内容设计了多道问卷题目，学生通过勾选“是”“否”以及“不确定”来对自己的学习情况进行阶段性的“复盘”。

例如：有了智能化服务，是否就不需要进行家务劳动了？累活、难活、脏活是否都可以交给机器人去干？

(2) 《人工智能(初中版)》设计了学习评价表以供自评、他评使用，评价的内容主要分为水果图像识别、水果特征空间以及水果自动分拣装置。评价观察点分为“优秀”“良好”和“一般”三个等级，每个评价点中都给出了具体的评分细则，以供学生根据细则进行评价。

(3) 《人工智能(高中版)》主要以开展项目化学习活动为主，在实践评价方面，以“知识与技能”为评价内容，以掌握程度为评价准则，掌握程度分为“初步掌握”“掌握”及“熟练掌握”。例如，对数字图像的存储格式、灰度化、二值化、尺寸大小，以及图像的获得、规范化处理等知识与技能的掌握程度进行评价。

三、计算机视觉教学案例

计算机视觉模拟的是人类的视觉功能，因此在日常生活中应用较为广泛。下面以二维码识别、文本识别、图像识别、动态识别之无人驾驶汽车等为例，介绍几种常见的计算机视觉技术典型应用。

(一) 二维码识别

二维码已普遍应用在我们的生活中，如扫码骑车、扫码收付款、扫一扫加好友等。那么二维码到底是什么呢？二维码又称二维条码，它用特定的几何图形按一定规律在平面(二维方向)上组合成黑白相间的图形来记录数据符号信息。

在二维码出现之前，被人们广泛使用的是一维条码。一维条码简称条码，由一系列粗细不等的线段按同一方向有序排列，在一个方向(一般是水平方向)表达信息，而在另一个方向(一般是垂直方向)则不表达任何信息，如一般书籍、商品所用的条码。相比于一维条码，二维码则是在包含水平和垂直方向的二维空间里存储信息的条形码，信息容量大、译码可靠性高、纠错能力强、制作成本低、保密与防伪性能好[102]。

二维码可分为堆叠式、矩阵式两类，不同的二维码对应的编码与读取方式不同。堆叠式二维码又称行排式二维码，是一种在一维条码的基础上按照需要堆叠成两行或者多行来进行编码的方式，其编码原理、读取方式继承了一维条码的特点[103]。

矩阵式二维码建立在计算机图像处理技术、组合编码原理等基础上，是一种新型的图形符号自动识读处理码制，以点来组合空间，以矩阵的形式组成，在矩阵相应元素位置上用点表示二进制“1”，空表示二进制“0”，由点的排列组合确定代码表示的含义。具有代表性的矩阵式二维码有 Data Matrix、Maxi Code、Code One、QR Code(QR 码)等，其中应用最为广泛的矩阵式二维码是 QR 码[104]。图 3-6 是 QR 码的基本结构。

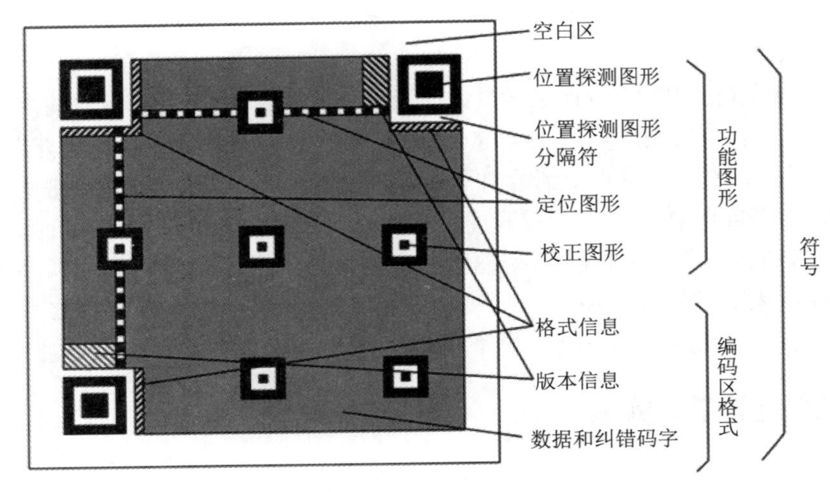

图 3-6　QR 码的结构[105]

二维码的识别需要经过编码与解码两个过程。二维码的编码是指在原始数据上生成二维码的过程，编码的主要流程为数据分析、数据编码、生成纠错码、布置模块和添加掩模，最后生成我们常见的二维码[106]。解码基于图像处理的二维码解码算法，主要流程包括图像与预处理、定位与校正、读取数据、数据纠错、译码等步骤[107]。

二维码生成器是制作二维码的主要渠道，如草料二维码、微微二维码、互联二维码等都是常用的二维码生成器。它们可以将文档、图片、音频、视频、网址、微信群、名片、表单、文件等内容生成二维码，使用时用“手机扫一扫”即可查阅原先预置在二维码中的内容。在 WPS 中也可以生成二维码，点击插入→更多→二维码，就可以将文本、名片、Wi-Fi、电话等转换为二维码。

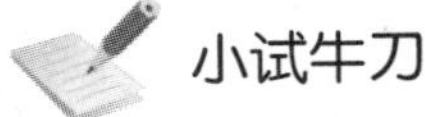

小试牛刀

登录草料二维码网站，在菜单栏选择“名片”，输入姓名、手机、邮箱，添加公司或学校、部门或班级、职位或身份等联系方式，添加地址、签名，传入照片或 LOGO 图片，点击“生成二维码”按钮，就可以在窗口右侧预览生成的二维码，如图 3-7 所示。

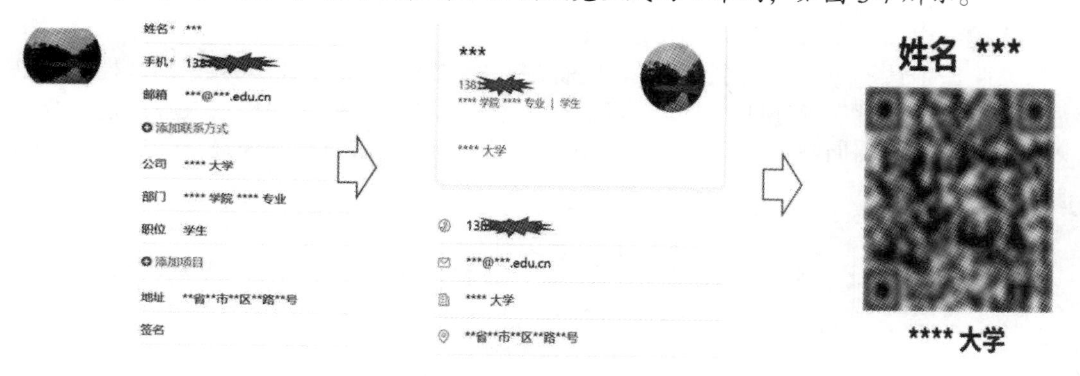

图 3-7　名片二维码制作

(二) 文本识别

文本是人类最重要的信息来源之一，自然场景中充满了形形色色的文本符号。文本识别主要使用光学字符识别(Optical Character Recognition，OCR)技术，它将纸质文档中的文本数字化，即实现图像到文字的转换，以便于其他软件或应用程序进行搜索或编辑。文本识别在电商、社保等领域被广泛应用，例如身份证识别、银行卡识别、驾驶证识别、火车票识别、发票识别等。

文本识别过程如图 3-8 所示[108]，主要分为三个步骤：图像预处理、文本检测和文本内容识别。图像预处理指的是对待识别的图像或者扫描文档先进行灰度化、二值化、平滑以及其他的一些处理，使输入的图像得到矫正，并统一规格。文本检测是指定位图像中的文字区域，以边界框的形式将单词或文本行标记出来。文本内容识别是指对图片中检测到的文本提取特征向量并进行分类，然后与特征模板库进行精细匹配以识别字符，最后获得文档。

图 3-8　文本识别过程

(三) 图像识别

图像识别的典型应用有人脸识别、植物识别、医疗图像识别等。

1. 人脸识别

机器识别人脸的过程和人识别人脸的过程类似，都需要根据记忆去识别，因此必须先让机器“记住”人脸信息。校园门禁系统识别人脸时，从获取人脸图像开始，经由数据库比对，通过对相似度高低的判断输出是否允许通过的结果。

那人脸识别系统是如何记住人类面部特征的呢？如图 3-9 所示，人脸识别过程主要包括人脸采集定位、图像预处理、人脸特征提取、匹配与识别、结果输出。人脸识别系统通常用于安防领域，例如刷脸进站、面部识别开锁等，也可用到更复杂的场景，如通过面部表情判断人的情绪[109]。

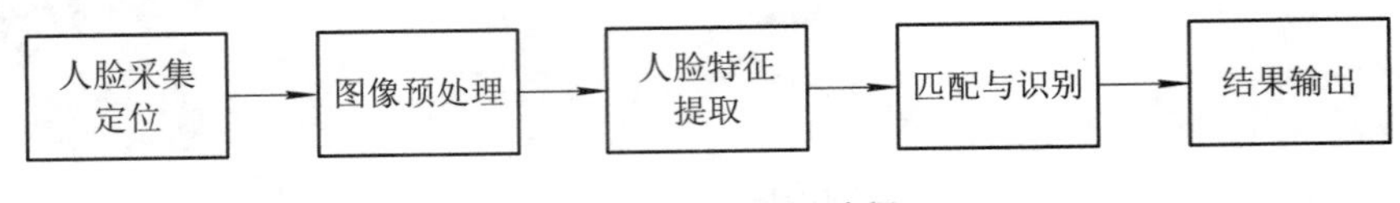

图 3-9 人脸识别过程

2. 植物识别

当你在野外或公园游玩时，看到一朵美丽的花，却不知道它的名字，这是一件非常遗憾的事情，这时植物识别工具就能够帮助你。你只需拍摄植物的照片或者选取手机图库中的植物图片，植物识别软件将快速精确地提供植物的名字、属种、特性、用途等信息，让你变为“植物达人”。目前应用较为广泛的植物识别软件有形色、PlantNet、微软识花等。

3. 医疗图像识别

在医疗行业中，计算机视觉得到了广泛的应用，如在医疗图像分析识别中，通过对 MRI 图像、CT 扫描图像和 X 光图像进行分析，可找出肿瘤等异常，或者搜索神经系统疾病的症状等，以辅助快速识别病情，显著提升医疗诊断的效率和准确性。

(四) 动态识别之无人驾驶汽车

2010 年，由七辆车组成的谷歌无人驾驶汽车车队在美国加州的道路上开始试运行。这些车辆使用摄像机雷达感应器和激光测距仪来查看交通状况，使用详细地图为前方的道路导航，真正控制车辆的是基于深度学习的人工智能驾驶系统[110]。

无人驾驶汽车“看”路的原理如图 3-10 所示[111]，计算机视觉在其中扮演着核心角色，它可帮助自动驾驶汽车感知和了解周围环境。计算机视觉通过对图像和视频中的对象进行目标检测，包括对不同数量的对象进行定位和分类，以便区分某个对象是交通信号灯、汽车还是行人，加上对来自传感器和雷达等的数据进行分析，使得汽车能够“看见”交通状况。传感器包括激光雷达、毫米波雷达、超声波雷达、单目摄像头以及双目摄像头等。

精准定位技术是实现自动驾驶的另一项技术，现阶段常见有直线导航条、磁力导航条、无线网络导航条、视觉导航、激光导航等。其中磁力导航条是现阶段最完善、最可靠的方案，也是目前使用较为广泛的导航技术[112]。

图 3-10　无人驾驶感知路况

四、主题学习活动：Face++ 体验设计

(一) 学习主题——Face++ 人脸识别

Face++ 作为新一代人工智能开放平台，专注于计算机视觉领域技术研发。如图 3-11

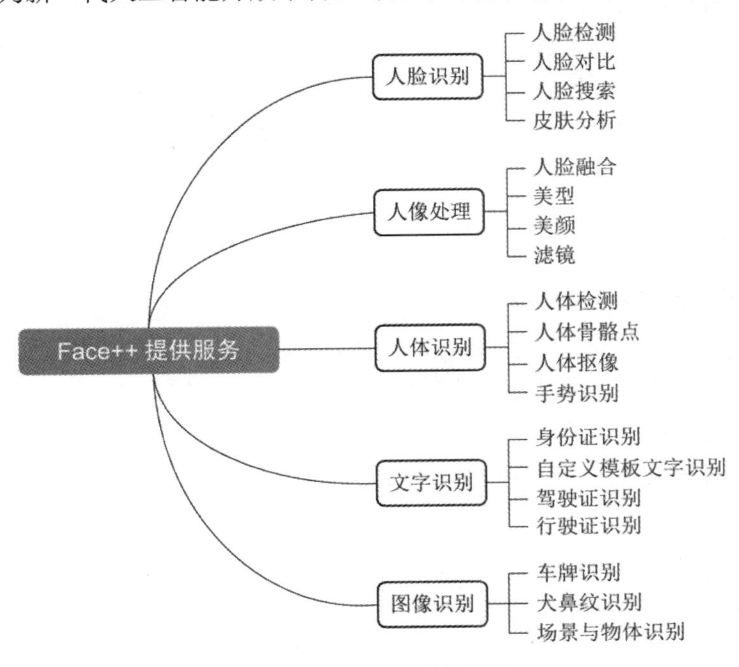

图 3-11　Face++ 服务类别

所示，目前平台按业务维度提供“人脸识别”“人像处理”“人体识别”“文字识别”和“图像识别”五大类AI能力。

人脸识别步骤主要分为六步：图像采集、人脸检测定位、特征提取、三维建模、模型对比、输出结果。

(二) 学习活动：在线体验人脸检测技术

人脸检测支持图片与实时视频流，以及多种人脸姿态，并能应对复杂的光照情况。实时人脸检测与追踪技术可以令相机更好地捕捉到人脸区域，优化测光与对焦。

人脸检测首先检测图片或视频中的人脸并返回人脸框，检测人脸五官与轮廓的83个或106个关键点位置及对应信度，关键点包括人脸轮廓、眼睛、眉毛、嘴唇以及鼻子，支持视频流出中的关键点跟踪；随后检测人脸的性别、年龄、7类情绪(愤怒、厌恶、恐惧、高兴、难过、惊喜、中性)、左右眼视线状态，通过人脸头部三维向量方向检测头部姿态，以及人脸眼部嘴部开闭合状态和是否被遮挡。检测图片中的人脸(支持一至多张人脸)时会同时标记出边框，用户也可以对尺寸最大的5张人脸进行分析，获得面部关键点、年龄、性别、头部姿态、微笑检测、眼镜检测以及人脸质量等信息。人脸检测在零售业、机场、学校等多种场合具有广泛的应用，可用于基于人脸的人流量和出勤率统计以及集体照标记。

情绪检测用于分析检测人脸表情，并返回该表情在各类不同情绪上的置信度分数，从而推测人脸情绪，可以用于广告机的精准投放场景。

请在旷视Face++平台开放的在线体验功能中，选择自己感兴趣的技术功能进行体验探究。

(三) 学习探究

1. 学习研讨：计算机视觉的利弊

计算机视觉在内容获取、传播和运营等方面给人们带来了极大的便利，同时也面临着一些风险防范和伦理争议，尤其是在信息传播领域，隐私泄露、信息失范与价值观偏移风险就成为亟须探讨的焦点。请同学们以小组的形式，以“计算机视觉的利弊”为题，搜集相关的资料，开展学习研讨，分享小组的观点。

2. 作业批改小程序

计算机视觉的发展为作业的批改提供了改善方案，改变了传统批改作业的方式，可以使教师快速完成批改工作，并将结果反馈给学生。请同学们以微信小程序——“爱作业”为工具，体验数学作业自动批改，或以小猿口算APP为工具，体验语数外全科的作业检查、拍照解题的AI分步讲题功能。

(四) 拓展阅读

1. 计算机视觉领域相关会议

当前，计算机视觉领域内的顶级会议有 CVPR、ICCV、ECCV 等。CVPR 是 IEEE Conference on Computer Vision and Pattern Recognition 的缩写，即 IEEE 国际计算机视觉与模式识别会议，该会议是由美国电气和电子工程师学会(Institute of Electrical & Electronic Engineers，IEEE)举办的计算机视觉和模式识别领域的顶级会议，会议的主要内容是计算机视觉与模式识别技术[113]。ICCV 是 International Conference on Computer Vision 的缩写，该会议由 IEEE 主办，主要在欧洲、亚洲、美洲的一些科研实力较强的国家举行，作为世界顶级的学术会议，ICCV 于 1987 年在伦敦揭幕，其后两年举办一届。ECCV 的全称是 European Conference on Computer Vision，即欧洲计算机视觉国际会议，该会议会在世界各地举办，每两年召开一次。

其他比较有影响力的相关会议还有英国机器视觉会议 BMVC(The British Machine Vision Conference)、图像处理国际会议 ICIP(International Conference on Image Processing)、计算机视觉应用冬季会议 WACV(Winter Conference on Applications of Computer Vision)、亚洲计算机视觉会议 ACCV (Asian Conference on Computer Vision)等。

2. 网络教学资源

对于初级学习者，可在网络上搜索以下视频进行学习。

• “知智一分钟 S2 计算机视觉”，该视频适合作为科普视频，用动画的形式讲解计算机视觉的原理和应用。

• “计算机科学速成课”(Crash Course Computer Science)第 35 集——“计算机视觉”。

对于进阶学习者，可上网搜索以下课程或视频进行学习。

• 北京邮电大学计算机视觉团队开设的“计算机视觉基础”“计算机视觉与深度学习”课程。

• 斯坦福李飞飞 cs231n 计算机视觉课程。

• 东北大学“计算机视觉”课程，该课程主要讲解图像处理、特征提取的原理和方法，以及相关的算法。

专题四

自然语言处理及教育

学习导图

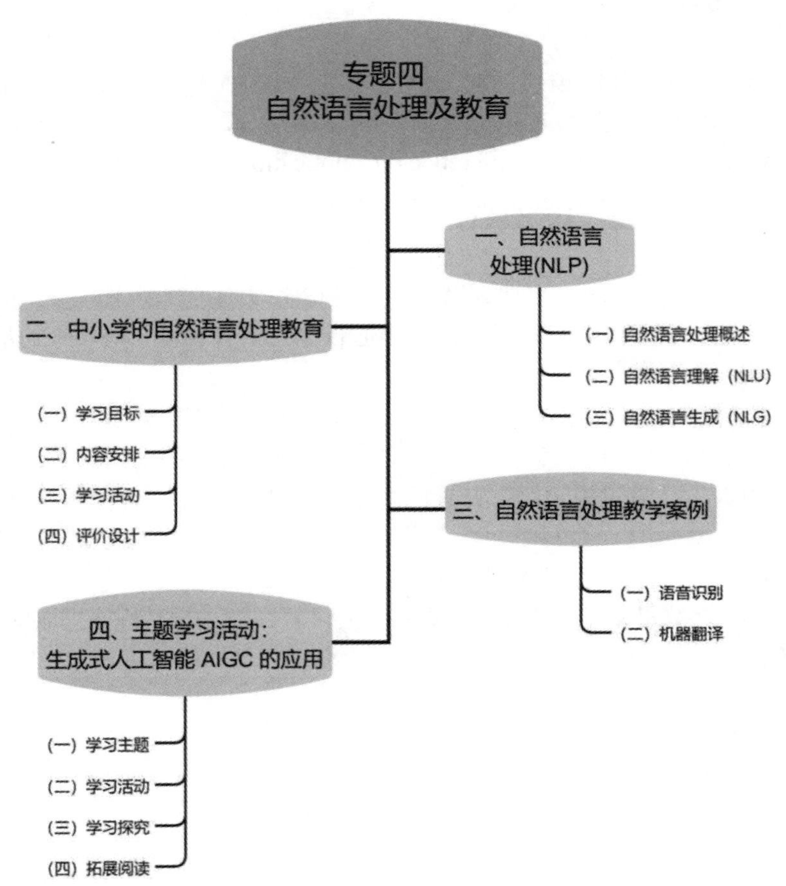

自然语言处理是所有人工智能皇冠上的明珠，将成为未来其他人工智能任务的底座。

——周鸿祎(360 集团创始人、CEO)

一、自然语言处理

自然语言处理内涵丰富，下面对自然语言处理的发展历史、内涵和难点进行描述，再分述自然语言理解、自然语言生成两个主要环节。

(一) 自然语言处理概述

语言是人类思维和知识传播的载体，自然语言指的是目前人类所用的语音和字符系统，而自然语言处理(Natural Language Processing，NLP)是人工智能的一个重要且应用广泛的分支，聚焦于研究使机器能理解、处理自然语言的能力。如果说计算机视觉的目标是让机器像人一样“看懂”图像，自然语言处理的目标则是让机器能够像人一样“对话”，两者的发展都使得机器与人类的交互、交流变得更加自然、智能甚至智慧。

1. 人类语言交流与自然语言处理

如图 4-1 所示，人类在进行语言交流时，A 用自然语言生成信息并传播出去，B 接收并理解信息，再用他的自然语言生成信息，传播出去后，A 接收并理解信息。这是一个完整的双向沟通，前提是两人都拥有一种共同的语言。如果两个人的语言不通，则需要通过第三方进行翻译。第三方可以是通晓 A、B 两种语言的人，也可以用机器代替，机器则需要像人一样具有相应的理解、生成自然语言的处理能力。自然语言处理就是研究人与机器之间有效沟通的技术，即用户以自然语言生成信息传播给机器，机器将收到的信息作为输入数据，通过内部的算法对其进行理解，再生成并返回用户所期望的结果。

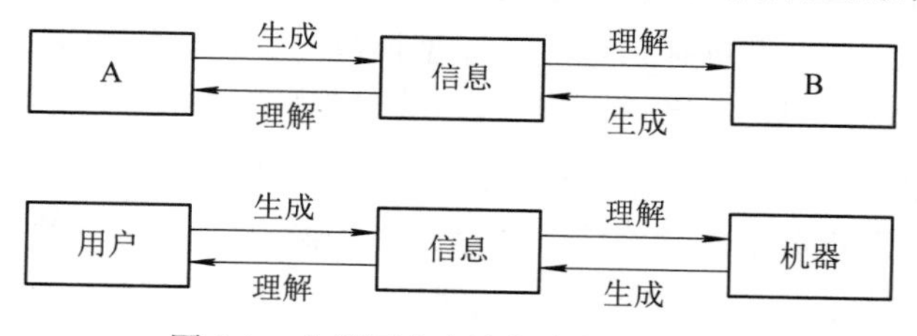

图 4-1 人类语言交流与自然语言处理

2. 自然语言处理的发展历史

自然语言处理的对象为语音和文本。对文本的处理主要体现为对图形、图像的操作，属于计算机视觉的范畴，本章所谈的自然语言处理主要体现为对语音的操作，包括语音识别、语言理解、语言生成等。事实上，自然语言处理起源于第二次世界大战期间出现的机器翻译。如表 4-1 所示，自然语言处理技术的发展经历了四个发展阶段，特别是 20 世纪 90 年代以来，随着互联网的出现，存储力、算力不断提升，基于自然语言的检索、语音交互的需求呈爆发式增长，自然语言处理技术进入快速发展期。2010 年以后，基于大数据，运用机器学习特别是深度学习的算法进一步优化了自然语言处理的效果，出现了神经机器翻译、机器阅读理解、预训练语言模型(Pre-Transformer Language Model)等。

表 4-1　自然语言处理的历史

时　间	发 展 阶 段
1950—1970 年代	基础研究：图灵测试发问“机器能否思考”、乔姆斯基语法、首个句法分析器(基于规则)
1980 年代	规则系统：第一个自动问答系统(手写规则)、大量手写规则的“NLU”系统、面向逻辑推理的编程语言
1990—2000 年代	统计方法：统计学习方法的兴起、语料库建设、大量机器学习理论与应用、革命性实用水准
2010 年至今	深度学习：神经网络的复兴、表示学习、端到端的设计、预训练大语言模型

3. 自然语言处理的内涵

自然语言处理包括了两个部分：一是计算机要能理解自然语言文本的含义，称为自然语言理解，二是在理解的基础上能用自然语言来表达自己的意图、想法，并进行交流，称为自然语言生成。

如图 4-2 所示，从自然语言处理技术的实现来看，以百度为例，可以分成四层：数据层、模型层、功能层、应用层。数据层主要是输入原始数据，并对数据进行清洗、文本分词等预处理；模型层包括模型选择与定制、模型训练与优化，用户可以选择或定制用来进行数据训练的模型，对模型进行微调和优化；功能层是语言理解的关键部分，分为文本分类、实体识别、情感分析和语义理解等；语言生成主要体现在应用层，可以构建智能客服、机器翻译、智能推荐系统，并应用于搜索、电子商务、教育等诸多领域。常见的应用自然语言处理的场景有以下几种：① 语音识别，包括手机上的语音助手、微信中的语音转写文字、智能家居、智能驾驶等；② 聊天机器人，包括网上购物、儿童智能学习等；③ 机器翻译，包括讯飞翻译、有道翻译、Google 翻译等；④ 情感分析，包括了解用户的舆情情况、使用偏好等。

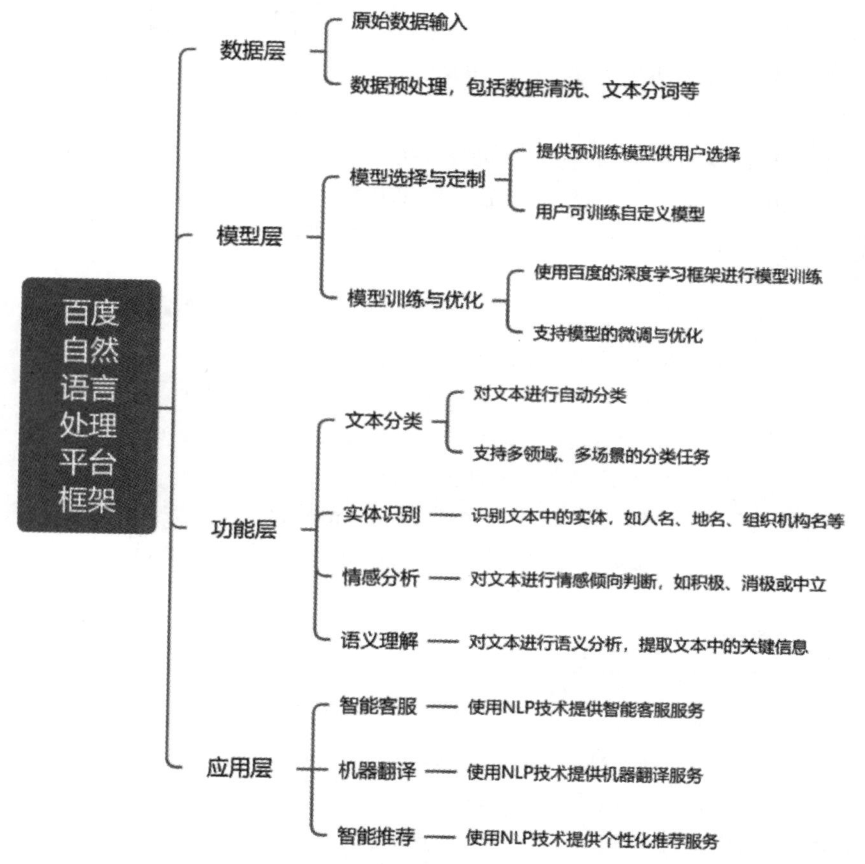

图 4-2　百度的自然语言处理(NLP)平台框架

4. 自然语言处理的难点

要做到与人正常地交流，自然语言处理需要开发特定的技术以应对和解决诸多自然语言的本身特性，如高度的抽象性、近乎无穷变化的语义组合性、无处不在的歧义性和进化性，以及非规范性、知识性、情境性等。

1) 抽象性

语言是由抽象符号构成的，每个符号背后都对应着现实世界或人们头脑中的复杂概念，如“车”表示各种交通工具——汽车、火车、自行车等，它们都具有共同的属性，例如有轮子、能载人或物等。

2) 组合性

每种语言的基本符号单元都是有限的，如英文仅有 26 个字母，然而，这些有限的符号却可以组合成无限的语义，即使是相同的词汇，由于顺序不同，组合的语义也是不相同的，因此，无法使用穷举的方法实现对自然语言的理解。

3) 歧义性

语言的形式和语义之间存在多对多的对应关系，容易产生歧义，如“苹果”一词，既可以指水果，也可以指苹果公司及其产品，这是典型的一词多义现象；再如两个不同的句子，如“曹雪芹写了红楼梦”和“红楼梦的作者是曹雪芹”，虽然它们的形式不同，但是语义是相同的。

语义歧义经典案例一：

他说：“她这个人真有意思(funny)。”

她说：“他这个人怪有意思的(funny)。”

于是人们以为他们有了意思(wish)，并让他向她意思意思(express)。

他火了：“我根本没有那个意思(thought)！”

她也生气了：“你们这么说是什么意思(intention)？”

事后有人说：“真有意思(funny)”。也有人说：“真没意思(nonsense)。”

——《生活报》1994年第六版

语义歧义经典案例二：

我遇到了经济问题(困难)。

我们的问题(目标任务)是怎么样提高用户的复购率。

我有个问题(困惑)，为什么我的电脑不动了呢？

今天咱们讨论的问题(话题)是招聘。

你有问题(表达不满)吧？

我有点儿头疼，去看看有什么问题(疾病)？

下课了，同学们，你们有什么问题(疑问)吗？

这两个人之间有问题(冲突矛盾或暧昧关系)……

——视频号：李云龙讲增长

4) 进化性

正在使用的语言处于不断发展变化中，这就是语言进化性。一方面，新词汇层出不穷，特别是网络语言进化速度很快，如“超女”“新冠”等；另一方面，旧词汇被赋予了新的含义，如“锦鲤”“冒泡”“打酱油”“吃瓜”等。除了词汇，语言的语法也处于不断进化中。

5) 非规范性

在互联网上，常有一些有意或无意造成的非规范文本，为自然语言处理带来了不小的挑战，如音近词(“为什么”→“为森么”，“怎么了”→“肿么了”)，单词的简写或变形(please→pls、cool→coooooooool)，新造词(“喜大普奔”“不明觉厉”)和错别字等。

6) 知识性

理解语言通常需要背景知识以及基于这些知识的推理能力。例如，针对句子“张三打了李四，然后他倒了”，问其中的“他”指代的是“张三”还是“李四”？只有具备了“被打的人更容易倒”这一常识，才能推出“他”很可能指代的是“李四”。常识被看作是进行理解时的隐性知识，如何表示、获取并利用这些知识是个难点。

7) 情境性

语言的理解还需依赖特定的情境，在不同情境中，即使是同一个词或同一句话，其含义也大相径庭，例如“我只是想帮助你”，可以传达出“我很关心和支持你，无条件地帮助你”的积极情绪，也可以传达“我想帮助你，但你并不接受，我感到无力和失望”的消极情绪。

综上所述，自然语言处理面临众多问题，使其成为目前人工智能取得更大突破和更广泛应用的瓶颈之一。因此自然语言处理又被誉为“人工智能皇冠上的明珠”，并吸引了越来越多的人工智能工作者对其进行深入研究。

下面以自然语言处理的两个关键技术——自然语言理解、自然语言生成为主要内容来说明自然语言处理的工作机制。

(二) 自然语言理解

本节通过概念、步骤、应用三个方面介绍自然语言理解。

1. 自然语言理解的概念

自然语言理解(Natural Language Understanding，NLU)是自然语言处理的前提，也是自然语言处理的一部分，目的是使机器能够阅读和理解人类语言，特别是使用自然语言用户界面和直接从人类编写的资源中获取知识，从而与人进行对话、交流。

自然语言理解的任务包括分词、词性标注、句法分析、文本分类/聚类、信息抽取/自动摘要等，一些直接应用包括信息检索、文本挖掘、问题回答[33]和机器翻译[38]，在 Web 搜索、社交网络、生物数据分析和人机交互等领域有广泛应用。

自然语言理解经历了三个发展阶段，可总结为三种方法。

(1) 基于规则的方法：通过总结规律来判断自然语言的意图，包括 CFG(Content-Free Grammar，下文无关文法)、JSGF(JSpeech Grammer Format，平台无关的用于语音识别的语法格式)等。

(2) 基于统计的方法：对语言信息进行统计和分析，从中挖掘出语义特征，包括 SVM、MEMM(Maximum Entropy Markov Model，最大熵马尔可夫模型)等。

(3) 基于深度学习的方法：包括 CNN、RNN、LSTM(Long Short-Term Memory，长短期记忆网络)、Transformer 模型等。

2. 自然语言理解的步骤

自然语言理解的步骤包括分词、词性标注、句法分析、词义消歧、语义分析、语用分析，在此基础上还可以进行篇章分析、海量文档处理等。

1) 分词

词是语言里最小的、可以自由运用的单位。自然语言处理的首要任务就是文本分词。在英语句子中，单词之间用空格隔开，计算机根据句子中的空格就可以很容易地把单词从句子中分出来。而中文句子中的每个字都是连在一起的，没有词的界限，并且中文的词可以是一个汉字，也可以是多个汉字，这就增加了中文分词的难度。

中文文本分词模拟人们对现代汉语使用的机制：把句子中的汉字从左到右尽可能长地组合成一个我们知道的词，把这个词作为分词的结果，对句子的剩余部分继续用同样的方法处理，直到所有的字都组合成词，就获得了句子的分词结果。

例如：第十九届/亚运会/开幕式/在/风景如画的/杭州/举行。

2) 词性标注

词性标注就是根据句子中的上下文信息，给每个词确定一个最合适的词性类别，也就是确定词是名词、动词、形容词或其他词性的过程。词性标注是许多自然语言处理过程的预处理步骤。词性与句子成分有关系，比如，动词不能做主语，但可以做谓语，利用词性就可以帮助我们确定句子成分。例如：第十九届 n./亚运会 n./开幕式 n./在 prep./风景如画的 adj./杭州 n./举行 v.[①]。

在汉语中，大多数词只有一个词性，或者出现频次最高的词性远远高于第 2 位的词性。和自动分词一样，如果我们把词性也保存到词典中，我们在自动分词的同时就可以从词典中查到该词的词性。像“学习”这样的有多个词性的词，我们也可以借助机器学习的方法，从大量的文本中学会如何根据句子的上下文选择正确的词性。

3) 句法分析

句法分析是指确定句子的句法结构或句子中词汇之间的依存关系。利用句法结构，就可以判断语句的语法是否正确，也可以帮助计算机理解句子的含义。人机对话、机器翻译中对句子的理解离不开句法分析。

句法分析基本上有两类方法：基于规则的方法和基于统计的方法。早期人们采用基于规则的方法，通过提前建立的规则分析句子结构。这种方法在处理复杂句子或者不规则的句子时容易出错且计算量大。于是，科学家们又提出了基于统计的方法，能够有效降低计算量并提高准确率。

---

① 这里的词性采用了英语单词的词性缩写，n.代表名词，prep.代表介词，adj.代表形容词，v.代表动词。

4) 词义消歧

词有歧义性，在不同语境中有不同含义。词义消歧是给句子中的词标注正确的词义。例如，在句子“这个人真牛！”中，“牛”的词义是“了不起”，而不是指动物牛。

5) 词义分析

词义分析研究的是如何根据一个语句中词的含义，以及这些词在这个语句的句法结构中的作用来推导该语句的意义，即“这句话说了什么”。词义分析通常反映的是语言和世界的映射关系。

6) 语用分析

语用分析研究的是为什么要说这句话，即不同语境中语句的应用，以及语境对理解语句的作用，它说明的是语言交际的目的。

以句子的理解为基础，还可以进行篇章分析、海量文档处理。篇章分析是指分析文章的结构、主题、观点、摘要，进行信息过滤，抽取有用的信息，如将一份文字材料输入大语言模型，可以生成这段文字的内容摘要、内容结构图等。海量文档处理主要包括信息检索(如搜索引擎、数字图书馆)、文本分类聚类(如分类检索、聚类检索)、通过信息自组织进行的话题探测与追踪等，如大语言模型会呈现用户提示词所要求的结果，还常会给出一些可以进一步深入的提问建议等。

3. 自然语言理解的应用

自然语言理解在生活中有广泛的应用，如机器翻译、机器客服、智能音箱等，为我们的生活提供了很多便利。

1) 机器翻译

基于规则的机器翻译效果经常不够理想，所以要想提升翻译质量，则必须建立在对内容的理解之上。若无法理解上下文，就可能会出现如此令人感到困惑的句子：“我喜欢苹果，它很快！”

2) 机器客服

若要实现问答功能，就要建立在对多轮对话理解的基础上，需要自然语言理解能力。例如下面的对话对于机器客服就难理解：

机器客服：“请问有什么事情，我可帮助您？”

用户：“我刚上车，那个态度恶劣的哥谭市民就冲我发火”

机器很容易错误理解为：那个态度恶劣/的/哥谭/市民/就冲我发火。

3) 智能音箱

人们在与智能音箱的交互中常使用很短的语句，音箱不仅要识别用户在说什么话，还要理解用户的意图。如：

用户："我冷了。"

智能音箱："帮您把空调调高1度。"

用户并没有提到空调，但是机器需要知道用户的意图——空调有点冷，需要把温度调高。

(三) 自然语言生成

1. 自然语言生成的概念

与自然语言理解一样，自然语言生成(Natural Language Generation，NLG)也是自然语言处理的一个子领域，承担着不同且相关的功能。如果说自然语言理解是使计算机使用句法和语义来确定用户输入的文本或语音含义，侧重于计算机的阅读理解；自然语言生成则是以用户能够理解的方式提供文本或语音响应，侧重于计算机的写作和表达。

自然语言生成是一种由人工智能软件驱动的技术，可从结构化数据(如表或数据库)和非结构化数据(如文本或图像)中提取信息，并将其转化为自然的书面或口头语言形式，如句子、段落或完整的文档，以便用户轻松理解，可应用在报告生成、问答与对话场景中。NLG根据用户输入的数据生成我们能理解的文本或语音，如财务报告、天气预报，响应用户的命令或查询，与人类进行聊天等。NLG还可根据输入的文档生成摘要，同时保持信息的完整性，从而为关键点分析提供基础。

早期的NLG系统使用模板来生成文本，但随着人工智能算法与算力的不断提升，NLG系统随着马尔可夫链、循环神经网络RNN和转换器(Transformer)的应用而不断发展，已经实现更动态、质量更高的实时文本生成，如ChatGPT等智能聊天程序。虽然当前采用大规模语言模型的NLG系统已让人惊艳，但仍存在一些问题需要解决，例如让输出的文本听起来或看起来更自然流畅，更具多样性、个性化、准确性等，这一方面依赖于给NLG系统提供的自然语言训练数据集，另一方面NLG技术需要提升准确捕获源内容含义的能力，以理解人类语言的细微差别。

小贴士：NLG模型和方法

NLG依靠机器学习算法和其他方法来创建机器生成的文本以响应用户输入。这些方法如下：

(1) 马尔可夫链(Markov Chain，MC)。马尔可夫链是一种用于统计和机器学习的数学方法，用于对能够做出随机选择的系统(例如语言生成)进行建模和分析。马尔可夫链从初始状态开始，然后基于前一个状态随机生成后续状态。该模型了解当前状态和上一个状态，然后根据前两个状态计算移动到下一个状态的概率。在机器学习上下文中，该算法通过选择统计上可能一起出现的单词来创建短语和句子。

(2) 循环神经网络RNN。这类人工智能系统用于以不同的方式处理顺序数据。RNN可用于将信息从一个系统传输到另一个系统，例如将用一种语言编写的句子翻译成另一种语言。RNN还用于识别数据中的模式，这有助于识别图像。可以训练RNN识别图像中的不同对象或识别句子中的各种词性。

(3) 长短期记忆(Long Short Term Memory，LSTM)。这种类型的RNN用于深度学习，其中系统需要从经验中学习。LSTM 网络通常用于NLP任务，因为它们可以学习处理数据序列所需的上下文。为了了解长期依赖关系，LSTM 网络使用门控机制来限制可能影响当前步骤的先前步骤的数量。

(4) 转换器(Transformer)。这种神经网络架构能够学习语言中的长期依赖关系，并可以根据单词的含义创建句子。转换器由美国 OpenAI 公司开发，包括两个编码器，一个用于处理任何长度的输入，另一个用于输出生成的句子。目前典型的转换器是生成式预训练转换器(Generative Pre-trained Transformer，GPT)，是一种与商业智能(Business Intelligence，BI)软件一起使用的NLG技术，用来编写报告、演示文稿和其他内容。系统根据输入的信息生成内容，这些信息可以是数据、元数据和程序规则的组合。

2. 自然语言生成的步骤

自然语言生成用于自动将结构化或非结构化数据转换成人类可读的文本，一般可以分成六个步骤[114]，如图4-3所示。

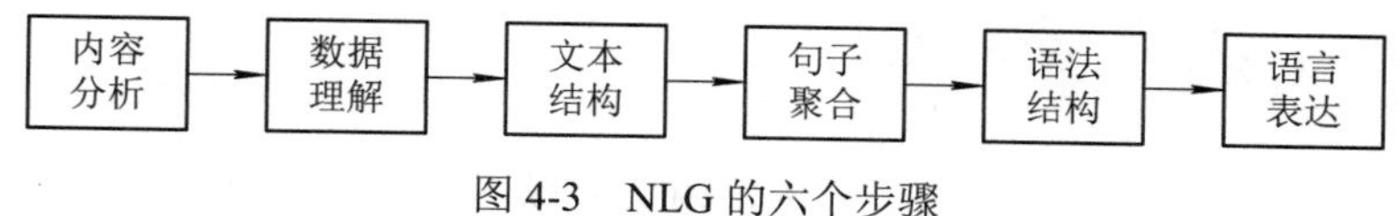

图4-3 NLG的六个步骤

1) 内容分析

内容分析也称内容确定，包括过滤数据、识别重要内容、对数据进行筛选，以确定在拟构建的文本中决定放入哪些信息，通常最终要传达的信息总是少于数据中包含的信息。以“订机票”为例，需要确定的信息可能包括订票人、订机票的行为、机票目的地、出发时间等。

2) 数据理解

数据理解即对数据进行解释，通常需要运用机器学习技术进行情境识别，将数据置于上下文中。如“订机票”案例表达的是交通出行的意图，可被识别为机场或网络购票情境中，购票人与售票人之间的情景对话。

3) 文本结构

文本结构是指创建文档计划和叙述结构，以确定要传达的信息为内容，由NLG组织的合理文本顺序。在“订机票”案例中，需要考虑信息的排序，通常会按“人”+“购买”+“时间”+“目的地”+“机票”这样的顺序来组织文本结构。

4) 句子聚合

句子聚合是指将相关句子或句子的一部分以准确的主题组合起来。为了表达时更加流畅，且易于阅读，通常将多个信息合并为一个句子来表达，而不是每个信息分别用独立的句子来表达，这就是句子聚合。例如：我+购买+明天+北京+机票。

5) 语法结构

确定了要表达的信息、表达的文本结构之后，就可以运用语法规则创造自然的文本。为了使表达内容形成一个完整的句子，通常会在一些信息之间加上连接词，如我/**想**/购买/明天/**去**/北京/**的**/机票(粗体字是连接词)。

6) 语言表达

确定了所有相关单词和短语之后，就需要将它们组合起来，形成一个结构良好的完整句子，并通过语音或文本的方式表达出来。

3. 自然语言生成的应用

自然语言生成技术能够加速内容生产，且产生大规模的个性化内容；能帮助人类洞察数据，让数据更容易理解。因此，NLG 系统可应用于多个领域，主要包括自动摘要、自动写作、报告生成、问答和对话系统等。

1) 自动摘要

NLG 能对现有的内容进行汇总和提炼，如听一场学术报告，可用飞书会议将报告内容转写成文本，或用腾讯会议录制一段在线会议视频，将会议内容智能转写成文本，可以看到每个时间节点的报告内容文本，然后形成报告纪要。再如，对相关主题进行文献检索和筛选，基于选择的文献可以进行文献综述，描述该主题的国内外研究现状，还可附上引用的参考文献。

2) 自动写作

目前很多新闻报道已经借助 NLG 来完成了，特别在一些具有比较明显规则的领域，如体育、金融新闻等，这些领域倾向于使用相似的模板，从而使 NLG 可以轻松创建解释此类事件的文本。例如，腾讯 AI 撰稿机器人 Dreamwriter，年均新闻写作实际发稿量已超过 50 万篇、8000 万字。

3) 报告生成

几乎各行各业都有自己的数据统计和分析工具，NLG 会解读这些数据，自动输出结论和观点，且以员工和客户易于理解的方式表达出来，如财务数据、物联网设备状态和维护报告等。

4) 问答和对话系统

NLG可以应用于问答和对话系统，如聊天机器人和语音助手，它们能够自动响应和回复用户提出的问题，并与用户进行对话，典型应用有ChatGPT、文心一言、KIMI、DeepSeek等大语言模型，以及亚马逊的Alexa、苹果的Siri等。

二、中小学的自然语言处理教育

作为人工智能的关键技术之一，以自然语言处理为内容的学习也成为中小学人工智能教育的重要组成部分，一些教材常围绕智能语音的识别、自然语言处理技术的工作原理及应用等主题组织学习内容，我们分别选取华东师范大学出版社的小学版、北京师范大学出版社的初中版、上海教育出版社的高中版人工智能教材，主要从学习目标、内容设计、学习活动、评价设计四个方面进行分析。

(一) 学习目标

根据学习对象的认知水平不同，小学版、初中版、高中版人工智能教材的自然语言处理学习目标存在着明显差异，表4-2对不同教材中自然语言处理相关主题的学习目标进行了比较。从表中可以看出，小学生对于自然语言处理的学习目标主要为了解智能语音软件的应用，以了解智能语音的功能；初中生的学习目标则直击自然语言处理的概念、关键技术、简单应用以及技术伦理；高中生的学习目标更多关注到了自然语言处理的技术原理，如语音识别、语音编码、特征提取、识别模型的知识与技能等。

表4-2　不同教材中自然语言处理主题的学习目标

教材相关主题	学 习 目 标
《人工智能启蒙(小学版)》 第二节　智能语音	了解智能语音软件的应用
《人工智能(初中版)》 第六章　自然语言处理技术	1. 感受自然语言处理技术给人们带来的便利，理解自然语言处理技术的基本概念； 2. 了解自然语言处理的关键技术； 3. 能用自然语言处理技术解决一些简单的应用问题； 4. 探讨自然语言处理技术对社会的影响

续表

教材相关主题	学 习 目 标
《人工智能(高中版)》 项目二　听懂人话的汽车	**任务 1　语音识别** 1. 理解语音识别的概念； 2. 通过调用第三方库实现语音识别； 3. 体会语音识别的应用。 **任务 2　语音编码和特征** 1. 理解语音的本质； 2. 掌握语音编码的四个要素； 3. 理解语音的频率特征。 **任务 3　语音的特征提取** 1. 理解语音的分帧； 2. 掌握特征向量的提取过程； 3. 理解梅尔频率倒谱系数(MFCC)特征。 **任务 4　搭建孤立词语音识别模型** 1. 理解用高斯混合模型(GMM)拟合多个模板的特征向量分布，并获得待识别语音的观测概率； 2. 理解用隐马尔可夫模型(HMM)计算帧与帧之间的转移概率； 3. 利用语音和对齐方式的联合概率实现孤立词识别

(二) 内容安排

如表 4-3 所示，从自然语言处理主题的内容安排来看，小学版教材关注的是智能对话、智能识曲等智能语音的识别、理解与交流的体验；初中版教材则设计学生的学习活动，通过活动讲解翻译、自然语言处理的技术过程；高中版教材从车载语音设备对话导入自然语言处理的关键作用，再通过项目学习和模型搭建让学生深入理解和体验自然语言处理的工作过程。

表 4-3　不同教材中自然语言处理主题的内容设计

教 材 版 本	设计内容的聚焦点
《人工智能启蒙(小学版)》	智能对话、智能识曲
《人工智能(初中版)》	从学习活动入手，讲解机器翻译过程、自然语言处理过程
《人工智能(高中版)》	从与车载语音设备对话入手，解析语音识别背后人工智能技术的秘密。 项目通过傅里叶变换将音频从时域信号转换为频域信号； 通过三角滤波等进行特征提取，得到梅尔频率倒谱系数； 通过 GMM + HMM 等实现语音识别； 通过孤立词语音识别模型的搭建增强学生的体验

(三) 学习活动

在学习智能语音相关内容的过程中，教材注重通过设计学习活动来让学生对抽象的原理和技术过程进行体验、领悟和理解，如微信小程序的方言识别、汉语翻译、声音性别辨别等，如表 4-4 所示。

表 4-4　不同教材中自然语言处理主题的学习活动

教 材 版 本	设计的学生活动
《人工智能启蒙(小学版)》 第二节　智能语音	1. 利用微信小程序“留声”完成声音采集； 2. 在微信小程序“AI 体验栈”中打开“方言识别”，用方言录制文字语音
《人工智能(初中版)》 第六章　自然语言处理技术	1. 利用小飞机器人将汉语翻译成英语； 2. 查阅资料，看看哪些人工智能产品需要自然语言处理技术的支持，简单描述自然语言处理技术在该应用中所起的作用； 3. 将一句话分词； 4. 模拟机器分词
《人工智能(高中版)》 项目二　听懂人话的汽车	学生录制语音，通过声音智能辨别性别

(四) 评价设计

在学习评价方面，小学版教材设计了课后学习活动，通过实践参与促进学生思考；初中版教材让学生进行交流讨论，设计应用方案；高中版教材则引入多种方式对学生学习情况进行评价，具体如表 4-5 所示。

表 4-5　不同教材中自然语言处理主题的评价设计

教 材 版 本	评　　价
《人工智能启蒙(小学版)》 第二节　智能语音	通过课后学习活动让学生参与实践，通过“想一想”促进学生反思
《人工智能(初中版)》 第六章　自然语言处理技术	1. 交流与讨论； 2. 智能语音应用方案设计(机器人门卫助手、校园导引机器人设计方案)
《人工智能(高中版)》 项目二　听懂人话的汽车	自评、学生互评、教师评价学生的学习情况

三、自然语言处理教学案例

自然语言处理模拟的是人的语言交流功能，是人工智能的基础性技术，吸引了一些科技公司致力于该领域的研究与开发，科大讯飞便是其中的典型代表之一。科大讯飞(iFLYTEK)是亚太地区知名的智能语音和人工智能知名企业，作为首批国家四大新一代人工智能开放创新平台之一，科大讯飞一直从事智能语音、自然语言理解等核心技术研究并保持国际前沿技术水平，积极推动人工智能产品和行业应用落地，致力让机器“能听会说，能理解会思考，用人工智能建设美好世界”，开发了以自然语言处理技术为基础的诸多产品，涵盖了语音识别、机器翻译、智能写作、智能客服等多个领域，广泛应用于教育、医疗、办公、车载、智慧城市等多个场景。

科大讯飞的语音识别技术可以将用户的语音转换为文字，支持多种语言；机器翻译可以将一种语言翻译成另一种语言，支持多国语言的翻译；智能写作技术可以根据用户输入的关键词和要求，自动生成文章；智能客服系统可以自动识别用户输入的问题，并根据预设的知识库进行回答。下面以语音识别、机器翻译为例来介绍智能语音技术的典型应用。

(一) 语音识别

语音识别就是把人说的话转为文本的技术，也称为自动语音识别(Automatic Speech Recognition)。讯飞开放平台是以语音交互为核心的技术和开发平台，提供语音听写、转写，以及将即时语音、音视频流转换成文字等服务。

讯飞听见是语音识别技术的典型应用，提供机器快转、实时录音、同传服务。机器快转应用了科大讯飞的智能语音技术，可在 5 分钟之内将用户上传的时长为 1 小时的音频转写成文字，准确率最高可达 98%，支持 9 国语言和 16 个专业领域的效果优化，能对讲话人的角色进行区分，提供对讲话内容进行编辑的智能辅助。实时录音能实时录制声音，并将录音实时转成文字，能一键生成会议纪要，并能根据录音选点快速定位原文内容，能对文中的关键词进行提取，更高效地整理文稿。同传服务提供多语种全场景同传服务，可实现 9 国语言实时翻译，一键导出音频和双语文档，支持网页悬浮字幕、投屏字幕、全屏字幕等呈现形式。

(二) 机器翻译

讯飞翻译机也是自然语言处理技术的典型应用产品，产品功能不断升级迭代，图 4-4 呈现的是 3.0 版和 4.0 版的讯飞翻译机，它们支持的功能如下：

1) 在线翻译

翻译机支持中文与全球主要语言的即时互译和 83 种语言的在线翻译，覆盖近 200 个国家和地区，平均 0.5 秒即可导出翻译结果，中英翻译达到专业水平。

2) 离线翻译

翻译机支持 16 种语言的离线翻译，并搭载了原创的自进化离线翻译引擎，在没有网络或网络信号差的情况下也能快速准确地翻译，翻译水平较高。

3) 行业翻译

翻译机基于行业翻译数据积累和专家知识，支持外贸、旅游、金融、医疗等 16 大领域行业翻译，使得特定领域词汇翻译更准确，表达更专业，可满足用户在跨国外贸、出行旅游、国际金融、境外就医等特定场景的翻译需求。

4) 拍照翻译

翻译机采用领先的图像识别(OCR)技术，支持 32 种语言拍照翻译，能轻松看懂菜单、邮件、方案、产品说明、合同条款等。

5) 方言翻译

翻译机搭载讯飞语音识别框架及深度学习平台，支持不标准的普通话和中文方言翻译，包容多地口音和多国语言，如粤语、东北话、河南话、四川话、山东话等中文方言，藏族、维吾尔族等民族语言，以及不同口音的英语、法语、西班牙语、阿拉伯语等，能做到“听得懂、译得准”。

6) 姿势识别

翻译机通过手持机器的姿态变化检测进行自动收音、识别和翻译，实现“拿起说，放下译”的快速信息传递，操作自然，交流高效。

(a) 3.0 版

(b) 4.0 版

图 4-4 讯飞翻译机

四、主题学习活动：生成式人工智能 AIGC 的应用

(一) 学习主题

生成式人工智能(AI-Generated Content，AIGC)是指具有文本、图片、音频、视频等内容生成能力的模型及相关技术。与专注于特定领域、单一任务的 AlphaGo 围棋不同，大模型技术是利用海量数据和计算资源，训练出具有超强学习能力和泛化能力的人工智能模型，从而实现多领域、多场景、多任务的智能化应用，具有“大规模”和“预训练”属性，因此也更具通用性、实用性。目前，AIGC 大模型技术已经成为人工智能领域的新趋势和新标杆，引领着人工智能的新一轮科技革命和产业变革。

2022 年，以 ChatGPT 为代表的 AIGC 大模型为自然语言处理带来了跨越式发展，成为迅速崛起的人工智能创新领域。作为聊天机器人，ChatGPT 是一种人工智能技术驱动的自然语言处理工具，在提供聊天服务之外，它甚至还能撰写代码、文章、方案、视频脚本，并提供翻译、绘画、摘要等服务。由于训练的数据种类繁多且数据量巨大，因此，ChatGPT 通晓各种信息和知识，能够通过与人类的语言对话来进行学习，不断优化完善。

2023 年是国内生成式人工智能的爆发期，国内涌现出一批语言类 AIGC 大模型训练平台，如科大讯飞的讯飞星火、百度的文心一言、商汤的商量、清华大学的智谱清言、360 的 360 智脑、昆仑万维的天工、阿里的通义千问等。随着时间的推移，参与使用这些应用程序的用户越来越多，训练的数据增长飞快，大模型通过训练后参数不断优化，生成的内容也越来越符合用户的需求，成为人机对话的强大工具。

以讯飞星火为例，作为国内认知大模型的典型代表之一，其拥有跨领域知识和语言理解能力，能够基于自然对话方式理解与执行任务，能够进行多模态交互，如多模理解：用户上传图片，大模型完成识别理解，返回关于图片的准确描述；视觉问答：围绕上传的图片素材，响应用户的问题，完成相应的回答；多模生成：可以根据用户的描述，生成符合期望的合成音频和视频；虚拟人视频：能够根据用户对期望的视频内容的描述，整合 AI 虚拟人，快速生成匹配的视频。

除了语言交互外，AI 绘画平台如雨后春笋般涌现，即能够根据用户对绘画内容的描述，生成绘画作品。例如百度的文心一格、西湖心辰科技公司和西湖大学深度学习实验室共同推出的造梦日记、阿里的通义万相等。

(二) 学习活动

1. 体验百度 AI 开放平台的智能语音

百度 AI 开放平台 AI 能力体验中心提供了众多体验服务，如语音技术、语言理解、语

言生成等。其中，语音技术可提供高度拟人、流畅自然的语音合成服务，如输入一段文字，可以选择风格不同的特色音库进行朗读，并能进行语速和音调的调节。语言理解提供了词法分析、文本纠错、情感倾向分析等体验，以词法分析为例，包含中文分词、词性标注、命名实体识别三大基础功能，如输入一段文本，能标注每个分词的词性，并识别具有特定意义的实体，主要包括人名、地名、机构名、时间日期等。语言生成提供了智能创作、文章标签、文章分类、新闻摘要、祝福语生成、智能春联、智能写诗等体验，其中智能创作由百度智能云一念提供，具有 AI 成片的创意视频，AI 文案的海量创意与智能写作，AI 作画的文字成画，AI 海报的零门槛创造精美海报等功能。

2. 使用百度文心一言

1) 文心一言简介

2023 年 3 月，百度上线了文心一言云服务；8 月底，文心一言面向全社会开放；9 月，百度发布了文心一言插件生态平台“灵境矩阵”，一些新的服务正在相继推出。文心一言是百度全新一代知识增强大语言模型，能够与人对话互动、回答问题、协助创作，高效便捷地帮助人们获取信息、知识和灵感。文心一言的英文名是 ERNIE Bot，其中 ERNIE 是 Enhanced Representation through Knowledge Integration 的缩写，意为通过知识融合增强表征。文心一言基于飞桨深度学习平台和文心知识增强大模型，持续从海量数据和大规模知识中融合学习，具备知识增强、检索增强和对话增强的技术特色。

百度文心一言的应用场景非常广泛，可以帮助企业进行品牌推广和营销活动，帮助媒体进行新闻报道和舆情分析，也可以帮助教育机构进行在线教育和智能辅导。例如：

(1) 品牌推广和营销活动中，可以根据用户的需求，生成吸引人的广告语、标语、口号等，提升品牌形象和影响力。

(2) 新闻报道和舆情分析中，可以根据用户的关键词，生成及时、准确、客观的新闻内容，满足用户的信息需求。

(3) 在线教育和智能辅导中，可以根据用户的学习目标，生成适合用户水平和兴趣的教学内容、习题、答案等，提升用户的学习效果和体验。

2) 熟悉一言百宝箱(行业模板的运用)

一言百宝箱是百度文心一言的一个功能模块，它为用户提供了各种应用场景的指令和提示，帮助用户更好地应用文心一言的大模型能力，获得更多灵感和创意；用户还可以分享与文心一言的对话，供其他用户查看，从而互相学习指令以获得灵感。

以教师职业为例，一言百宝箱提供了众多教育场景中的行为需求，如图 4-5 所示，有课程教学总结、课程设计、中文作文批改、教学实例生成、教学工具推荐、引导提问技巧等。请选择一个工作任务模板，体验其功能，并优化提问、提示，使结果更精准、更符合需求。

图 4-5 百度一言百宝箱教师部分任务

3) 插件的使用

文心一言插件是基于百度大模型能力的应用程序之一，可以帮助用户在各种场景下应用文心一言的语言生成和创意能力，常见的插件有阅览文档、E 言易图、说图解图等。打开插件除了可以输入关键词、任务提示，还可以尝试使用样例或修改样例，以完成智能生成。

(1) 阅览文档：可以根据上传的文档，完成摘要、问答、创作等任务，文档格式可以是 Word、Pdf 等。

(2) E 言易图：可以基于 Apache Echarts 为用户提供数据图形化呈现和图表制作，图表和数据图形化的方式可以是柱状图、折线图、饼图、雷达图、散点图、漏斗图、思维导图、树状图等。

(3) 说图解图：可以上传图片为依据，进行文字创作、回答问题，帮助用户写文案、编故事等。

(三) 学习探究

探究主题：AIGC 的提示语设计

生成式人工智能在不同任务中能否表现出非凡的人机交互能力，使用者能否得到或越来越接近自己需要的结果，一方面依赖于以大规模语言模型(Large Language Models，LLM)为基础的机器学习训练能力，另一方面还取决于使用者和人工智能的对话水平，即提示语的使用。提示语的质量和准确性，直接决定了生成式人工智能所输出结果的品质、有用性和相关性。因此，编写提示语的能力成为人工智能用户的关键技能。在生成式人工智能广泛应用的背景和需求下，提示语凸显重要价值，甚至出现专门的研究领域——提示语工程学，专门的职业——提示语工程师，如美国硅谷独角兽企业——Scale AI 公司，2022 年聘请了古德赛德(Riley Goodside)为“提示语工程师”，开出了相当于百万人民币的年薪。

1. 提示语的含义

提示语(Prompts)也称提示词，指的是使用者和人工智能系统对话时，在对话框中所输入的词语、问题或陈述，用来表达用户的要求、任务、指令、请求，以启动、引导模型完成用户所期望的行为，反馈给用户所需要的结果。如果用户能以更适合人工智能理解的方式给出提示语，它会反馈更契合用户需求的结果。

2. 提示语的设计原则

提示语的设计要遵循如下规则：

(1) 简洁明了。过长的提示语会让大语言模型抓不住要点，甚至不知所措，这要求提示语准确、清晰、简洁，易于理解。

(2) 任务具体明确。过于笼统的提示语，会导致大语言模型无意义的反应，这要求提示语要具体明确，并尽可能用简短的句子描述问题的背景，或创设相关的情境。

(3) 运用自然对话性语言。由于各类平台训练数据的领域和数量有限，过于专业的术语、行话或俚语，会使大语言模型无法正确评估或理解用户所提的问题含义，而出现无法回答或答非所问的情况。

(4) 反馈调整。AIGC 可以向人学习，并不断优化和提高其应答表现，因此，使用者在得到回答后，一方面可以给予评价，如选择“优于或不如前面的回答”、点赞等，另一方面可以调整提示词，以生成更符合需求的响应。

3. 提示语设计的框架

提示语可以采用如下框架，进行初步使用体验，它可以帮助初学者清晰地表达问题和期望，让 AIGC 更好地理解问题，给出合适的回答。

提示语框架："请你作为[角色]，执行[任务]，[要求]，[补充说明]"

角色：指定 AIGC 所扮演的角色。如教师、校长、分管教学的部门负责人、学生等。

任务：明确告知 AIGC 要完成什么任务。如写一篇年度教学工作总结、写一篇开学第一课的讲话稿、做一份关于某主题的 PPT 等。

要求：概述这个任务需要遵守的规则、标准和实现的结果。如写一篇年度教学工作总结任务，可以提的要求包括年度教学工作目标、任务完成情况、取得的成效和存在的不足等方面；为校长写一篇开学第一课的讲话稿，主题为绿色环保校园建设，可以提的要求包括绿色校园建设的意义、我们绿色校园建设的成效和亮点、后续建设的目标、对全校师生的倡议等。

补充说明：提供更多关于任务和要求的详细具体信息。如写一篇年度教学工作总结任务，可以补充说明——采用严谨朴实的语言风格，突出学生中心、产出导向、持续改进的 OBE 理念等；为校长写一篇开学第一课的讲话稿，可以补充说明——讲话内容要具有较高的政治站位，语言风格既有学理探讨，又充满激情等。

当然，随着使用的深入，提示语不局限于上面介绍的框架，网上有很多关于提示语设计模板的介绍，如华南师范大学焦建利教授的微信公众号"教育技术学自留地"中介绍了 ICIO、PREP、CRISPE、APE、六步法等。这些提示词框架步骤如表 4-6 所示。

表 4-6 AIGC 提示语的不同框架

ICIO	PREP	CRISPE	APE	六步法
Instruction：指令 Context： 背景或上下文信息 Input Data： 输入数据，告知模型需要处理的数据 Output Indicator： 输出指示器，告知输出的类型或格式	Provide： 提供清晰和具体的提示语 Reference：参考背景和信息 Encourage：鼓励开放式的回答 Personlise：个性化	Capacity and Role：能力与角色 Insight：背景或上下文信息 Statement：指令 Personality：个性，风格或方式 Experiment：尝试，提供多个答案	Action： 定义要完成的工作、任务和活动 Purpose： 描述意图和目标 Expectation：说明所期望的结果	第一步： 模拟人物 第二步： 写下你的任务 第三步： 概述完成该任务的步骤 第四步： 给出背景和约束 第五步： 明确目标 第六步： 格式化输出

4. 探究任务：运用 AIGC 完成一份教案

运用百度的文心一言平台，完成一份课程的教学设计方案。

教学主题：在所教课程的教材中自选一节课。

探究活动：

(1) 思考并设计教学设计方案的基本框架、教学活动的主要环节；

(2) 选择教师身份，按上述提示语设计框架完成教学方案的提示词输入；

(3) 对生成的内容进行评价，进行提示词调整，对智能生成的内容持续进行训练和优化，直到教案符合基本规范，同时达到你设想的教学设计方案设计目标；

(4) 回顾教案的生成过程，总结提示词的使用过程和经验得失，同时思考 AIGC 的优点和不足；

(5) 提交教学设计方案一份，并附上 AIGC 的使用体验总结。

(四) 拓展阅读

1. 基于神经网络的语音识别系统

2011 年，基于深度神经网络-隐马尔可夫模型(Deep Neural Network-Hidden Markov Model，DNN-HMM)的声学模型在多种语言、任务的语音识别任务中取得了比传统 GMM-HMM(Gaussian mixture model-Hidden Markov Model)声学模型更好的效果。之后，循环神经网络以其更强的长时建模能力，替代 DNN 成为语音识别主流的建模方案。

2016 年，我国科学家提出了一种全新的语音识别框架——全序列卷积神经网络(Deep Fully Convolutional Neural Network，DFCNN)。

DFCNN 先对时域的语音信号进行傅里叶变换，得到语音的语谱图，然后直接将语谱图作为输入，输出单元则直接与最终的识别结果(比如音节或者汉字)相对应。DFCNN 把时间和频率作为图像的两个维度，通过较多的卷积层和池化层(pooling)的组合，实现对整句语音的建模。首先，在输入端，传统语音识别系统的提取特征方式是在傅里叶变换后，用各种类型人工设计的滤波器，如对数梅尔滤波器组，造成在语音信号频域尤其是高频区域的信息损失比较明显。另外，传统语音特征采用非常大的帧移来降低运算量，导致时域上的信息会有损失，当说话人语速较快的时候，这个问题表现得更为突出。而 DFCNN 将语谱图作为输入，避免了频域和时域两个维度的信息损失，具有天然的优势。

其次，从模型结构上看，为了增强卷积神经网络的表达能力，DFCNN 借鉴了图像识别中表现最好的网络配置。

与此同时，为了保证 DFCNN 可以表达语音的长时相关性，通过卷积池化层的累积，DFCNN 能看到足够长的历史和未来信息。有了这两点，DFCNN 在稳健性上表现出色。

最后，从输出端来看，DFCNN 比较灵活，可以方便地和其他建模方式相融合，如和连接时序分类模型(Connectionist Temporal Classification，CTC)方案结合，实现了整个模型端到端的声学模型。

2. 听音辨罪犯

声纹识别(Voiceprint Recognize)是一项根据语音波形中反映说话人生理和行为特征的语音参数，自动识别说话人身份的技术。它通过将说话者语音和数据库中登记的声纹作比较，对用户进行身份校验和鉴别，从而确定该说话人是否为本人或是否为集群中的某个人。通常，我们只需输入说话者的语音，依靠独特的声纹便可准确地予以鉴别。声纹识别在电话信道中的表现更突出，是目前唯一可用于远程控制的非接触式生物识别技术。

声纹鉴别是一对多的过程，即判断该段语音是若干人中的哪一个人说的，可以实时监控说话人的身份。同时也可以设置多候选，输出相似度最高的前几位，提升识别效果。这一技术比较适用于技术侦查、监听等领域。

基于诈骗录音比对的诈骗电话预警技术主要是通过事先建立的诈骗录音库，通过音频比对技术，与通话语音进行比对，识别海量通话语音中的群呼诈骗录音[115]。该技术主要针对的是非人工的一线诈骗录音识别。一方面，针对一线诈骗录音的识别依赖于事先建立的诈骗录音库，诈骗分子一旦更换录音，该技术将无法有效识别，从而造成大量的“漏网之鱼”。另一方面，该技术路线虽然可能拦截大量的诈骗录音，但是对于人工发起的点对点诈骗电话无能为力，无法降低电话诈骗类案件的发案数、案损金额。

此外，这两条技术路线缺少系统的自学习能力，成长性较差，诈骗分子一旦改变作案手段、作案号码或者重新制作一线诈骗录音等，系统都将无法及时、有效地对这些诈骗电话进行识别和预警。

专题五
认知与推理及教育

学习导图

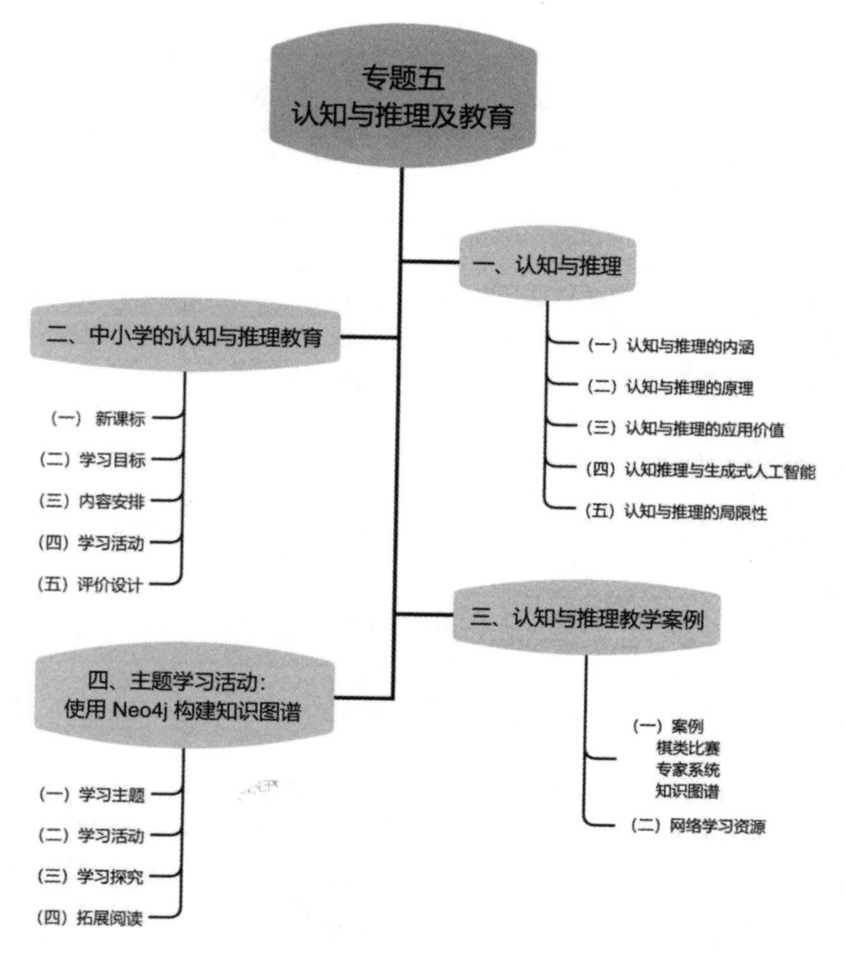

人工智能的推理过程，不仅仅是一种算法的推演，更是对世界的深刻理解。

——马文·明斯基(Marvin Minsky，人工智能之父)

人工智能的重要目标之一就是像人一样进行认知和推理。对于人类而言，认知是他们获取知识、应用知识的过程，可以看作是心理过程和信息处理过程的结合。认知包括感觉的输入、信息的解释和存储、信息在大脑中的回忆和再利用。推理是认知过程中的重要环节之一，是在已有知识基础上对新信息进行理解和推断，得到新知识的过程。

一、认知与推理

对认知与推理的理解，可以从内涵、原理、应用价值，以及局限性等方面深入进行。

(一) 认知与推理的内涵

在人工智能领域，认知与推理是核心技术之一，主要的研究方向有知识表示、推理和问题解决、规划等。知识表示的目的是让机器存储相应的知识，并且能够按照某种规则推理演绎得到新的知识。早期的推理是直接模仿人类的逻辑推理方式，面对不确定或不完整信息时，需要运用概率进行推理，而面对天文数量级的数据时，最有效的算法成为推理研究的关键。规划意味着智能代理必须能够确定目标和实现这些目标，并在结果不确定的状态下进行推理，改变计划并达成目标。知识库中能否包含各种物理和社会知识，特别是在我们这个世界和社会中最基本的、能举一反三的常识，成为认知和推理的瓶颈和关键。

认知与推理主要是对人类认知过程的模拟，它将思维作为研究核心。理论上来说，认知与推理和所有的多元智能均有关联，因为每种多元智能都离不开认知、判断、决策、行动和发展，而这些都需要用到认知和推理。但目前认知和推理技术主要还聚焦于逻辑判断、数学运算等方面，与其他人类智能相比还有很大的差距。目前的认知与推理的典型代表之一是专家系统，是对认知的某些方面进行模拟，如知识表示、推理和问题解决、人工智能规划等。

1. 知识表示

人类一般是用自然语言描述来表达知识的。知识表示是研发智能专家系统时需要解决的首要问题，若要让计算机表达知识，就必须将知识转换成计算机能理解的形式，也就是要用某种约定的(外部)形式结构来表示知识，这种形式结构能让机器利用知识进行推理、学习和解决问题。

人工智能领域的知识表示通常涉及两个方面：知识表示方法和知识表示语言。知识表示方法是将人类知识转化为机器可以理解的形式的技术和方法，常见方法包括命题逻辑、一阶谓词逻辑表示法、产生式规则、框架表示法、语义网络表示法、神经网络知识表示法等。不同的知识表示方法具有不同的特点，也适合于不同的应用场景。

知识表示语言是用来描述和表示知识的语言，是一种形式化语言，可以用来描述知识的结构、属性和关系等。常见的知识表示语言包括KIF(Knowledge Interchange Format，知识交换形式)、OWL(Web Ontology Language，万维网本体语言)、RDF(Resource Description Framework，资源描述框架)等。这些语言提供了丰富的语义和语法结构，可以表达复杂的知识和概念。

在人工智能领域，知识表示的研究和应用已经取得了显著的进展。例如，在智能问答系统中，通过知识表示和推理技术，可以实现自然语言的问答；在智能推荐系统中，可以利用用户的历史数据和知识表示方法进行个性化推荐；在自动驾驶系统中，可以利用知识表示和推理技术实现车辆的自主导航和决策；在教育领域，人工神经网络的应用大多与教学专家系统相结合，以提高专家系统的智能性，解决各种复杂的现实问题[116]。合适的知识表示方法对智能专家系统的研发具有重要的意义，也会对教育产生深远的影响。

2. 推理和问题解决

人工智能领域的推理和问题解决是通过机器来模拟人类的逻辑思维和推理能力，以解决复杂问题或进行决策的过程。推理和问题解决的关系密切，推理为问题解决提供推断和预测的工具，问题解决则为推理提供了应用场景和目标。

推理的核心是建立一个推理引擎，以现有知识为基础，根据一定的逻辑规则或方法，自动推导出新的结论或判断。推理引擎一般包括知识库、推理机、用户接口三部分，分别承担着存储领域的知识和规则、实现推理过程、完成用户与系统的交互的任务。推理可分为确定性推理和不确定性推理。确定性推理是指推理所用的知识都是精确的，推出的结论也是精确的，例如逻辑推理和数学证明等；不确定性推理是指推理所用的知识存在不确定性，推出的结论也存在不确定性，例如概率推理和模糊推理等。

问题解决是针对遇到或给定的问题，运用各种算法和技术，使机器能自主解决问题的过程，主要涉及问题表示、搜索和行动计划等方面。问题表示是指将问题转化为机器可以理解的形式，包括问题定义和建模，即明确问题的目标和约束条件，将问题转化为计算机可以处理的数学模型或逻辑模型，以便进行推理和计算；搜索是在问题空间中寻找解的过程，即根据问题的特点和要求，设计合适的算法或技术来解决问题，其中算法包括搜索算法、优化算法、机器学习算法等；行动计划是指根据搜索结果制定解决问题的方案，主要包括算法实现和结果评估，即将设计的算法或技术编写为计算机程序，以便计算机执行并解决问题，再对算法的执行结果进行评估和分析，判断其是否满足问题的要求和目标。

在人工智能领域，推理和问题解决的研究已经取得了显著的进展。例如，在定理证明方面，机器定理证明已经成功应用于数学领域中的许多难题；在自然语言处理方面，基于知识图谱的语义推理已经广泛应用于智能问答系统和推荐系统等；在计算机视觉方面，可以通过图像识别、目标跟踪等技术来解决图像处理的问题；在机器人技术方面，可以通过路径规划、控制算法等技术来解决机器人运动的问题等。相信随着人工智能技术的不断发展，推理和问题解决的研究和应用也将不断深入。

3. 人工智能规划

人工智能规划是人工智能认知和推理的重要研究方向之一，其主要思想是：对周围环境进行认识与分析，根据预定实现的目标，对若干可供选择的动作及其所提供的资源限制和相关约束进行推理，综合制定出实现目标的动作序列。该动作序列即称为一个规划。人工智能规划可以帮助机器人更好、更快、更精准地完成任务，被广泛应用于工厂的车间作业调度和质量控制、现代物流管理的物资运输调度、智能机器人的动作和路径规划，以及航天器的轨迹规划、任务分配等领域。

以机器人为例，需要进行如下的人工智能规划：

(1) 感知与控制。机器人需要通过传感器感知环境的状态，并根据这些状态信息来控制自己的动作。人工智能规划算法可以帮助机器人更好地感知和控制环境，提高机器人的自主性和灵活性。

(2) 路径规划。当机器人需要在复杂的环境中移动时，可以通过人工智能规划算法来寻找最优的路径。这些算法可以考虑到机器人的运动约束、环境障碍等因素，生成安全、高效的路径。

(3) 任务分配。当多个机器人需要协同完成任务时，可以通过人工智能规划算法来分配任务。这些算法可以考虑到机器人的能力、任务的重要性等因素，生成最优的任务分配方案。

(4) 决策制定。当机器人需要在复杂的情况下做出决策时，可以通过人工智能规划算法来制定最优的决策方案。这些算法可以考虑到机器人的目标、环境的状态等因素，生成最优的决策方案。

(5) 学习与适应。人工智能规划算法可以帮助机器人学习新的技能和知识，并根据环境的变化来适应新的情况。

总之，人工智能规划在机器人技术中的应用可以帮助机器人更好地完成任务、提高效率和准确性，从而为人类的生产和生活带来更多的便利和效益。

(二) 认知与推理的原理

与人类的认知与推理过程类似，人工智能的认知与推理步骤如图 5-1 所示。

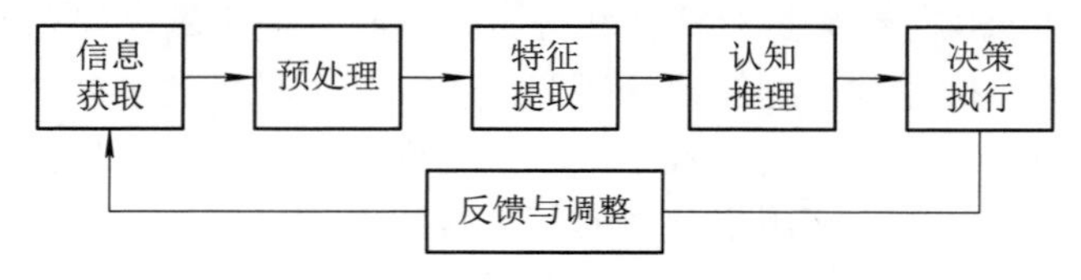

图 5-1　认知与推理的步骤

(1) 信息获取：计算机通过传感器或人工输入的方式来收集关于某个情景的事实和信息。这些信息可以是文本、图像、声音等各种形式的数据。

(2) 预处理：对收集到的信息进行预处理，包括清洗、去噪、标准化等操作，以便计算机进行后续的认知和推理。

(3) 特征提取：从预处理后的信息中提取出关键的特征或属性，以便计算机进行认知和推理。这些特征可以是文本中的关键词或图像中的边缘、颜色等。

(4) 认知推理：根据一定的算法和模型，对提取出的特征进行分析、比较、归纳等操作。这些算法和模型可以是基于规则的、基于统计的、基于神经网络的等。

(5) 决策执行：根据认知和推理的结果，计算机可以做出决策并执行相应的动作。这些动作可以是输出文本、控制机器人、推荐商品等。

(6) 反馈与调整：计算机在执行动作后，可以获得反馈信息，并根据这些信息进行调整和优化，以提高认知和推理的准确性和效率。

总的来说，人工智能的认知与推理循环迭代、不断优化，以实现更高水平的智能判断与决策。

(三) 认知与推理的应用价值

在人工智能中应用认知与推理技术，可以提高工作效率、准确性，拓展认知范畴，创新应用和优化决策等。

(1) 提高效率。人工智能的认知与推理技术可以帮助企业和组织自动化、智能化地处理大量数据，减少人力和时间成本，提高工作效率。例如，运用了认知和推理的自然语言处理技术，可以自动翻译、归类、筛选大量文本数据，帮助企业快速获取有价值的信息。

(2) 提高准确性。人工智能的认知与推理技术可以通过机器学习和数据分析等方法，避免人为错误和主观因素的影响，提高决策和判断的准确性。例如，医疗诊断中的人工智能技术可以辅助医生识别和分析病情，减少误诊和漏诊的情况。

(3) 拓展认知范畴。人工智能的认知与推理技术可以处理和分析大量的数据和信息，从而拓展人类的认知范畴。例如，利用自然语言处理技术可以更好地理解和分析语言结构、语义关系等信息，深入探究人类语言的本质和规律。

(4) 创新应用。人工智能的认知与推理技术可以与其他技术相结合，产生新的应用价值。例如，人工智能与物联网技术的结合可以实现智能家居、智能城市等创新应用，提高人们的生活质量和便捷性。

(5) 优化决策。人工智能的认知与推理技术可以通过数据分析和预测等方法，帮助企业和组织做出更科学、更合理的决策。例如，金融领域的人工智能技术可以通过分析市场数据和趋势，帮助企业制定更准确的投资策略和风险控制方案。

（四）认知推理与生成式人工智能

认知是生成式人工智能的基础。生成式人工智能通过对大量数据进行分析和学习，来更好地理解世界的规律。在这个过程中，认知起着至关重要的作用，因为只有通过对世界的感知和理解，生成式人工智能才能生成有意义的数据。

推理是生成式人工智能的核心。在生成式人工智能中，推理分为前向推理和后向推理。前向推理是从已知的输入数据出发，通过模型的计算，得到新的输出数据的过程。在这个过程中，生成式人工智能会根据已有的模型和数据，自动进行计算和推导，从而生成新的数据。后向推理是从已知的输出数据出发，反推出输入数据的过程。在这个过程中，生成式人工智能会根据已有的模型和数据，反向计算和推导，从而得到输入数据的概率分布或者特征表示。后向推理可以用于优化模型参数、生成对抗网络等。

（五）认知与推理的局限性

随着人工智能技术的不断发展，认知与推理在一些方面展现出远超人类的能力。例如，AlphaGo Zero 能够通过自我对弈、强化学习，轻而易举地战胜具有最高水平的人类棋手。IBM 的 Watson 计算机早在 2011 年就在问答游戏节目 Jeopardy 中击败了两位世界冠军；在 2019 年的世界人工智能大会上，一款名为“智辩”的人工智能系统参与了“人工智能能否超越人类智能”的主题辩论，该系统不仅能够理解人类的语言和逻辑，还能够根据大量的数据和信息进行智能分析和推理，提出有说服力的观点。虽然“智辩”人工智能系统在辩论中存在一些语言和逻辑上的不足，但其表现仍然令人印象深刻。与此类似的还有清华大学计算机系开发的“清辩”人工智能辩论系统，不但能与人类辩手进行实时辩论，还能根据人类辩手的观点和逻辑进行智能分析和推理，提出有针对性的反驳和观点。这些应用和案例充分展示了人工智能在认知与推理方面的过人能力。

然而，我们生活中的人工智能并不是完美无瑕的，还需要不断地完善，甚至绝大多数无法通过“图灵测试”。例如，当我们使用智能手机上的语言助手时，若我们提问的方式没有完全按照设定的方式或不在其认知范围之内，语言助手往往无法正常地做出反馈。当我们使用各类具有人工智能的图像识别软件时，例如拍照识花软件，如果我们拍摄的不是花，而是人像，软件也会无法判断，甚至会给出离谱的答案。这些有趣的现象反映出人工智能的局限性。同时，大量应用场景告诉我们，并不是只有通过图灵测试的人工智能才有价值。其实，人工智能即使不够完美，也可以不断地融入人类生活与学习之中。

下面以专家系统为例[117]来说明认知与推理的局限性。专家系统是以知识库和推理机为中心而开展工作的，知识库是专家系统的核心组成部分，它包含了大量的专业知识和经验，以及解决问题的方法和策略。从知识类型来看，人类知识除了语言知识和世界知识之外，还包括常识知识、认知知识、行业知识等类型丰富的知识，这些知识都对自然语言处理等认知能力具有重要意义，但这些知识在表示学习、自动获取和计算应用问题方面都面临着挑战。

以常识知识为例，它是指普通人应预知的知识，其内涵和外延并没有明确定义，因此哪些是常识以及如何表示这些常识尚无统一的标准。常识知识的特点非常明显，就是在语言交流中默认双方共同具备这些知识，也因此被称为常识(common sense)。正因为是双方默认具备的知识，常识一般不会被显性提及和说明，这就为常识知识的自动获取带来巨大的挑战。

认知知识是指人类对这个世界的主观认知形成的知识。如果说世界知识包含的是这个世界的客观知识，如现实世界中实体之间存在的复杂关系等，那么认知知识体现为人类对这个世界的主观认知。隐喻(metaphor)是人类认知的集中体现，人们经常会将“时间”比喻成“金钱”“流水”等，有“时间就是金钱”“似水流年”的说法。在客观世界中，时间、金钱、流水等并无客观上的关联关系，但在人类认知中，会认为“时间”和“金钱”都有宝贵的价值，“时间”和“流水”都会流逝，从而形成这些比喻和联想。如何实现对这些主观认知知识的自动获取与显式表示，甚至模拟人类认知机制创造出新的认知知识(如建立不同概念之间的隐喻)，对自然语言的理解和生成均有重要意义。

金融、医疗、法律、教育等专业领域还有大量行业知识，均以自然语言作为主要的信息记录与传递的载体，因此文本也包含丰富的行业知识。如何对这些领域的专业知识进行自动获取与表示计算，对领域专业文本的理解与生成至关重要。

人类知识还不止于此，如果把基于常识等知识的推理规则也作为一种知识，那么我们还需要构建关于知识的知识，即元知识，以及人类对不同对象的主观情感与感受的情感知识等。这些知识互相关联，形成人类对世界和自身的整体认知，是真正实现可解释人工智能的知识基础。因此，未来需要进一步拓展知识图谱所包含的知识类型。

二、中小学的认知与推理教育

在中小学人工智能教育中，认知与推理成为要学习的显性主题与内容之一，在新课标以及一些人工智能教材中均有体现。

(一) 新课标

《义务教育信息科技课程标准(2022 年版)》以数据、算法、信息处理、人工智能等为逻辑主线设计内容模块、组织课程内容。

课程标准的第三学段(5—6 年级)有“身边的算法”“过程与控制”两个模块，算法是推理的基础，过程与控制是推理的应用。“身边的算法”模块的内容要求提到：借助学习与生活中的实例，体验身边的算法，理解算法是通过明确的、可执行的操作步骤描述的问题求解方案，能用自然语言、流程图等方式描述算法；针对简单问题，尝试设计求解算法，并通过程序进行验证等。

“过程与控制”模块的内容要求提到：通过分析具体案例，了解反馈是过程与控制中的重要手段，初步了解反馈对系统优化的作用；通过分析典型应用场景，了解计算机可用于实现过程和控制，能在实验系统中通过编程等手段验证过程与控制系统的设计等。

课程标准的第四学段(7—9 年级)在“人工智能与智慧社会”模块中有六项内容要求，与体现认知与推理相关的学习内容有：

通过分析典型的人工智能应用场景，了解人工智能的基本特征及所依赖的数据、算法和算力三大技术基础；

通过对比不同的人工智能应用场景，初步了解人工智能中的搜索、推理、预测和机器学习等不同实现方式；

通过分析典型案例，对比计算机传统方法和人工智能方法处理同类问题的效果。

以上这些内容要求，都是对人工智能的认知与推理主题进行学习的相关规定，在标准“人工智能与智慧社会”模块的教学提示中提到：可以通过对常见人工智能应用的分类和分析，引导学生发现其中存在的不同实现方式，认识各种实现方式的计算过程，了解其适用的场景。同时，给出的案例提示如下：现实生活中判断某个人能否守时，通常是回忆此人以往的守时情况，并做出大致推断。这种利用经验来估算的方法称为经验法，是人类使用较为广泛的方法。如果是人工智能，它将根据相关的历史数据，如历次约定的日期、具体地点、交通工具、道路的拥堵情况等，进行数据建模，做出此人能否守时的预测，这是一种典型的机器学习过程。师生可以针对这一案例，深入开展讨论，对比传统方法和人工智能方法处理同类问题的效果。

另外，在课程标准的第四学段(7—9 年级)中还安排了实现跨学科主题——互联智能设计。以“人工智能预测出行”跨学科主题为例，标准指出：人工智能正在对人们的学习、生活与工作，特别是解决问题的思维方式产生深刻影响。学生可以从感兴趣的问题出发设计活动，如预测在不同天气条件下，同伴会选择何种交通工具来到学校；采用多种方式收集多组数据，建构多维度数据集，初步运用人工智能方式对同伴出行的交通工具进行预测。这个主题综合运用了信息科技、数学、物理、化学、生物学等知识，贴近学生生活，并能迁移到其他相似的应用场景。

以上这些内容要求都体现了对学生学习人工智能的认知与推理相关主题与内容的要求，对于基础教育学段的学生而言，通过类比人们生活中的认知、推理活动，能让他们理解人工智能中认知与推理的基本原理、应用、价值、局限性，并思考人工智能与人类的关系，从而适应未来生活。

(二) 学习目标

1. 不同教材中的学习目标

我们仍以北京师范大学出版社、华东师范大学出版社、上海教育出版社出版的人工智能教材为例，分析认知与推理主题的相关学习目标，如表 5-1 所示。

表 5-1　教材认知与推理相关主题的学习目标

教材版本		学习目标
北京师范大学出版社	《人工智能(小学版)(上册)》	第三章　智能学伴 能描述问答系统、语音测评、机器翻译的实现方法
	《人工智能(初中版)》	第二章　大数据技术 熟悉大数据技术的工作流程 会用大数据技术解决一些简单的实际问题
华东师范大学出版社	《人工智能启蒙(小学版)》	第一章　智能的启蒙 第五节　智能的判定 知道判断机器是否具有真正的智能的方法 第二章　智能的探秘 第四节　智能核心——算法 理解算法是解决问题、实现目标的方法
	《人工智能应用(初中版)》	第四章　创设人工智能——设计馆 第二节　智能预测 理解基于数据的预测模型的测试与应用
	《人工智能设计(高中版)》	第六章　会预测的人工智能 学会进行简单的数据挖掘，预测未来趋势 第八章　会创造的人工智能 理解人工智能绘画的原理和实现
上海教育出版社	《人工智能(小学版)》	模块 2　智能背后 认识会说话的数据、神奇的算法
	《人工智能(初中版)》	第二章　理解人工智能 第四节　“想”——让机器像人类一样思考 能区别实体、属性和关系 学会梳理事物信息图谱 初步学会运用知识图谱
	《人工智能(高中版)》	项目一　出行路径早知道 理解路径规划的含义、图的数据结构 掌握无权值图和无权值图上的路径规划

2. 美国 K-12 分级学习目标

美国人工智能促进协会的《K-12 人工智能教学指南》[97]将表示与推理列为五大概念之一，提出智能代理(Intelligent Agent)能够通过特定的逻辑和模型表示现实世界，并用它们进行推理。表示是自然智能和人工智能的基本问题之一，计算机使用数据结构来构建表示，这些表示可辅助推理算法。

表示与推理主题下的具体应用包括自动驾驶汽车的路线规划、网络搜索、智能下棋的最佳路线推理等，其主要概念与分级学习目标如下所述：

(1) 主要概念包括表示的类型、推理算法的类型、支持推理的表示、算法操纵表示、算法系统及其功能、一般推理算法的局限。

(2) 针对中小学不同学段的学生，其分级学习目标如表 5-2 所示。

表 5-2 “表示与推理”主题下 K-12 分级学习目标

学　段	课 程 目 标
K—2 学段	构建物体的模型并将模型与实体进行比较；使用决策树进行决策
3—5 学段	使用结构树设计一个(动物)分类系统的表示；描述 AI 的表示如何支持推理来回答问题
6—8 学段	设计一个图来表示自己居住的社区和家的位置，并应用推理来判定图中到达关键位置的最短距离；使用结构树设计一个(动物)分类系统的表示
9—12 学段	为井字棋绘制搜索树；描述不同类型搜索算法的差异

(三) 内容安排

在不同版本的教材中，认知与推理相关主题的内容设计的内容焦点也不同，北师大版教材更多关注认知与推理技术在不同领域中的应用，只有简单的拓展介绍，并未对技术本身进行深入探讨；华东师大版教材更关注认知与推理技术本身，并以图灵测试为经典案例贯穿中小学不同学段，具体如表 5-3 所示。

表 5-3 内容设计焦点比较

教 材 版 本		内容设计的焦点
北京师范大学出版社	《人工智能(小学版)》	人工智能在教师阅卷、医疗设备、物流系统、工厂生产中的应用
	《人工智能(初中版)》	人工智能在智能制造、智能教育、智能安防、智能医疗、智能物流中的应用
华东师范大学出版社	《人工智能启蒙(小学版)》	人工智能与人类智能的比较 分辨人工智能和人类作品 图灵测试

续表

教材版本		内容设计的焦点
华东师范大学出版社	《人工智能应用(初中版)》	图灵测试 智能测评系统
	《人工智能设计(高中版)》	图灵测试与验证码
上海教育出版社	《人工智能(小学版)》	算法 问题求解
	《人工智能(初中版)》	机器大脑及运用 知识图谱
	《人工智能(高中版)》	路径规划、最短路径 地图构建、搜索方式

(四) 学习活动

学生的学习活动是学生中心教学理念的体现，技术的知识学习必须通过学习活动进行体验、理解、深化，所以学习活动的设计一直是不同版本教材中的重点。表 5-4 对不同版本教材中认知与推理相关主题的学习活动进行了梳理。

表 5-4　认知与推理主题的学习活动设计

教材版本		设计的学生学习活动
北京师范大学出版社	《人工智能(小学版)》	以分模块活动介绍场景，在最后设置“小调查”，根据思维导图查阅资料，找身边的人工智能应用
	《人工智能(初中版)》	实现专家系统的困难点有哪些
华东师范大学出版社	《人工智能启蒙(小学版)》	思考： 1. 人工智能在围棋和德州扑克游戏中战胜人类顶级选手，除此之外，你觉得人工智能将来还能在哪些方面战胜人类？ 2. 人工智能可以成为游戏高手，你觉得人工智能会不会自己设计游戏呢？ 分辨哪首诗/画是机器做的。 会下棋的人工智能。 会打扑克牌的人工智能

续表

教材版本		设计的学生学习活动
华东师范大学出版社	《人工智能应用(初中版)》	思考： 图灵测试是判断计算机是否具备智能的一种方式，但是，并非所有智能都需要通过图灵测试，你认为计算机具备智能需要具备哪些条件？设计一个评判标准。 思考：智能测评系统的方便与缺陷
上海教育出版社	《人工智能(小学版)》	猜画小游戏背后的算法 怎样找到去熊猫馆的捷径
	《人工智能(初中版)》	多种学习活动的形式： 体验与思考(神奇的“读心”术、会“长大”的地图)、学习与讨论(机器大脑如何构成)、课堂小讨论(机器大脑能够不断成长吗？)、课堂实战演练(让机器更懂你)、拓展与练习(知识图谱)
	《人工智能(高中版)》	针对什么是路径规划、图的数据结构、无权值图和无权值图上的路径规划这四个任务设计实践体验、拓展活动

(五) 评价设计

不同版本的教材都设计了认知与推理学习评价设计，如表 5-5 所示。

表 5-5　认知与推理主题的评价活动比较

教材版本		学习评价活动
北京师范大学出版社	《人工智能(小学版)》	第一章与生活相联系，让学生对人工智能有初步的认识
	《人工智能(初中版)》	查阅两种在不同行业中应用的人工智能产品的资料
华东师范大学出版社	《人工智能启蒙(小学版)》	试介绍你了解的人工智能的应用 生活中你还看见过哪些人工智能产品
	《人工智能应用(初中版)》	采用问答形式的学习评价活动
上海教育出版社	《人工智能(小学版)》	社会大冲浪：垃圾分类规则 对所学内容进行自我测评
	《人工智能(初中版)》	实战演练：绘制事物关系网络图 练习：网上评论“真”与“假” 提供了以学习目标为标准的学习评价表
	《人工智能(高中版)》	针对最短路径规划的两个问题，设计了知识与技能自评、他评表

三、认知与推理教学案例

(一) 案例

图灵测试是认知与推理的最典型的案例，其他的典型案例还有棋类比赛、专家系统、知识图谱等。

1. 棋类比赛

1) 深蓝国际象棋

1963 年，国际象棋大师兼教练大卫·布龙斯坦质疑计算机的创造性能力，于是与计算机进行对决，在先让一个字的条件下开始比赛。但当比赛进行到一半时，计算机就把布龙斯坦的一半棋子都吃掉了。

1996 年，超级计算机“深蓝”首次挑战国际象棋世界冠军卡斯帕罗夫，但以 2∶4 落败。“深蓝”是并行计算的基于 RS/6000SP 的计算机系统，搭载了 480 个特别制造的 VLSI 象棋芯片。下棋程式以 C 语言编写，运行于 AIX 操作系统。之后，研究小组把“深蓝”加以改良，1997 年版本的“深蓝”配备了最新的芯片，运算速度为每秒 2 亿步棋，是 1996 年版本的 2 倍，可搜寻及估计随后的 12 步棋，而一名人类象棋高手大约可估计随后的 10 步棋。美国国际象棋冠军也加盟研制小组，运用他们的棋艺知识，调整机器的计算函数，提高它的“思维”效率和弈棋水平。此外，小组还给程序提供了一百多年来优秀棋手对弈的两百多万盘棋局资料，让其进行了学习，并根据卡斯帕罗夫的下棋风格和战略进行程序改编，使程序具有了非常强的进攻能力。1997 年 5 月 11 日，“深蓝”在正常时限的比赛中首次击败了等级分排名世界第一的棋手卡斯帕罗夫，标志着在国际象棋的推理方面，人工智能已超过人类智能。

2) AlphaGo

AlphaGo 的主要工作原理是“深度学习”，在围棋能力方面，AlphaGo 已经超过人类职业围棋顶尖水平。2017 年 5 月 27 日，在柯洁与 AlphaGo 围棋的人机大战之后，AlphaGo 围棋团队宣布 AlphaGo 围棋将不再参加围棋比赛。2017 年 10 月 18 日，DeepMind 团队公布了最强版 AlphaGo 围棋机器人——AlphaGo Zero。

AlphaGo Zero 与前几版 AlphaGo 相比较，具有如下的新特征[118]：

(1) 神经网络权值完全随机初始化。AlphaGo Zero 不利用任何人类专家的经验或数据，随机初始化神经网络的权值进行策略选择，随后使用深度强化学习进行自我博弈和提升。

(2) 不需要先验知识。AlphaGo Zero 不再需要人工设计特征，而是仅利用棋盘上的黑白棋子的摆放情况作为原始数据输入到神经网络中，以此得到结果。

(3) 神经网络结构复杂性降低。AlphaGo Zero 将原先两个结构独立的策略网络和价值网络合为一体，合并成一个神经网络。在该神经网络中，从输入层到中间层的权重是完全共享的，最后的输出阶段分成了策略函数输出和价值函数输出。

(4) 舍弃快速走子网络。AlphaGo Zero 不再使用快速走子网络替换随机模拟，而是完全将神经网络得到的结果替换为随机模拟，从而在提升学习速率的同时增强神经网络估值的准确性。

(5) 神经网络引入残差结构。AlphaGo Zero 的神经网络采用基于残差网络结构的模块进行搭建，用更深的神经网络进行特征表征提取，从而在更加复杂的棋盘局面中进行学习。

(6) 硬件资源需求更少。以前评分最高的 AlphaGo Fan 需要 1920 块 CPU 和 280 块 GPU 才能完成执行任务，AlphaGo Lee 则减少到 176 块 GPU 和 48 块 TPU，而 AlphaGo Zero 只需要单机 4 块 TPU 便可完成。

(7) 学习时间更短。AlphaGo Zero 仅用 3 天的时间便达到 AlphaGo Lee 的水平，21 天后达到 AlphaGo Master 水平，棋力提升快速。

2. 专家系统[119]

专家系统是人工智能认知与推理的主要研究领域之一。专家系统利用计算机化的知识进行自动推理，从而模仿领域专家解决问题，如医疗专家系统、工程专家系统、教育专家系统等。

专家系统是以知识为基础，以推理为核心的系统，它可以表示为：专家系统＝知识库＋推理机。专家系统是一个计算软件系统，具有专家级的知识，能模拟人类解决问题，能解释怎样得出结论。

教育专家系统的典型案例是智能助教“吉尔·沃森”(Jill Watson)，它是由佐治亚理工学院的计算机科学教授阿肖克·戈埃尔于 2016 年开发的聊天机器人。戈埃尔教授的课堂上除了有线下学生，还有更多来自世界各地的在线学生，学生提出的问题每个学期多达上万个，这远远超出了戈埃尔教授和他的教研团队所能处理的范围。于是，戈埃尔教授开发了“吉尔·沃森”，希望通过这个机器人来帮助减轻人类助教的负担。他用上传的四千多个问题和答案训练智能助教，让智能助教处理日常有标准答案的问题，以及给学生下发作业和发布上交作业的截止日期等信息。

“吉尔·沃森”在 2016 年春季班上岗，经过大半个学期，学生们都没有注意到回答他们问题的“吉尔·沃森”原来是人工智能机器。当然，人工智能助教的作用是有限的，戈埃尔表示，没有一个人工智能专家相信他们能够在短期内创造出一个实体化的教师。

3. 知识图谱

知识图谱是一种基于图模型的知识表示方式，用来描述真实世界中概念、实体以及它们之间的语义关系，使得机器可以更好地理解和解释现实世界。知识图谱的发展可以追溯到 20 世纪 70 年代，当时被广泛应用的是专家系统。2012 年，Google 知识图谱的发布，使得知识图谱在业界得到了广泛的关注和应用，成为各类结构化知识库的统称。知识图谱可以帮助我们组织和理解大量知识，并通过推理和查询的方式进行知识的获取和应用，被广泛运用于搜索引擎、问答系统、智能对话系统及个性化推荐等知识驱动的任务。

知识图谱的构成要素包括实体、关系和属性。

(1) 实体(Entity)。实体也称本体(Ontology)，是知识图谱中最基本的元素，指的是具有可区别性且可相互区别的事物，可以是具体的人、事、物，也可以是抽象的概念或联系。客观世界的每个事物都是知识图谱中的一个个实体，如图 5-2 所示[120]，每个椭圆表示一个实体，如人工智能、图灵、深度学习、知识图谱、语义网等。

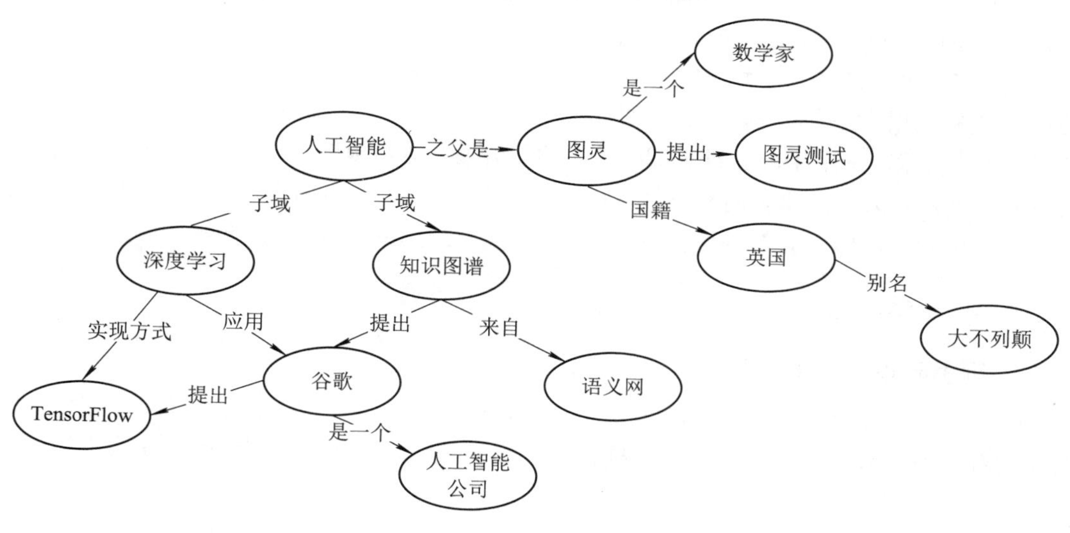

图 5-2　知识图谱举例

(2) 关系(Relationship)。在知识图谱中，关系用来表示不同实体间的某种联系。关系描述了实体之间的连接和相互作用，可以是有方向的或无方向的。在图 5-2 中，每个箭头线条及其描述词呈现了两个实体之间的关系，例如人工智能与图灵两个实体之间，图灵被称为人工智能之父，或者说人工智能之父是图灵，两者是创造与被创造的关系。知识图谱可以通过构建巨大的事物关系网络，找到事物的关联特征，从而推断出结论。

(3) 属性(Property)。知识图谱中的实体和关系都有各自的属性。属性描述了实体或关系的特征、性质或其他相关信息。在图 5-2 中，对于图灵而言，数学家、英国、图灵测试、人工智能之父都可以认为是图灵所具有的属性，还有其他属性未在图中列出，例如毕业于剑桥大学等。知识图谱主要通过分析事物的属性特征来认识客观世界的事物，找到实体间的特征信息或关系信息，形成基于关系的语义网络，从而构建人工智能“认识、理解”客观世界的知识库。

为了高效地储存与利用结构化知识，人们结合专家手工标注与计算机自动标注等方式，面向开放领域和垂直领域构建了各种大规模知识图谱，如百度百科、Zhishi.me(中文、多领域)、WikiData(知识众包型知识库)、WordNet(普林斯顿大学开发)、ConceptNet(MIT 开发)等。

知识图谱被广泛应用于社会生活的各个领域。在知识存储方面，有企查查、启信宝、IT 桔子等；在数据校验方面，有淘宝商品一致性校验等；在专家系统方面，有 IBM Watson 临床系统等；在客服机器人方面，有阿里“小蜜”、阿里“小蚂答”等；在语义搜索方面，有百度、必应、神马搜索等；在智能推荐方面，有百度、神马搜索、今日头条、淘宝等；在私人助理方面，有 Cortana、Siri、度秘等。

很多问答平台都引入了知识图谱，例如华盛顿大学的 Paralex 系统和苹果的智能语音助手 Siri，都能够为用户提供回答、介绍等服务；亚马逊收购的自然语言助手 Evi，使用了 Nuance 的语音识别技术，采用 True Knowledge 引擎进行开发，也可提供类似 Siri 的服务；百度公司研发的小度机器人、天津聚问网络技术服务中心开发的大型在线问答系统 OASK 等，能够为门户、企业、媒体、教育等各类网站提供良好的交互式问答解决方案等。

(二) 网络学习资源

1. 阿里云知识图谱开放平台

阿里云知识图谱开放平台由阿里云 dataGraph 团队与藏经阁团队联合打造，为知识图谱开发者、使用者和生态应用开发者提供了一款全流程、轻量化构建和运营知识图谱的综合系统。

2. 知乎

知乎是一个中文问答社区，有很多关于知识图谱的专业问题和回答，用户可以在这里学习交流。

3. Go 社区

Go 社区的知识图谱是一个开源的中文知识图谱项目，用户可以在这里学习知识图谱的构建和应用知识。

四、主题学习活动：使用 Neo4j 构建知识图谱

(一) 学习主题

主题：使用 Neo4j 构建专业知识图谱。

通过主题学习活动应达到以下目标：

(1) 了解知识图谱的基本概念和构成元素；
(2) 掌握知识图谱的创建、编辑和查询技术；
(3) 理解知识图谱在专业领域中的应用。

(二) 学习活动

选择一个或多个与自己专业相关的主题，例如语文中的名著导读、数学中数的类型、英语中的构词法、生物学中的细胞结构、计算机科学中的数据结构和算法、经济学中的宏观经济指标等。

根据所选主题，查阅所选主题的基础资料，初步梳理出相关的实体、关系、属性。

学习和熟悉 Neo4j 的操作(Neo4j 提供了一套强大的图查询语言和图形数据库)。

小贴士：Neo4j 操作指南

1. Neo4j 的安装

(1) 配置环境。进入 Java 官网配置 JDK，根据电脑型号选择合适的安装包。

(2) 进入 Neo4j 官网，下载“community”，根据电脑的型号选择“Linux”/“Windows”/“Mac”等安装包。

(3) 配置 Neo4j 和 JDK 的环境变量，步骤为：在“我的电脑”中点击“属性”，选择“高级”，再点击“环境变量”按钮，如图 5-3 所示。选择“Path”变量，点击“编辑”按钮，即可编辑环境变量。如图 5-4 所示，新建 Java 和 Neo4j 的 bin 文件位置。

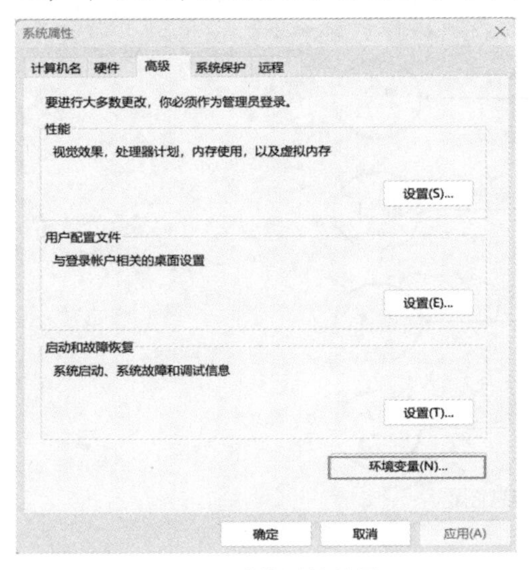

图 5-3　系统属性设置

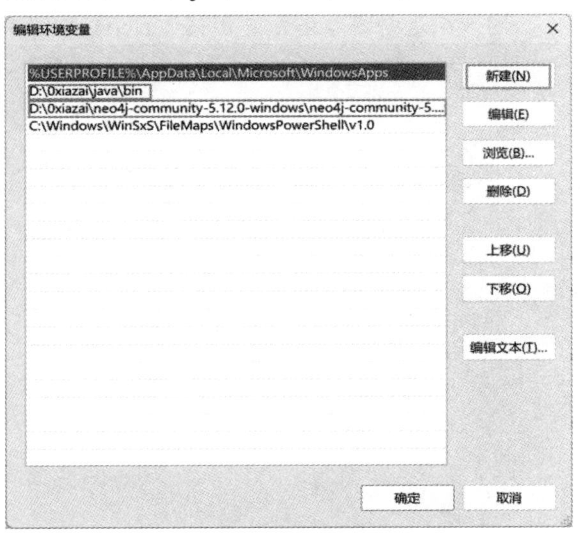

图 5-4　编辑环境变量

(4) 在命令行程序 CMD 中启动“neo4j.bat console”，如图 5-5 所示。获取 Neo4j 运行网址，此处为“http://localhost:7474/”。进入网址后输入账号密码，两者皆为 neo4j。

```
命令提示符 - neo4j.bat conso

Microsoft Windows [版本 10.0.22621.2134]
(c) Microsoft Corporation。保留所有权利。

C:\Users\lenovo>neo4j.bat console
Directories in use:
home:         D:\0xiazai\neo4j-community-5.12.0-windows\neo4j-community-5.12.0
config:       D:\0xiazai\neo4j-community-5.12.0-windows\neo4j-community-5.12.0\conf
logs:         D:\0xiazai\neo4j-community-5.12.0-windows\neo4j-community-5.12.0\logs
plugins:      D:\0xiazai\neo4j-community-5.12.0-windows\neo4j-community-5.12.0\plugins
import:       D:\0xiazai\neo4j-community-5.12.0-windows\neo4j-community-5.12.0\import
data:         D:\0xiazai\neo4j-community-5.12.0-windows\neo4j-community-5.12.0\data
certificates: D:\0xiazai\neo4j-community-5.12.0-windows\neo4j-community-5.12.0\certificates
licenses:     D:\0xiazai\neo4j-community-5.12.0-windows\neo4j-community-5.12.0\licenses
run:          D:\0xiazai\neo4j-community-5.12.0-windows\neo4j-community-5.12.0\run
Starting Neo4j.
WARNING! You are using an unsupported Java runtime.
* Please use Oracle(R) Java(TM) 17, OpenJDK(TM) 17 to run Neo4j.
* Please see https://neo4j.com/docs/ for Neo4j installation instructions.
2023-10-04 15:04:01.790+0000 INFO  Logging config in use: File 'D:\0xiazai\neo4j-community-5.12.0-windows\neo4j-communit
y-5.12.0\conf\user-logs.xml'
2023-10-04 15:04:01.801+0000 INFO  Starting...
2023-10-04 15:04:02.869+0000 INFO  This instance is ServerId{a515f228} (a515f228-05db-4a80-8de9-512451c3ceb1)
2023-10-04 15:04:03.611+0000 INFO  ======== Neo4j 5.12.0 ========
2023-10-04 15:04:06.381+0000 INFO  Bolt enabled on localhost:7687.
2023-10-04 15:04:07.110+0000 INFO  HTTP enabled on localhost:7474.
2023-10-04 15:04:07.111+0000 INFO  Remote interface available at http://localhost:7474/
2023-10-04 15:04:07.116+0000 INFO  id: 4CF3BFBACAFD856CE46FB42A06C811F33ECE13FF45191E37805E1A05E03C2A0B
2023-10-04 15:04:07.116+0000 INFO  name: system
2023-10-04 15:04:07.117+0000 INFO  creationDate: 2023-10-04T14:50:51.041Z
2023-10-04 15:04:07.117+0000 INFO  Started.
```

图 5-5 运行 Neo4j 获取网址

2. Neo4j 中数据库的操作

图 5-6 是中国各省信息图谱，Neo4j 中数据库的各项操作步骤如下。

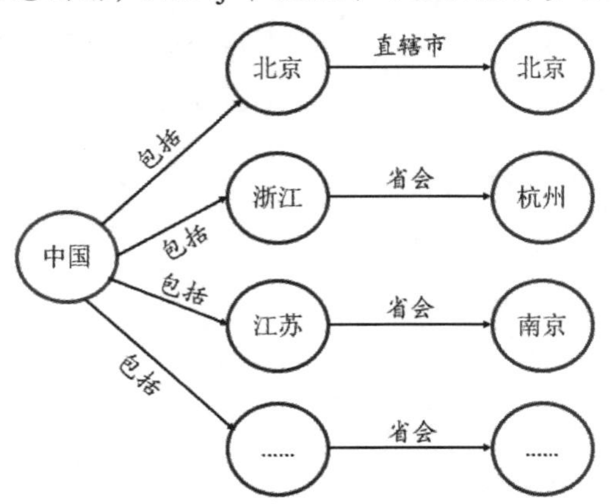

图 5-6 中国各省信息图谱

(1) 增。

增加一个节点：

```
create (n:Province {name:'江苏'})
```

创建新的节点并创建关系：

```
create (n: Province {name:"江苏"})-[:省会]->(b:City{name:"南京"})
```

创建已知节点、创建关系，并设置属性：

```
match (n: Province),(m:sheng)
create (m)-[r:包括]->(n)
return m,n,r
```

(2) 删。

```
create (n:Province {name:'zj'})
match (n:Province {name:"zj"}) delete n
```

删除关系：

```
match (n:Province {name:"浙江"})-[f:省会]->(p:City{name:"杭州"})
delete f
```

(3) 改。

加上标签：

```
match(n:Province) where id(n)=18 set n:Province return n
```

加上属性：

```
match (n:Province) where id(n)=18 set n.面积=10.4 平方公里  return n
```

修改属性：

```
match (n:Province) where id(n)=18 set n.人口=6577 万  return n
```

(4) 查。

```
match (n:Province)-[:省会]->(p:City)return p,n
```

(5) 清空。

快速清空数据库：

```
MATCH(n)
DETACH DELETE n
```

注：每行命令输入完成后，按 Enter 键结束本行操作。

更多有关 Neo4j 软件的使用，可以参考视频“7 小时完全自学知识抽取 + Neo4j 数据库”。关于数据调整，可参考知乎专栏“Neo4j 图数据库”。

(三) 学习探究

选择一个专业主题或中小学课程中的主题，利用所学知识创建一个知识图谱。

1. 任务要求

结合自身专业学习绘制一个知识图谱，要求如下：

(1) 绘制一个包含4个以上概念(或类型)的模式图(或本体)，要求至少有3条边；

(2) 绘制一个包含15个以上节点的知识图谱(需要包含实体、概念、属性、关系)。

2. 作业展示与评价

作业展示：每组学生在课堂上展示他们的作业，其中包括他们的研究方法、数据来源、图谱构建过程以及查询结果，其他学生和教师可以提问和评论。

反馈与改进：由教师和学生对作业进行评价与反馈，帮助学生改进他们的工作，教师也可以提供一些更高级的技巧和方法，供学生参考。

3. 作业评价标准

知识理解：学生能否理解知识图谱的基本概念和构成元素？能否解释其在专业领域的应用？

实践技能：学生能否有效地收集和处理数据？能否编写代码来创建、编辑和查询知识图谱？是否能熟练地使用 Neo4j 的 API 进行操作？

作业质量：学生的作业是否完整、准确、清晰？是否能有效地展示他们的研究成果？

团队协作：学生能否有效地与团队成员合作，共同完成作业？能否接受并利用他人的反馈来改进自己的工作？

创新思维：学生能否从新的角度思考问题并提出新的解决方案？

(四) 拓展阅读

(1) 刘知远，韩旭，孙茂松. 知识图谱与深度学习[M]. 北京：清华大学出版社，2020.

(2) 刘宇，赵宏宇，刘书斌，等. 智能搜索和推荐系统：原理、算法与应用. 北京：机械工业出版社，2021.

专题六

机器人及教育

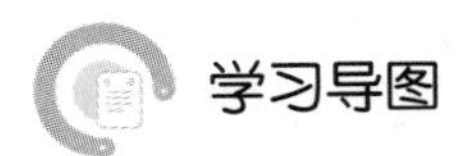

学习导图

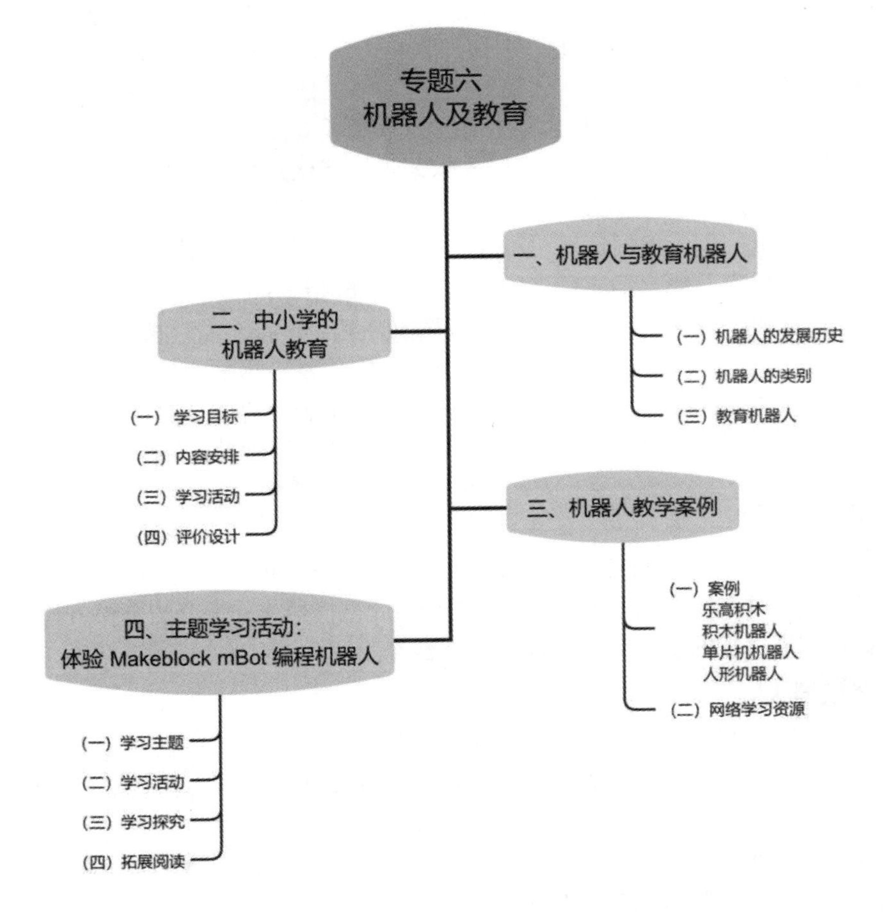

机器人不仅仅是一种工具，更是一种新的生产方式和生活方式的代表。

——茅以升(中国工程院院士，著名桥梁专家)

近十年来，机器人正潜移默化地改变着我们所处的世界，它们越来越多地融入我们的生活和工作中，如工业机器人、送餐机器人、物流机器人、教育机器人、导购机器人、足球机器人等。

一、机器人与教育机器人

广义上的机器人是指一切模拟人类和其他生物的机械，如机器狗、机器猫等。狭义上的机器人是指用电脑程序控制，能模拟人类行为，甚至可以承担一些人类工作任务的机器，如工业机器人、扫地机器人等。由于机器人可以不知疲倦地进行重复性劳动(如工业焊接、组装等)，或在一些人类受限的空间(如外太空、深海、人体内血管等)中工作，或代替人类在一些危险的环境(如灾害地区、辐射空间等)中工作，甚至能够在外貌、行为、认知上模仿人类，因此机器人一直是人工智能研究的重要领域。

随着人工智能技术的发展，现代机器人越来越智能化，可以将其定义为一种由计算机控制的可编程的自动机械电子装置。机器人一般具有如下特征：

(1) 通过计算机控制，根据计算机程序来执行操作，从而完成任务；

(2) 具有感知能力，能感知环境、识别对象、理解指令；

(3) 具有记忆和学习功能，以及情感和逻辑判断思维，能自身完成进化。

机器人学是一门专门研究机器人设计、组装、运作及应用技术的学科。机器人系统由控制机器人的计算机系统、传感器系统以及信息处理系统等组成。目前，机器人领域发展非常迅速，人们已开发出用于家庭、工业、军事以及教育等领域的各种机器人。

(一) 机器人的发展历史

进入21世纪后，机器人获得了突飞猛进的发展，在梳理机器人技术的发展历程时，人们常常会追溯到古人对于自动机器的发明与执着，由此把机器人的发展史分成古代机器人、示教再现机器人、带感觉的机器人、智能机器人四个阶段。

1. 古代机器人

公元前14世纪到公元19世纪，能工巧匠们采用机械、水流、蒸汽等技术，实现了计时、娱乐、辨方向等多样的古代机器人，如巴比伦人的漏壶计时器、古希腊希罗的气转球、春秋时期鲁班的木制飞鸟、东汉张衡的指南车和计里鼓车、西汉时期会跳舞的木机器人、三国时期诸葛亮的木牛流马、18世纪法国天才技师发明的机器鸭、瑞士钟表匠杰克·道罗斯父子发明的自动书写玩偶和自动演奏玩偶等。

2. 示教再现机器人

示教再现机器人也称工业机器人。1954 年，美国发明家德沃尔(George Devol)最早提出了工业机器人的概念，并申请了一种用于工业生产的专利——“重复性作用的机器人”(机械手臂)。该专利的关键是借助伺服技术控制机器人的关节，利用人手对机器人进行动作示教，让机器人能实现动作的记录和再现，这成为现代汽车等工业装配生产线上工业机器人的前身。

1959 年，美国发明家英格伯格(Joseph Engelberger)和德沃尔联手制造出了第一台工业机器人，随后成立了世界上第一家机器人制造公司——Unimation 公司。Unimate 机器人于 1961 年被安装在通用汽车公司的生产线上，这一阶段的机器人具有记忆、存储能力，能够按相应程序模拟人类的运动功能，进行简单的搬运、安装等工作，但对周围环境基本没有感知与反馈控制能力，只能按事先教给它们的动作程序而不断重复动作，不能适应环境变化，若需要变化则要重新编程。

3. 带感觉的机器人

带感觉的机器人配备了相应的感觉传感器，具有了某些类似人类感觉的功能，如视觉、听觉、触觉等，此类机器人能够通过传感器获取作业环境、操作对象的简单信息，然后由计算机对获得的信息进行分析、处理，从而灵活调整自身的工作状态，以完成不同环境下的任务。如有触觉的机械脚可轻松自如地踢足球、走楼梯，具有嗅觉的机器人能分辨出不同饮料和酒类。由于带感觉的机器人能随着环境的变化而改变自己的行为，因此其也被称为自适应机器人。

1965 年，美国约翰·霍普金斯大学应用物理实验室研制出的 Beast 机器人能根据环境信息，通过声呐系统、光电管等装置校正自己的位置，这标志着带感觉机器人的兴起。自此开始，全球掀起了机器人的研究热潮，美国麻省理工学院、斯坦福大学、日本早稻田大学等陆续成立了机器人实验室，机器人技术得到了快速发展。

20 世纪 60 年代以后，机器人研究取得了一些令人瞩目的进展。1968 年，美国斯坦福研究所成功研发了机器人 Shakey，它带有视觉传感器，能根据人的指令发现并抓取积木；1969 年，日本早稻田大学加藤一郎实验室研发出第一台以双脚走路的机器人；1978 年，美国 Unimation 公司推出了通用工业机器人 PUMA，这标志着工业机器人技术已经完全成熟；1984 年，英格伯格推出了机器人 Helpmate，其能在医院里为病人送饭、送药、送邮件等；1998 年，丹麦乐高公司推出机器人(Mind-storms)套件，让机器人制造变得跟搭积木一样，相对简单又能任意拼装，使机器人开始走入个人生活；1999 年，日本索尼公司推出犬型机器人爱宝(AIBO)，自此娱乐机器人成功进入普通家庭，成为娱乐工具之一；2002 年，美国 iRobot 公司推出了吸尘器机器人 Roomba，它能避障行进，自动驶向充电座充电，成为商业化家用机器人的典范之一。

4. 智能机器人

21 世纪初至今，人工智能、机器学习、深度学习等飞速发展，使得机器人具有了更好的环境感知、识别理解，以及判断推理、规划决策等能力，能根据作业要求与环境信息自主行动，实现预定的目标，即此时的智能机器人具有了典型的自主性，如波士顿动力公司的 Spot 机器人和特斯拉公司的 Optimus 机器人。Spot 机器人是一种四足机器人，被设计用来在各种复杂的环境下工作，如建筑工地、灾难现场等，这种机器人可以通过传感器感知周围的环境，并通过计算机控制实现不同的动作，从而完成各种任务。Optimus 机器人则是一种更为先进的智能机器人，被设计用来完成各种复杂的任务，如制造、医疗保健等。这种机器人可以通过人工智能和机器学习技术来感知和理解周围的环境，并通过计算机控制实现不同的动作，从而完成各种任务。

生成式人工智能的出现为机器人技术的发展提供更多的助力。基于生成式人工智能的机器人具有更加强大的感知、认知和决策能力。一方面，运用生成式人工智能的自然语言处理技术，可以使机器人更好地理解和生成人类语言，从而更有效地与人类进行交互和沟通；另一方面，应用生成式人工智能的深度学习和推理决策技术，可以使机器人完成更为复杂的任务，从而应用在更广泛的领域。

总之，机器人的发展历史是一个不断进化、不断创新的过程。随着人工智能技术的进步，未来的机器人将具有更高级的智能，不仅能够进行复杂的推理和决策，还具备一定的学习、思考能力，甚至有可能产生情感，从而更好地服务于人类社会。

（二）机器人的类别

机器人的种类多样，根据不同标准有多种分类方法，除了前面描述的按智能程度进行分类，还有从仿生类别、应用场景等角度对机器人进行的分类。

1. 根据仿生类别分类

从仿生类别角度，机器人可以分为外形仿生机器人和行为仿生机器人。外形仿生机器人不仅需要外观类似生物，还需要拥有可以和活体交互的特点，以便更好地实现仿生机器人的功能。这种机器人可以用来完成报警、家庭管理和行为评估等工作。行为仿生机器人根据生物的行为原理，采用特殊的行为模型，以便与外界环境进行互动。与传统机器人相比，行为仿生机器人具有更完善的行为模式，如智能机器人、交互机器人和家用机器人等。

机器人的仿生原理是对人类某些方面和功能的模拟，有对躯体构型的仿生，如模仿人体、四足动物躯体构造的双足仿人机器人，四足机器狗等；有对体表外形的仿生，如模仿鱼类体表流线型轮廓的机器鱼等；有对人体微观结构的仿生，如模仿人体皮肤、肌肉微观结构的人造皮肤、人造肌肉等；有对感知器官的仿生，如模仿人眼的机器人双目视觉系统等；有对神经系统的仿生，如模仿人体大脑、小脑神经系统的人工神经网络、中枢模式发生器(Central Pattern Generator，CPG)等；有对生物运动功能的仿生，如模仿蛇类蜿蜒前行运动方式的仿蛇机器人等；还有对生物群体行为的仿生，如模仿蜜蜂、蚂蚁、鸟群、鱼群等群体协作行为的机器人、足球队等。

总之，机器人的仿生原理多种多样，可以从生物体的结构、功能、工作原理和行为等多个方面进行学习和模仿。这些仿生机器人在各个领域都有着广泛的应用前景。

下面以仿人机器人(即人形机器人)和仿狗机器人(即机器狗)为例，分别介绍其发展历史和现状。

1) 仿人机器人

日本早稻田大学是较早研究仿人机器人的机构之一。1973 年，加藤一郎研发出世界上第一个人形机器人 WABOT-1，如图 6-1 所示。该机器人由肢体控制系统、视觉系统和对话系统组成，会说日语，能抓握重物，可通过视觉和听觉感应器感受环境，这对于当时的技术发展来说已是很大的突破，但这种机器人的行动能力只相当于一岁半的婴儿，每走一步需要 45 秒。1980 年，早稻田大学研制出了 WABOT-2，它能够与人沟通，阅读乐谱并演奏电子琴。仿人机器人的诞生满足了许多人对机器人的最初想象，也为未来机器人的设计和开发奠定了基础。

图 6-1　WABOT-1 机器人

日本本田公司紧跟 WABOT 的步伐，于 1986 年开始了对人形机器人的研究，目标是要创造出一个能在家中像人类一样活动的机器人，服务千家万户。经过系列迭代，机器人 ASIMO(Advanced Step in Innovative Mobility)于 1997 年诞生，2000 年推出的首款 ASIMO 1 号是全球最早具备双足行走能力的机器人。2011 年诞生的第三代 AISMO 高 130 厘米、重 48 千克，行走速度最快可达 9 千米/小时，除能够行走和进行各种类似人类肢体的动作外，还能够依据人类的声音、手势等指令执行相应的动作，而且具备基本的记忆与辨识能力。

新一代的 ASIMO 发现周围有障碍时，会通过头部的视觉传感器自动判断并躲避绕行。ASIMO 可以通过头部视觉传感器、手腕部位新增加的腕力传感器等检测人的动作，也可以交接物品或配合人的动作而握手，同时朝着手被牵引的方向迈步，还可以和人类踢足球，为人们沏茶倒水，甚至和老人一起打太极拳等，动作能与人相配合。

本田公司研发的 ASIMO 系列人形机器人如图 6-2 所示。

图 6-2　本田公司研发的 ASIMO 系列人形机器人

可惜的是，2018 年 6 月，本田公司宣布停止了 ASIMO 的研发，表示今后将把 ASIMO 中的高平衡性及控制运动技术应用于其他研发领域，如防摔性能的摩托车，以及具备护理功能的可装配型机器人。

随着人工智能技术的发展，人形机器人逐渐拥有了和人类一样灵活的四肢和身体平衡，还拥有了强大的计算机视觉技术、自然语言处理技术、神经网络技术等。如图 6-3 所示，2021 年 8 月，特斯拉开发了一款人形机器人，名字为 TeslaBot，其身高约为 172 厘米，重约 56.7 千克，目标是替代人类去执行那些危险、重复、枯燥的任务，特别是“做家务”，让人类可以把精力投入到更具创造性的工作上。2022 年 11 月，TeslaBot 机器人亮相中国上海第五届进口博览会，它带有一张面部屏幕，身材匀称，能以约 3.1 千米/小时的速度移动，采用了特斯拉的超算芯片、FSD 算法、基于视觉的神经网络技术等，具备自动标签、学习训练、安全保护等功能，可以完成行走、下蹲、上下楼梯，搬运重约半吨的物体，以及抓取轻薄物体、操作机械等高精度动作。

如图 6-4 所示，Walker X 人形机器人由中国优必选公司开发，与波士顿动力的 Atlas 一起入围“全球值得期待的五大人形机器人”，也是全球第一款可商业化落地的大型仿人服务机器人。它高 1.30 米、重 63 千克，综合运用了柔顺力控、全身运动规划、视觉感知、全链路语音交互等前沿技术，搭载了高性能伺服关节以及多维力觉、多目立体视觉、全向听觉和惯性、测距等全方位的感知系统，实现了平稳快速的行走和精准安全的交互，不但能够上下楼梯、操控家电，还能端茶倒水、给人按摩、陪人下棋等。

图 6-3 特斯拉机器人 TeslaBot

图 6-4 中国优必选的 Walker X 机器人

2) 机器狗

波士顿动力(Boston Dynamics)公司最初诞生于 MIT 的实验室，创始人是雷伯特(Marc Raibert)，该公司专注于研发生产机器人和机器人软件，以其类似狗的四足机器人而闻名。1992 年，公司独立，基于先进的动力学和控制技术开发的机器狗和机器人使其迅速成长为知名的机器人公司。2013 年至 2020 年，公司相继被 Alphabet、软银(SoftBank)、现代公司(HYUNDAI)收购，产品商业化的趋势愈发明显。

如图 6-5 所示，波士顿动力公司研发了多种机器人，分别具有不同的特征和功能。同时，机器人的导航能力、突破障碍能力、保持平衡能力、目标识别能力以及自我恢复能力都在不断升级。下面以机器狗为例进行简单介绍。

BigDog(大狗机器人)是一款体型庞大、利用“汽油机”提供动力的机器人，早期由 DARPA 资助研发，也是最早离开实验室进入实际应用的腿式机器人。

AlphaDog(阿尔法狗，LS3)是一款由 BigDog 改进而来的机器人，能在炎热、寒冷、潮湿和肮脏的环境中运行，主要用于军事化作业。

Cheetah(猎豹)是一款速度达到了 29 千米/小时的机器人，2013 年打破纪录，达到了 45.5 千米/小时。

Spot(斑点狗)是一款专为室内和室外操作而设计的四足机器人，后升级成 SpotMini(小型斑点狗)、SpotMini(+ARM)。Spot 机器狗会跳舞、拉货车等，在 Space X 火箭爆炸现场、核电站、变电站、切尔诺贝利现场都可以看到它的身影，甚至还有人将其作为宠物狗在户外运行。

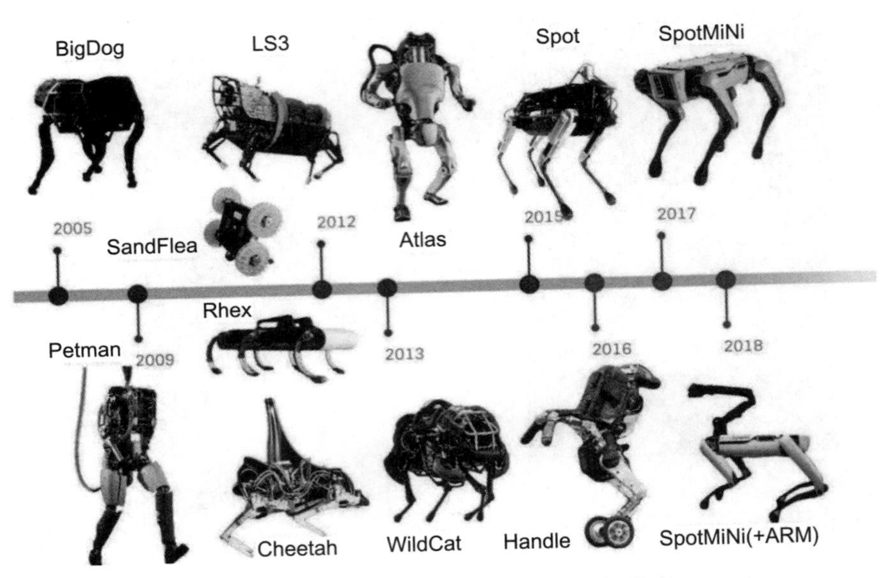

图 6-5 波士顿动力公司开发的系列机器人

此外，波士顿动力研发的类人双足机器人 Atlas，能进行空翻、360 度大转体等炫酷的动作；搬运机器人 Handle，有两条灵活的腿在轮子上，速度能达到 14 千米/小时，可以搬起重物移动等，也都非常让人惊艳。

2. 根据应用场景划分

机器人的应用场景十分广泛，以下是一些应用的典型场景及案例。

1) 工业制造

机器人在制造业中被广泛应用，可以进行装配、焊接、涂装、搬运等工作，提高生产效率和质量。例如，在汽车制造中，机器人可以完成车身焊接、涂装等工序，提高生产效率和质量。

2) 物流仓储

机器人可以自动化地完成仓库内货物的搬运、分拣、装箱等工作，提高物流效率。例如，中国菜鸟网络公司的智能仓储机器人，运用先进的导航系统和机械臂技术，可以自动化地完成仓库内货物的搬运、分拣、装箱等工作，提高物流效率。

3) 农业领域

机器人可以用于农业领域的种植、施肥、喷药、收割等工作，提高农业生产效率和质量。例如，农业机器人和无人机可以自动化地进行种子播种、作物收割、农药喷洒等作业，减轻农民的劳动强度，提高农业生产效率和质量。

4) 医疗保健

机器人可以用于手术、康复、护理等医疗保健领域，减少人为操作的风险和误差。例如，手术机器人可以通过精细的机械臂操作，辅助医生进行手术，减少手术风险和误差。

5) 家庭服务

机器人可以用于家庭服务领域，如清洁、烹饪、护理等，提高生活质量和便利性。例如，家庭清洁机器人可以自动化地进行家庭清洁工作，减轻家庭成员的劳动强度，提高生活质量和便利性。

6) 教育科研

机器人可以用于教育和科研领域，如教学助手、实验室助手等，提高教学效果和科研成果。例如，教育机器人可以通过人工智能和教学辅助软件等技术，提供问题回答，呈现学习内容，智能化评测等，辅助教师进行教学工作，提高教学效果。

7) 军事领域

军用机器人可以分为地面军用机器人、海洋军用机器人和空中军用机器人。地面军用机器人主要用于扫雷、侦察和攻击等任务；海洋军用机器人主要用于水下侦察、救援和攻击等任务；空中军用机器人主要用于侦察、攻击和通信等任务。例如，无人机可以在空中进行侦察和攻击任务，提高军事作战效率。

8) 探索领域

机器人可以用于太空探索和深海探测等任务。太空机器人可以帮助人类进行星球探测和资源开发等任务；深海机器人可以帮助人类进行海底资源勘探和水下考古等任务。例如，中国的“蛟龙号”深海载人潜水器可以通过机械臂和传感器等技术，在海底进行资源勘探和水下考古等工作；“嫦娥五号”月球探测器可以进行月球表面探测和资源开发等多种任务，为人类探索太空提供重要支持。

9) 娱乐领域

机器人可以用于娱乐领域，如机器人表演、机器人游戏和机器人宠物等。机器人表演可以为观众带来全新的视觉体验；机器人游戏可以为玩家带来全新的游戏体验；机器人宠物可以为人们带来陪伴和娱乐。例如，中国优必选机器人可以进行多种表演和互动活动；日本的“Pepper”机器人可以作为家庭宠物，与家庭成员进行互动和交流。

10) 环保领域

机器人可以用于环保领域，进行垃圾分类、污水处理和空气监测等任务。垃圾分类机器人可以通过图像识别和机械臂操作，自动对垃圾进行分类；污水处理机器人可以在污水管道中检测和清理，提高污水处理的效率和质量；空气监测机器人可以实时监测空气中的污染物浓度，为环保部门提供数据支持。例如，中国的“小黄狗”、德国的“Bigbelly”垃圾分类机器人可以通过图像识别和机械臂操作，自动对垃圾进行分类和压缩。

此外，机器人还可以被用于灾害救援场景，如搜救类机器人能在大型灾难后，进入人进入不了的废墟中，用红外线扫描废墟中的景象，把信息传送给在外面的搜救人员等。

机器人的应用场景多种多样，为人类的生活和工作带来了便利。

(三) 教育机器人

教育机器人主要是指通过机器人来教授知识，提高学生的信息技术能力和创新能力的机器人，如将机器人作为教学工具，帮助学生学习机器人和控制知识，学习编程、数学、物理、语言等知识，同时，具有趣味性和互动性的教育机器人可以激发学生的学习兴趣和能力。教育机器人的发展历史可以追溯到 20 世纪 80 年代，当时一些研究机构和大学开始研究如何将机器人技术应用于教育领域。1999 年，美国 iRobot 公司推出了第一款商用教育机器人 Roomba，它可以自动巡逻且避开障碍物，同时还能够教授学生学习基本的编程和机器人控制知识。随着计算机和人工智能技术的不断发展，教育机器人发展迅速，目前的教育机器人已经应用于家庭和幼儿园、小学、中学、大学等各个阶段的教育。

教育机器人的工作原理主要包括感知、决策和执行三个环节。机器人通过传感器等感知设备获取环境信息，然后通过算法和模型进行决策，最后通过执行器完成相应的动作。如上海未来伙伴机器人有限公司旗下的能力风暴 Ablilix 教育机器人，这是一款针对 6～18 岁青少年的教育机器人，具有多种传感器和执行器以及开放性的编程平台，学生可以通过编程控制机器人的行动，实现避障、寻迹、遥控等多种规划和运动功能；采用语音识别技术，能够识别多种语言并进行语音回答；通过内置的触摸传感器，能够识别不同的物体和表面，并进行相应的反应。这些人工智能技术的采用、体验，旨在让学习者了解机器人的工作原理，培养学生的逻辑思维、动手能力和创造力。

在机器人编程教育方面，我们以中国优必选的 Jimu 机器人、大疆的 RoboMaster 机器人为例，对教育机器人的功能和特征进行比较，如表 6-1 所示。

表 6-1 编程教育机器人的特征和功能比较

项目	优必选 Jimu 机器人	大疆 RoboMaster 机器人
实物		
目标受众	主要针对儿童和青少年	主要针对青少年和成人
功能	多种传感器和执行器、编程控制、动作模拟	多种传感器和执行器、编程控制、自动导航、射击游戏
编程平台	mBlock 5	RoboMaster S1
编程语言	Scratch、Python 等	C++、Java、Python 等
外观设计	模块化、多样化	机甲造型、科技感
应用场景	STEM 教育、娱乐、家庭互动	STEM 教育、娱乐、商业展示
移动方式	多种移动方式(如车轮、履带)	步行、旋转、射击动作

二、中小学的机器人教育

随着人工智能时代的到来，机器人教育在中小学教育中的实践与应用越来越多，成为中小学生了解人工智能、机器人以及编程教育、STEAM 教育的主流之一，有的学校甚至开发了趣味生动的校本课程，创设真实环境，组织学生参加机器人竞赛，以培养学生的分析思维、编程、团队协作、创新等能力。

以机器人教育为主题的内容组织在不同版本的教材中展现出不同的学习目标、学习内容、学习活动、学习评价的设计，下面仍以北京师范大学出版社、华东师范大学出版社、上海教育出版社出版的人工智能教材为例进行比较分析。

(一) 学习目标

从总体来看，机器人教育的学习目标可以分成三个层次：知识与技能方面，学生通过了解机器人的基本原理和组成，能够简单地描述机器人的工作原理；过程与方法方面，学生学习编程知识，能够编写简单的程序来控制机器人的行动；情感态度价值观方面，培养学生团队协作、沟通和领导能力，能够与他人合作完成机器人项目。

表 6-2　教材中机器人教育相关主题的学习目标

教 材 版 本		学 习 目 标
北京师范大学 出版社	《人工智能 (小学版)(下册)》	第一章　送餐机器人 第二章　智能救援机器人 第三章　小小创想家 第 1 节　校园安保机器人 全书围绕机器人主题展开，要求学生能根据智能机器人的功能需求，利用人工智能实验教具搭建模型，实现具有计算机视觉技术、声纹识别技术的智能机器人； 通过项目实践，综合运用所学知识，结合人工智能套件或简单工具设计与开发人工智能产品，以解决现实生活中的实际问题
	《人工智能 (初中版)》	第七章　人工智能产品设计与开发 能够用系统工程的方法，完成简单的人工智能产品的开发任务； 讨论所开发产品的优缺点及改进方法
华东师范大学 出版社	《人工智能启蒙 (小学版)》	第四章　智能的未来 第一节　新的伙伴 了解智能伙伴的功能
	《人工智能应用 (初中版)》	第五章　拥抱人工智能——规划馆 第一节　智能+创造 学会对智能助手的分析和设计
	《人工智能设计 (高中版)》	第四章　会扫地的人工智能 了解扫地机器人的路径规划原理； 理解不同算法对路径优化的影响
上海教育 出版社	《人工智能 (小学版)》	模块 4　学会对话 理解智能机器人三要素
	《人工智能 (初中版)》	第五节　“动”——让机器做更多的事情 认识智能机器人技术的作用和发展趋势； 理解智能机器人的特点； 理解如何向机器人赋能； 体验强化学习如何让机器“身手”更敏捷
	《人工智能 (高中版)》	项目六　当“座驾”有了好奇心 通过对计算机好奇驱动等问题的探究，使学生形成对未来智能发展的开放态度、探索意识及伦理道德底线

（二）内容安排

从机器人主题的内容安排来看，不同版本教材的设计风格不同，其内容的侧重点、聚焦点也不同，如表 6-3 所示。小学版教材关注的是生活中的机器人及其应用，理解智能机器人的要素；初中版教材则关注对智能助手、智能产品的设计、分析，以理解智能机器人所采用的智能技术；高中版教材通过对不同功能机器人的工作原理的分析，理解其背后的算法和技术伦理。

表 6-3　不同教材中机器人相关主题的内容设计

教材版本	设计内容的聚焦点
小学版	送餐机器人、救援机器人、安保机器人、智能伙伴，了解其功能
初中版	人工智能产品、智能助手的设计与开发，理解智能技术如何给智能机器人赋能
高中版	特定功能的机器人，如扫地功能的实现与算法优化，对未来人与机器关系的态度，形成正向技术价值观

对于机器人教育而言，生活中的智能机器人是个很好的切入点。如果想让学生更多地理解机器人的基本工作原理，则需要开展机器人编程教育，通过机器人项目实践，促进学生的计算思维、创新能力培养。

通常情况下，机器人编程教育需要经历如下阶段：

阶段一：基本概念的学习，即介绍机器人的定义、分类、组成、工作原理，以及传感器、控制器等基础配件，让学生初步了解机器人，学会机器人的简单组装。

阶段二：介绍编程语言和编程环境，让学生学习如何编写程序来控制机器人的行动。编程语言的选择可以根据学生不同年龄段的特点、学生的学习兴趣、学校能够提供的编程环境来决定。

阶段三：通过实际的项目实践，让学生将所学知识应用到实际问题中，如线路寻迹、物品举起、投球、踢球、灭火、寻路等实际的场景，完成机器人项目的设计、搭建和编程。

小贴士：

下面介绍几种适合中小学生学习的机器人编程语言。

(1) Scratch。Scratch 是一种面向儿童的图形化编程语言，由麻省理工学院的终身幼儿园实验室开发。通过积木式的视觉界面，孩子可以拖拽、组合各种编程组件(如动作、事件、运算符等)来创建程序。Scratch 不需要编写复杂的代码，只需要将各种编程组件组合在一起即可。Scratch 适用于 Windows、macOS 和 Linux 操作系统，也可以在网页上运行。

(2) Python。Python 是一种易于学习的高级编程语言，被广泛应用于数据科学、人工智能等领域。Python 的语法简洁易懂，可读性强，易于上手。Python 适用于各种操作系统，包括 Windows、macOS 和 Linux 等。在机器人编程中，Python 可以用于控制机器人的运动、读取传感器数据等。

(3) Arduino。Arduino 是一种开源电子原型平台，使用 C/C++ 语言进行编程。Arduino 可以通过各种传感器来感知环境，通过控制灯光、马达等装置来反馈、影响环境。Arduino 的编程环境为 Arduino IDE，可以在 Windows、macOS 和 Linux 操作系统上运行。在机器人编程中，Arduino 可以用于控制机器人的运动、读取传感器数据等。

(4) EV3。EV3 是乐高机器人的一种，使用图形化编程语言进行编程。EV3 的编程环境为 LEGO MINDSTORMS EV3 Software，可以在 Windows 和 macOS 操作系统上运行。EV3 的编程语言直观易懂，孩子可以通过拖拽、组合各种编程组件来创建程序。在机器人编程中，EV3 可以用于控制机器人的运动、读取传感器数据等。

(三) 学习活动

在学习机器人相关内容的过程中，教材注重通过设计相应的学习活动，让学生对抽象的原理和技术过程进行体验、领悟和理解，典型的设计如小学版教材中三种机器人的体验、组装、制作；初中版教材中的机器人关键技术的学习与讨论，以及智能宠物的设计；高中版教材中的使用编程语言，用算法解决寻路问题的项目实践等，如表 6-4 所示。

表 6-4　不同教材中机器人相关主题的学习活动

教材版本	设计的学生活动
北京师范大学出版社 《人工智能(小学版)(下册)》	体验送餐机器人、智能救援机器人、安保机器人； 组装送餐机器人、智能救援机器人，设计安保机器人的功能与结构； 动手制作送餐机器人，编程实现智能救援机器人、安保机器人； 制作水果超市小导购、智能道路清障机器人
上海教育出版社 《人工智能(初中版)》	体验与思考：波士顿动力机器人、“无人驾驶”体验 学习与讨论：给机器人赋能的关键技术、机器人能为人类做什么 拓展与练习：阅读机器人的发展趋势，智能小宠物的创意设计
华东师范大学出版社 《人工智能设计(高中版)》	情境展现：扫地机器人 原理分析：路径测算原理 项目实现：使用 Python 语言编写程序，用遗传算法解决扫地机器人寻路问题

(四) 评价设计

在学习评价方面，小学版教材通过设计与制作生活中具有特定功能的机器人来实现对机器人功能和相关智能技术的学习；初中版教材重点关注了强化学习对机器人功能的作用，通过设计智能小宠物方案来检验所学的机器人知识；高中版教材则是通过对编程语言和算法的学习，实现机器人的行进路线最优规划，如表 6-5 所示。在学校的机器人教育实践中，有时会通过让学生参加各类机器人竞赛来深化学生对机器人的认知与理解，培养学生的创新思维、跨学科意识，提高学生的团队协作、解决问题水平。

表 6-5　不同教材中机器人相关主题的评价设计

教材版本	学习评价设计
北京师范大学出版社 《人工智能(小学版)(下册)》	分组通过编程实现送餐机器人根据制订的路线取餐、语音播报价格并刷脸支付等功能； 设计并制作水果超市小导购机器人，具有购物导航、自助结账功能； 分组编程实现智能救援机器人的救援功能； 完成校园安保机器人的项目设计报告，并开展评比
上海教育出版社 《人工智能(初中版)》	知道智能机器人的特点、用途，辩证地看待机器人的发展； 理解强化学习及赋能机器人的原理； 能结合所学知识设计智能小宠物，要求功能合理、简便实用、方案可行
华东师范大学出版社 《人工智能设计 (高中版)》	了解规划扫地机器人的行进路线目标，以确保不遗漏、不浪费资源； 理解不同算法的区别、基本步骤； 用编程语言实现最优算法

三、机器人教学案例

(一) 案例

机器人教学形式多样，通常可以分为乐高积木、积木机器人、单片机机器人、人形机器人。

1. 乐高积木

幼儿、少儿通过搭建积木来塑造不同的事物，锻炼大肌肉群组织；培养手眼协调，语言表达能力；通过各种颜色、不同形状的积木搭建来发现自我、感知世界，锻炼空间感知能力；提高人际交往能力和情绪控制能力。

2. 积木机器人

使用积木颗粒和电子模块来搭建机器人可以提高儿童的潜力和创造力，如图 6-6 所示。儿童利用各种电子模块来探索科学与电子相关的原理，可提高科学素养与逻辑思维能力。

图 6-6　搭建积木机器人

例如，使用积木创建一个自己设计的机器人模型，再将直流马达和 CPU 组装上去，可以通过简单的按钮操作机器人移动，将生活中使用的装置或者事情制作表达出来。机器人搭建流程如图 6-7 所示。

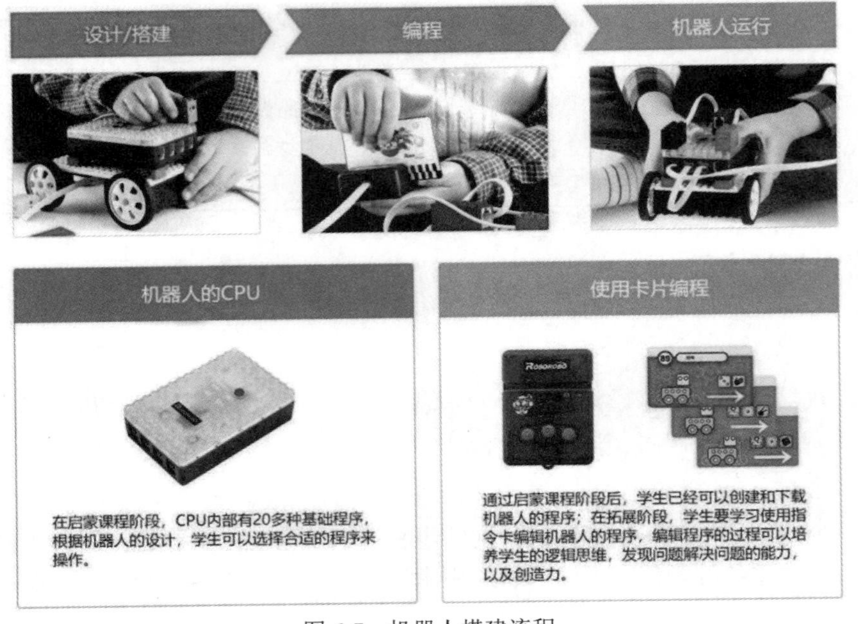

图 6-7　机器人搭建流程

制作机器人的过程，是创造力表现和发展的过程。通过设计制作机器人，使其与真实物体相似，利用模块内部的内置电路板驱动机器人运动，探索与科学技术相关的科学，可提高学生的科学素养。

使用带有条形码的指令卡以及读卡器，可以在没有电脑的情况下，编程设计机器人的功能，机器人执行程序即可完成指定的任务，可使学生在整个过程中轻松地理解科学。

3. 单片机机器人

单片机是一种集成度高、功能强大的微型计算机芯片，能够完成数据的采集、处理和控制，如图 6-8 所示。通过单片机课程的学习，学生可以学习到有关电子、电气、工程、力学以及传感器理论。在搭建单片机机器人的过程中需要用到螺丝刀以及各种小零件，可以很好地锻炼学生的动手能力，帮助孩子们更好地掌握人工智能时代所需的计算思维、工程素养和创新能力。

图 6-8 Arduino 控制器

单片机机器人以电路模块为中心，采用安全电路模块，可随时拆卸、组装。在搭建单片机机器人的过程中，学生可了解单片机机器人的结构和工作原理，学习事物的内部结构和运动方式，提高装配过程中的空间感知力。

4. 人形机器人

人形机器人 Romanbo 是一种类似人类的多关节机器人，其操作界面如图 6-9 所示。Romanbo 搭载了 16 台高性能电机和轻型铝框架，采用了基于 GUI 的专用软件，可提供简单而有趣的编程体验，添加各种传感器后还可以实现不同的应用。

图 6-9　多关节机器人操作界面

通过对人形机器人发出各种运动指令，学生可以体验到从编程到科学、动力学等方面的知识，培养创造力和解决问题的能力。人形机器人的组成如图 6-10 所示。

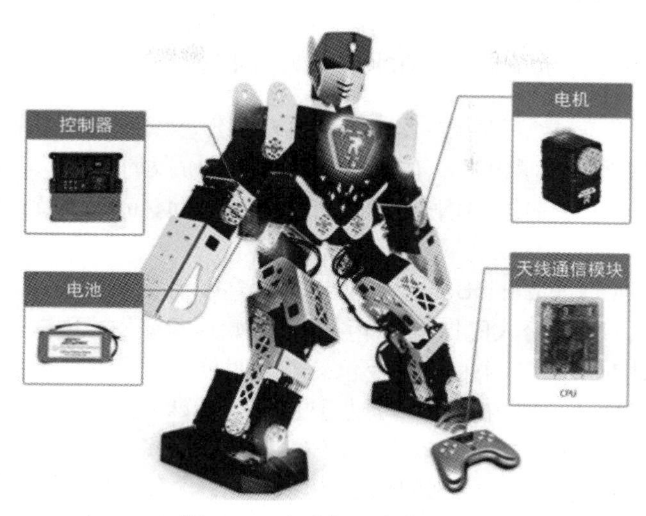

图 6-10　人形机器人的组成

(二) 网络学习资源

请搜索图 6-11 中的文章“Types of Robots Categories frequently used to classify robots”，了解不同类型的机器人。

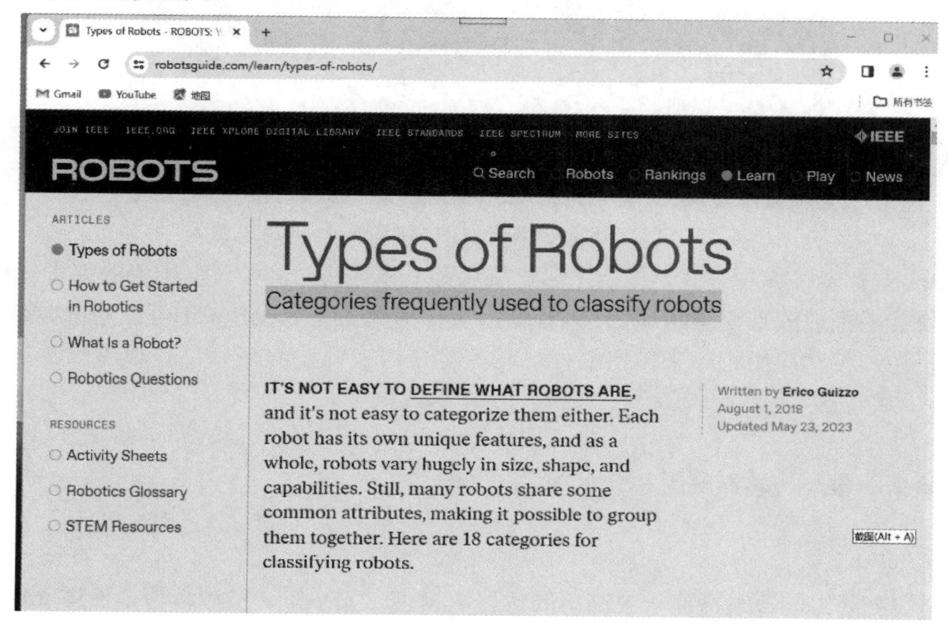

图 6-11　不同类型的机器人

四、主题学习活动：体验 Makeblock mBot 编程机器人

童心制物(Makeblock)是深圳市创客工场科技有限公司旗下品牌，主要为青少年提供齐全的机器人硬件、软件、教学内容，有服务于不同年龄阶段的机器人教育产品，如幼教启蒙阶段的童小点机器人，7～12 岁阶段儿童的程小奔、mBot、mBot Ranger、Ultimate2.0、童心派等。

如图 6-12 所示，Makeblock mBot 是一款友好、实惠、兼容 Arduino 的入门级编程机器人套件，只需一把螺丝刀、一份入门指南，即可从零开始体验编程、创造的乐趣，锻炼逻辑和计算思维。mBot 的核心零件是主板，主板包裹着透明外壳，可以看到上面的各种接口、灯管、接收器等。主板具有较强的拓展性，可以通过 Makeblock 的基于 Me connector 的扩展板和附加包进行扩展，增加更多功能。mBot 的底座采用了航空级铝合金，坚固耐用，搭配粉色或蓝色两种配色的车架，适合不同性别的孩子使用。标配含有两个相同规格的电机，为机器人提供动力。同时，mBot 还配备了超声波传感器和巡线传感器，可以实现避障和巡线功能。

图 6-12 深圳市创客工场开发的 Makeblock mBot 机器人

mBot 支持多种编程方式，包括图形化编程和文本编程。其中，基于块的编程软件由彩色和模块化的拖放图形元素组成，使编程变得更加简单。此外，mBot 还可以通过 Makeblock 的教育资源和移动应用程序来教授编程，或者用 C 语言开发程序。

(一) 学习主题

机器人编程与传感器应用。

(二) 学习活动

(1) 学生分组，每组搭建一个简单的机器人模型，如小车、机械臂等，使用 mBot 的核心零件和扩展板进行组装和编程。

(2) 各小组自主探索了解 mBot 的基本组成和各种传感器的作用，如超声波传感器、巡线传感器等。

(3) 各小组学生学习使用图形化编程软件，如 Scratch 或 mBlock，为机器人编写程序，使其能够完成一些简单的任务，如避障、跟随黑线、搬运物体等。

(4) 各小组测试并调试机器人程序，优化机器人性能。

(5) 进行机器人比赛，各小组展示机器人的功能，陈述实现功能的技术及程序，开展小组间互评。

(三) 学习探究

(1) 进入 Makeblock mBot 网站，了解更多的 mBot 特点，以及运用 mBot 进行游戏化编程，熟悉网站提供的案例课程、软件下载、扩展包等；进入童心制物产品帮助中心，了解相关的编程探索、搭建创造、创作工具、机器人赛事，以及各类知识库、动态等。

(2) 搜索、梳理国内外机器人教育教学的产品，从产品的名称、服务对象、产品特征、采用的人工智能技术、所采用的传感器、控制机器人的方式、编程软件、可以实现的智能行为、应用场景等方面进行分析比较。

(四) 拓展阅读

为激发青少年对机器人技术的兴趣，培养他们的创新意识、实践能力和团队合作精神，提高科学素质，机器人比赛成为人工智能竞赛的重要形式之一。机器人比赛指由机器人组成的团队在比赛中展示机器人的智能水准、功能、速度和准确度等方面的表现，比较各参赛机器人的优劣的竞赛活动。参赛团队需要基于前期的学习和训练，使用自己习得的技术和经验，去设计和生产机器人，按竞赛规则完成特定的任务。因此，机器人比赛对于提升学生学习机器人的兴趣、自信心、机器人设计和实践水平具有重要意义。

国内外有重要影响力的机器人赛事很多，下面选择几个典型的代表进行介绍。

1. 全国青少年人工智能创新挑战赛

全国青少年人工智能创新挑战赛由中国少年儿童发展服务中心主办，以专业的科技创新教学理念与高规格的赛事运营水平，获得社会各界的高度认可与支持。挑战赛设置了三个参赛方向：智能程序及算法设计、智能芯片及开源硬件、人工智能技术综合创新。挑战赛按参赛对象年级分设小学低年级组、小学高年级组、初中组、高中组和中专职高组五个组别。竞赛坚持公益性，不以营利为目的。

2. 全国中小学信息技术创新与实践大赛

全国中小学信息技术创新与实践大赛简称 NOC(Novelty，Originality，Creativity)大赛，是一项运用信息技术，培养广大师生的创新精神和实践能力，面向青少年学生开展人工智能科学普及，引领科技创新的素质教育实践平台。NOC 大赛 2002 年在北京人民大会堂启动以来，每年举办一届。

NOC 大赛有机器人、设计、人工智能、编程多个赛道，其中机器人赛道又分成多种任务挑战，如 2023—2024 学年就包含人形机器人任务挑战、狙击精英、智能餐饮机器人、星球大战、无人机、智能园艺家、Cube 机器人创想挑战等多个项目的比赛。

3. 世界机器人大赛

世界机器人大赛简称 WRC(World Robot Contest)，是世界机器人大会(World Robot Conference)的重要组成部分，由中国电子学会主办，连续入围教育部办公厅公布的面向中小学生的全国性竞赛活动名单。WRC 于 2015 年创办，每年举办一届，共吸引了全球 20 余个国家的选手参赛。

WRC 围绕科研类、技能类、科普类三大竞赛方向，设立了共融机器人挑战赛、BCI 脑控机器人大赛、空间机器人大赛、机器人应用大赛、青少年机器人设计大赛五大赛事，由选拔赛(WRCT)、总决赛(WRCF)、锦标赛(WRCC)组成。

4. FRC 机器人挑战赛

FRC 是 FIRST Robotics Competition 的简称。FRC 机器人挑战赛由美国非营利性教育组织 FIRST 主办，是一项针对 9～12 年级学生的工业级机器人竞赛，把运动的刺激性和科学技术的严谨性结合在一起，学生在有限的时间和资源下，严格遵守规则，制作完成机器人，与志同道合的竞争对手完成一场机器人挑战。FRC 迄今为止已经举办 30 多届，是全球最具影响力的机器人赛事。除 FRC 外，还有乐高和 FIRST 共同发起的面向 4～16 岁学生的 FLL 比赛，以及面向初中生的 FTC 比赛。

5. VEX 机器人竞赛

VEX 机器人竞赛又称 VEX 机器人世界锦标赛(VEX Robotics Competition)，由 VEX Robotics 公司主办，每年吸引着全球 40 多个国家，数百万青少年参与选拔，比赛分为三个组别：面向小学生的 VEX-IQ，面向初高中生的 VEX-VRC，以及面向 18 岁以上大学生的 VEX-U。作为全球顶级的机器人赛事，VEX 机器人竞赛的目的是通过机器人设计和编程挑战，推广教育型机器人，拓展中小学生和大学生对科学、技术、工程和数学领域的视野，提高并促进青少年的团队合作精神、领导才能和解决问题能力。

VEX 机器人大赛互动性强、对抗激烈、惊险刺激；突出机械结构、传动系统的功能设计；具有创意设计和对抗性比赛的最佳结合；将项目管理和团队合作纳入考察范围；重视竞争和结果，更重视体验过程；为参与者提供更真实的工程体验。

专题七

博弈与伦理及教育

学习导图

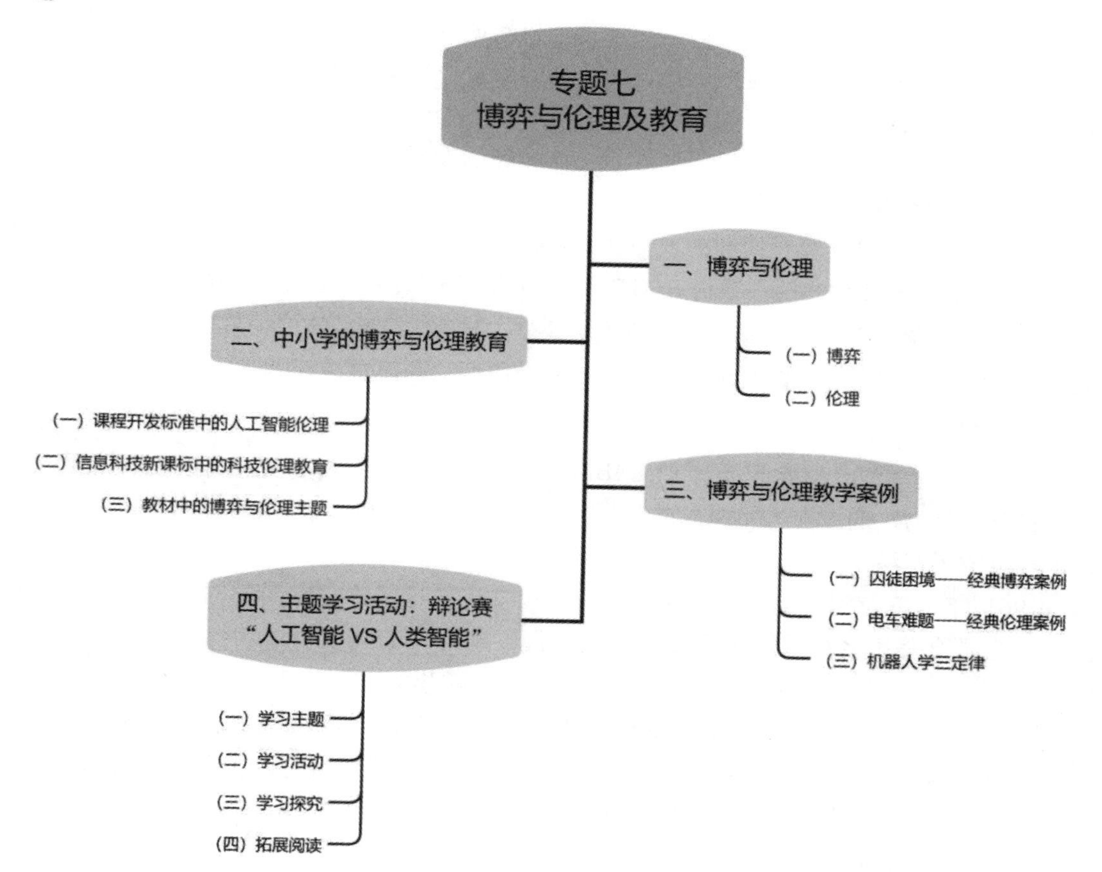

只有建立完善的人工智能伦理规范，处理好机器与人的关系，我们才能更好、更多地获得人工智能红利，让技术造福人类。

——李彦宏(百度创始人、董事长兼首席执行官)

一、博弈与伦理

博弈与伦理讨论的是人类与机器、科技、人工智能之间的相互关系，关注的是技术的开发、应用是否遵守一定的伦理法则，它决定着未来人类存在的状态与价值。

(一) 博弈

本书讨论的博弈专指计算机博弈，也称为机器博弈，指的是计算机与计算机之间，或者人与计算机之间，按照一定规则进行的博弈。计算机博弈是人工智能领域的一个重要分支，涉及人工智能、计算机科学、数学、心理学等多个学科，也是人工智能领域极具挑战性的方向之一。计算机博弈的研究内容包括博弈树的搜索算法、博弈的决策理论、博弈的复杂性分析、博弈的均衡策略等。

棋类博弈一直是计算机博弈的典型代表。早在 1958 年，IBM 公司便推出了第一台能够与人类进行国际象棋比赛的计算机 IBM 704，人们将其取名为“思考”。这台“思考”计算机每秒钟可以进行 200 步运算，但不敌人类棋手。后来，AlphaGo 分别战胜了围棋高手李世石、柯洁，这才引起人们对于人工智能与人类博弈的高度关注。

1. 塞缪尔与国际跳棋

1952 年，塞缪尔(Arthur Samuel)在 IBM 公司研制了一个国际跳棋程序。这款跳棋程序具有自学习能力，通过对大量棋局的分析，能够辨别棋局的好坏，棋艺得到不断提高，最后竟然打败了塞缪尔本人。

1961 年，考虑到自己不是专业棋手，塞缪尔用自己的程序向当时的康涅狄格州跳棋冠军，也是全美排名第四的棋手发起挑战，最终塞缪尔的跳棋程序获得了胜利，轰动一时。1962 年，塞缪尔的跳棋程序战胜了一位盲人跳棋高手，一时间成了不小的新闻事件。这些挑战表明电脑程序的下跳棋水平已超过了专业棋手。塞缪尔认为，在不使用具体代码，只使用一定数量的训练数据和泛型编程的前提下，机器就可以从训练数据中学到赢棋的经验，这也成为机器学习最初的定义。

2. 汉斯・贝利纳与国际象棋

20 世纪 80 年代中期，计算机科学家、卡梅隆大学的汉斯・贝利纳(Hans Berliner)带着他的研究生研究可拔插芯片，制造了一台名为 HiTech 的机器，这台机器差点赢了 1986 年的世界国际象棋冠军克雷。随后，贝利纳的学生们研制的“深思”(Deep Thought)以及在 IBM 研制的“深蓝”都在不断提升算力，以求能在人机对弈中取胜。

1997 年，“深蓝”系统与国际象棋世界冠军卡斯帕罗夫再次对弈 6 局，最终获胜，树立了第一个人工智能在博弈领域战胜人类的里程碑。“深蓝”采用了“穷举法(brute force)”，也称暴力计算方式，其计算步数的能力比人类强得多。比赛结束后，卡斯帕罗夫也认为：机器在游戏领域占了上风，是因为人类(在下棋时)会犯错误。国际象棋人机对战中人类的失败，一方面引发了人们的思考，下一场人机对弈的领域是什么？另一方面，也引发了对人与机器的伦理问题的热议。

3. 人机围棋比赛

在国际象棋、中国象棋逐渐被计算机“玩得”滚瓜烂熟的情况下，人们找到了维护人类智慧尊严的最后阵地——围棋。与国际象棋相比，围棋棋法更多、更复杂。

2016 年 3 月，AlphaGo 与围棋世界冠军、职业九段棋手李世石进行围棋人机大战，以 4 比 1 的总比分获胜；2017 年 5 月，在中国乌镇围棋峰会上，它又与排名世界第一的世界围棋冠军柯洁对战，以 3 比 0 的总比分获胜。围棋界公认 AlphaGo 的棋力已经超过人类职业围棋的顶尖水平，但在 AlphaGo 出现前，人们普遍认为机器想要在围棋领域战胜人类至少还要 10 年时间。

战胜柯洁后，DeepMind 仍未停下研发脚步，随后又推出了 AlphaGo Zero。AlphaGo Zero 做到了“无师自通”，甚至还可以通过“左右手互搏”提高棋艺。AlphaGo 的出现让世人对人工智能的期待再次提升到前所未有的高度，希望人工智能能够更快更好地推动人类社会进步。

此外，在另一棋牌项目——德州扑克中，Tartanian、Claudo 于 2014、2015 年都战胜过该领域的顶级专家。博弈的较量刺激了算法博弈论的发展，AlphaGo 就是集成了深度学习、强化学习、蒙特卡罗树搜索才取得了成功。

4. 人机智力比赛

Watson 是 IBM 推出的超级计算机。这个以 IBM 创始人命名的超级电脑在 2011 年参加了美国著名智力节目“危机边缘”，与人类同场竞技。机器要参加这种智力比赛，必须拥有更快的核心计算能力。当时，一块单核 CPU，回答一道普通题大约要花 2 小时，而 Watson 平均只用 3 秒，可见其算力之强。最终 Watson 赢得了比赛，获得了奖金，如图 7-1 所示。

图 7-1 Watson 在美国电视节目“危机边缘”中战胜人类

(二) 伦理

人工智能发展的过程中一直伴随着人们对于智能伦理的关注与担忧，特别是生成式人工智能出现后，这种关切更甚。人工智能技术不断更新迭代所带来的人机关系焦虑，数据与隐私保护、算法偏见与歧视所带来的不公平、不透明，以及由智能技术导致事故或不规范内容时的责任等，都是人工智能伦理的重要主题。

1. 伦理与人工智能伦理

伦理是指一种社会道德规范和价值观念的体系，是人们在社会生活中应该遵循的行为准则。人工智能伦理是指探讨人工智能带来的伦理问题及风险，研究解决人工智能伦理问题，促进人工智能向善，引领人工智能健康发展的一个多学科研究领域。

人工智能伦理的研究内容包括但不限于以下几个方面：

(1) 人工智能的道德问题。人工智能技术的发展和应用涉及到一系列道德问题，如人工智能是否应该具有道德意识和道德判断能力，人工智能是否应该遵守道德规范等。这些问题需要人们进行深入的思考和探讨，以确保人工智能技术的发展和应用符合道德规范和社会价值观。

(2) 人工智能的社会问题。人工智能的发展和应用也会带来一系列社会问题，如就业问题、隐私问题、公平问题等。人们需要研究这些问题，提出相应的解决方案和政策建议，以确保人工智能技术的发展和应用符合社会利益。

(3) 人工智能的法律问题。人工智能的发展和应用也会带来一系列法律问题，如知识产权问题、责任问题、监管问题等。人们需要研究这些问题，提出相应的法律规范和政策建议，以确保人工智能技术的发展和应用符合法律法规。

(4) 人工智能的伦理规范和标准。人工智能伦理需要研究制定人工智能的伦理规范和标准，以确保人工智能技术的发展和应用符合道德规范和社会价值观。这些规范和标准包括人工智能的设计规范、使用规范、监管规范等。

2. 人工智能伦理观点

人工智能伦理学的研究受到各种社会思潮和道德论的影响，如功利主义理论，以边沁的功利主义理论为基础，将利益最大化作为道德标准，为算法的伦理分析提供基础；自主性道德理论，认为自主性是人类自我意识的根本条件，如果机器人可以超越人类控制，自主技术性的概念会令人感到不安，如果赋予人工智能自主性，则人的自主性会被替代，主客体的地位将发生变化；负责任的AI理论，强调人工智能的设计、开发和使用应以负责任的态度进行，确保人工智能的行为符合道德规范和法律要求；公正和公平理论，探讨如何在人工智能的设计和使用中确保公正和公平，避免人工智能带来的歧视和不平等现象等，这些理论为人工智能伦理学的研究提供了不同的视角和方法，有助于解决人工智能带来的伦理问题和风险。

对于人与人工智能的关系研究，主要有威胁论、乐观论两种主流观点，具体内容如下。

1) 人工智能威胁论

控制论之父维纳在他的名著《人有人的用处：控制论与社会》中曾在谈及自动化技术和智能机器时，提出了一个危言耸听的结论：“这些机器的趋势是要在所有层面上取代人类，而非只是用机器能源和力量取代人类的能源和力量。很显然，这种新的取代将对我们的生活产生深远影响。”[121]

美国太空探索技术公司(SpaceX)的创始人马斯克(Elon Musk)和物理学家霍金都是比较有名的“人工智能威胁论”的支持者、呼吁者。马斯克曾说：“如果让我猜，对人类最大的生存威胁可能是人工智能。因此，我们需要对人工智能保持万分警惕，研究人工智能如同在召唤恶魔。”2015年，马斯克与他人联合投资创建了人工智能非营利组织OpenAI，招募人才研究“通用”机器人和使用自然语言的聊天机器人，并将研究结果开放共享给全世界。因为OpenAI开发的技术是开源的，马斯克认为这样能减轻超级智能可能会带来的威胁[110]。霍金指出，如果人类不学会避开风险，人工智能的全面发展很可能导致人类的灭绝[122]。

2) 人工智能乐观论

乐观论者对人工智能的作用和未来充满信心，认为人工智能正深刻改变着人类的生活，人类社会将朝着一个美好的“智能时代”发展。虽然人工智能在某些方面的能力已超过人类，如计算能力、逻辑推理能力等，但与人类的生活常识、复杂情感、处事智慧等相比，人工智能还相差得很远。

例如，基于复杂语境的文本理解，由于人类语言的丰富性，即使是相同的文本，用不同的语言、不同的语气来描述，效果会大相径庭，再加上还有那些“可意会不可言传”的表达，这些都需要建立在人类所特有的文化背景、经验背景基础之上去体味。人类的智慧有三个层次，第一是感性，第二是理性，第三是灵性。灵性既是基于精神本身，又超越于精神之上，需要依靠人类自身的禅悟、顿悟才能获得，而灵性、灵感的形成机制还是未解之谜，这也是人工智能所难以做到的。

3. 人工智能伦理困境案例

在人工智能技术的发展过程中，人类与人工智能的伦理道德问题是不可避免的，需要人类做出恰当的抉择。如 2018 年，美国 Uber 无人车在进行路测时导致一名 49 岁女性死亡，一年后，这起全球首例无人驾驶车辆导致死亡的交通事故判决为：无人车不承担刑责。这引起了人们对自动驾驶的伦理问题的广泛讨论。

2019 年，英国人 Dann 向智能音箱询问关于心脏的问题，然而亚马逊智能音箱 Alexa 竟然建议她用刀刺入自己心脏，这样的回答让人毛骨悚然。亚马逊对这一事件的回应是：Alexa 或许是从网络上下载了带有恶意文件的文本所致，Bug 已经修复。这些现实中的案例都提醒人们，需要对人工智能的发展作出约束和规范。

4. 人工智能伦理的规范

为解决人工智能伦理困境，约束人工智能技术的开发、应用，世界各国、国际组织相继制定了一系列人工智能伦理的相关规范文件，以下是一些主要的文件及相关内容。

(1) 欧盟《可信人工智能的伦理指南》。该文件于 2019 年 4 月发布，提出了可信人工智能的四个伦理原则，即尊重人类自主的原则、防止伤害的原则、公平原则和可解释性原则。尊重人类自主的原则是指人类绝不能被无理地胁迫、欺骗、操纵，甚至是驱赶；人工智能应该被设计用于增强和补充人类的认知、社会和文化技能；它必须以创造有意义的工作为目标。防止伤害的原则是指人工智能不得造成或加剧对人类的伤害(尊严、精神、身体伤害)；该系统应该足够健壮，以防止恶意使用。公平原则是指人工智能系统在设计时不应留下歧视和不公平偏见的空间；必须在获得教育、商品、服务和技术方面提供平等的机会；必须拥有针对 AI 的选择和补救机制。可解释性原则意味着人工智能必须是透明的，人工智能系统的功能和目的必须公开交流。

(2) 联合国《人工智能伦理问题建议书》(以下简称“建议书”)。该文件于 2021 年 11 月发布，是联合国发布的首个全球性人工智能伦理协议，旨在促进人工智能为人类、社会、环境以及生态系统服务，并预防其潜在风险。建议书强调的人工智能的价值观包括：一、尊重、保护和促进人权、基本自由及人的尊严；二、保护环境和生态系统的蓬勃发展；三、确保多样性和包容性；四、在和平、公正与互联的社会中共生。建议书还提出了人工智能系统生命周期的所有行为者都应当遵循的十个原则：相称性和不损害、保障安全、公平和非歧视、可持续性、隐私权和数据保护、人类监督和决定、透明度和可解释性、责任与问责、技术认知和素养、多利益攸关方协同治理等。

(3) 中国国家新一代人工智能治理专业委员会发布的《新一代人工智能伦理规范》。该文件于2021年9月发布，针对人工智能提出了6项基本伦理要求和18项具体伦理要求。6项基本伦理要求包括：增进人类福祉、促进公平公正、保护隐私安全、确保可控可信、强化责任担当、提升伦理素养。18项具体伦理要求涵盖了人工智能管理、研发、供应、使用等特定活动的各个方面，如人工智能产品的设计应当符合人类价值观和社会伦理原则，避免歧视和偏见；人工智能的研究应当遵循科学道德规范和人类伦理原则，尊重生命、健康和人权；人工智能的应用应当遵守法律法规和社会公序良俗，尊重用户隐私和数据安全等。

(4) 中国国家互联网信息办公室等九个部门联合发布的《关于加强互联网信息服务算法综合治理的指导意见》。该文件发布于2021年9月，将“透明可释”作为算法应用的基本原则，呼吁企业促进算法公开透明，做好算法结果解释。

(5) 2023年10月，中央网络安全和信息化委员会办公室发布了中文和英文版《全球人工智能治理倡议》(以下简称“倡议”)。倡议提出世界各国应秉持共同、综合、合作、可持续的安全观，坚持发展和安全并重的原则，通过对话与合作凝聚共识，构建开放、公正、有效的治理机制，促进人工智能技术造福于人类，推动构建人类命运共同体。

(6) 关于生成式人工智能，国家互联网信息办公室2023年7月还专门发布了《生成式人工智能服务管理暂行办法》，提出坚持发展和安全并重、促进创新和依法治理相结合的原则，要求提供和使用生成式人工智能服务，应当遵守法律、行政法规，尊重社会公德和伦理道德，并遵守社会主义核心价值观，采取有效措施防止歧视，尊重知识产权、商业道德，尊重他人合法权益，提升生成式人工智能服务的透明度，提高生成内容的准确性和可靠性等规定。

这些文件都强调了以人为本的智能伦理观以及人工智能的透明性和可解释性，呼吁企业和开发者在设计和使用人工智能时遵循道德规范和法律要求，确保人工智能的行为符合社会价值观。同时，这些文件也提出了一些具体的措施和建议，如制定人工智能的伦理规范和标准、加强监管和评估、提高公众意识等，以促进人工智能的健康发展。

小贴士：

人工智能伦理中的透明性和可解释性是指人工智能系统的设计和运行应该是透明和可解释的，以便人们能够理解系统的行为和决策过程，并对其进行信任和评估。

透明性要求人工智能系统提供有关其决策过程和结果的详细信息，以便人们能够了解系统的行为是如何产生的。这包括提供有关系统的算法、数据、模型结构等方面的信息，以及在系统运行时产生的数据和结果。透明性还有助于人们发现系统中可能存在的偏见和歧视，并采取相应的措施来纠正这些问题。

可解释性要求人工智能系统能够对其行为和决策过程进行解释，以便人们能够理解系统的行为是如何产生的，以及为什么会产生这样的行为。这包括提供有关系统的算法、模型结构、特征选择等方面的解释，以及在系统运行时产生的数据和结果的解释。可解释性有助于人们信任和理解系统，并在必要时对系统进行干预和调整。

透明性和可解释性在人工智能伦理中非常重要，因为它们有助于确保人工智能系统的行为符合道德规范和法律要求，避免系统中可能存在的偏见和歧视，并增强人们对系统的信任和理解。为了实现透明性和可解释性，人工智能系统的设计和开发应该遵循一些原则，如使用简单和易于理解的算法和模型结构、提供详细的文档和注释、使用可解释的数据和特征等。同时，人工智能系统的设计和开发也应该考虑到用户的需求和反馈，以便更好地满足用户的需求和期望。

二、中小学的博弈与伦理教育

在中小学人工智能教育中，博弈与伦理这一主题备受重视，被视为课程开发标准中的重要内容之一。同时，在教材的编写过程中，科技伦理也被贯穿始终。

(一) 课程开发标准中的人工智能伦理

2021 年 10 月，中国教育学会中小学信息技术教育专业委员会发布了《中小学人工智能课程开发标准(试行)》(T/CSE 001—2021)，提出培养学生的人工智能意识、技术应用能力、实践创新思维、智能社会责任四大课程目标。针对智能社会责任的培养目标，提出设立人工智能与社会主题，分四个可供参考的学习阶段，在不同阶段建议设计相应的课程内容。

四个学习阶段为预备阶段、阶段一、阶段二、阶段三，难易梯度逐步递进，需提供适度的认知习得、适应与挑战，创设情景化的项目实践环境，以体现人工智能学科的内在逻辑特点与关系。人工智能与社会主题可以被设计在多个阶段，根据对人工智能技术机理理解的不同深度，开展智能社会维度的相关实践活动，如表 7-1 所示。

表 7-1　人工智能与社会主题的课程阶段划分

主　题	阶　段	核心实践示例
人工智能与社会	预备阶段	学生通过了解机器人在交通与运输中的作用，感受机器人给生活生产带来的便利
	阶段一	学生利用成熟的人工智能应用软件生成文章、诗歌、绘画、音乐等作品，进一步了解人工智能技术在多个应用场景中的效果
	阶段二	学生深入了解人工智能技术的应用场景和效果，思考其解决的问题，形成运用人工智能技术解决问题的意识和思路
	阶段三	学生在充分了解人工智能技术的应用场景及其能力边界后，思考应用该技术应当具备的价值导向，以及社会智能化背后的巨大价值和潜在风险

在课程内容设计上，如表 7-2 所示，人工智能与社会主题包含人工智能技术在人类社会应用的社会影响、社会伦理两个模块的内容。通过该主题的学习，学习者可了解人工智能技术对社会工作、学习、生活等带来的巨大价值，同时思考人工智能技术对人类社会的多角度影响，具备应对人工智能技术潜在风险的意识和能力。该主题的核心实践类型以生活感知与调查实践、简单模拟与推理实践、AI 程序设计实践为主。

表 7-2　人工智能与社会主题课程内容

<table>
<tr><th>阶段</th><th>模块</th><th>学习内容及能力描述</th><th>实践活动</th></tr>
<tr><td rowspan="4">预备阶段</td><td rowspan="2">社会影响</td><td>初识人工智能
学生能够通过身边的产品，初步认识人工智能</td><td rowspan="4">观察和体验生活中的人工智能产品，感知人工智能技术在社会中的具体应用效果</td></tr>
<tr><td>公共生活
学生能够了解人工智能技术对于城市社会的影响与发展</td></tr>
<tr><td rowspan="2">社会伦理</td><td>社会价值
学生能够了解人工智能的社会价值，简单描述人工智能应用给生活、学习带来的便利</td></tr>
<tr><td>潜在威胁
学生能够了解人工智能应用可能会给人类社会带来的风险和威胁</td></tr>
<tr><td rowspan="5">阶段一</td><td rowspan="3">社会影响</td><td>应用情境
学生能够结合典型实例了解人工智能在家庭、社区、城市、网络等生活领域中的应用，认识人工智能对社会生活的作用</td><td rowspan="5">收集并整理人工智能技术在社会多个领域中的应用与发展，从多个方面了解其价值及应用边界</td></tr>
<tr><td>经济发展
学生能够结合典型实例描述人工智能在工业、农业、交通等不同产业生产中的应用，认识人工智能对工业和农业生产的促进作用</td></tr>
<tr><td>人的发展
学生能够结合典型实例了解人工智能在教育、医疗和娱乐等领域中的应用，认识人工智能对人的发展的促进作用</td></tr>
<tr><td rowspan="2">社会伦理</td><td>社会价值
学生能够理解人工智能社会的优势和价值，同时认识人工智能在社会生活、经济发展和人的发展等领域存在的潜在威胁</td></tr>
<tr><td>伦理规范
学生能够认识人工智能应用的安全隐私问题</td></tr>
</table>

续表

阶段	模块	学习内容及能力描述	实践活动
阶段二	社会影响	**产品应用** 学生能够理解生活中常见的人工智能产品背后的基本原理，认识人工智能技术在人类社会的发展前景	对所感所学所思的人工智能技术知识与相关问题进行梳理、组织与表达，深度理解人工智能在社会中的应用价值与伦理规则
		典型案例 学生能够通过体验，描述出人工智能在社会生活、经济发展和人的发展中的典型案例	
		应用反思 学生能够通过实际体验，理解人工智能在社会中的应用关系，并进行思考与反思	
	社会伦理	**社会责任** 学生能够形成运用人工智能解决问题的意识，认识人工智能的社会责任	
		伦理规范 学生能够认识人工智能应用的道德规范与责任边界，理解诸如视频监控所带来的隐私泄露等问题	
	社会影响	**历史发展** 学生能够了解人工智能发展历程中的重要人物和事件，初步形成自己的认知观念	通过开放 AI 能力平台，开发与搭建具有一定系统功能的简单智能工具，尝试结合现实中的问题情景加以应用
阶段三	社会伦理	**系统搭建** 学生能够通过人工智能应用系统的简单搭建，了解其特点、应用模式及局限性	
		社会价值 学生能够辩证认识社会智能化的巨大价值和潜在风险	
	社会影响	**历史发展** 学生能够了解人工智能发展历程中的重要人物和事件，初步形成自己的认知观念	
		系统搭建 学生能够通过人工智能应用系统的简单搭建，了解其特点、应用模式及局限性	
	社会伦理	**社会价值** 学生能够辩证认识社会智能化的巨大价值和潜在风险	
		伦理规范 学生能够理解深度学习技术的伦理规范，自觉遵守智能化社会的法规	

(二) 信息科技新课标中的科技伦理教育

2022年4月，教育部发布了《义务教育信息科技课程标准(2022年版)》(以下简称“标准”)。标准将信息社会责任、信息意识、计算思维、数字化学习与创新作为课程目标的四大核心素养，提出要培养学生“遵守信息社会法律法规，践行信息社会责任”的总目标，以及各个学段的子目标，如表7-3所示。

表7-3 信息社会责任各学段的子目标

学 段	目 标
第一学段 (1—2年级)	1. 自觉保护个人隐私，能在家长和教师的帮助下确定信息真伪。 2. 在浏览他人的数字作品时，能友善地发表评论。在分享他人数字作品时标注来源，尊重数字作品所有者的权益。 3. 在公共场合文明使用数字设备，自觉维护社会公共秩序
第二学段 (3—4年级)	1. 认识到数字身份的唯一性与信用价值，增强保护个人隐私的意识，提升自我管理能力，形成在线社会生存的安全观。 2. 了解威胁数据安全的因素，能在学习、生活中采用常见的防护措施保护数据。 3. 用社会公认的行为规范进行网络交流，遵守相关的法律法规
第三学段 (5—6年级)	1. 了解算法的优势及对知识产权保护的作用，认识到算法对解决生活和学习中的问题的重要性。 2. 认识到自主可控技术对保障网络安全和数据安全的重要性
第四学段 (7—9年级)	1. 应用互联网时，能利用用户标识、密码和身份验证等措施做好安全防护。会使用加密软件对重要信息进行加密，能使用网盘进行信息备份。 2. 在物联网应用中，知道数据安全防护的常用方法和策略，保护个人隐私，尊重他人隐私。了解自主可控对国家安全以及互联网和物联网未来发展的重要意义。 3. 通过体验人工智能应用场景，了解人工智能带来的伦理与安全挑战，合理地与人工智能开展互动，增强自我判断意识和责任感。遵循信息科技领域的伦理道德规范，明确科技活动中应遵循的价值观念、道德责任和行为准则

在课程内容设计上，标准将信息安全、人工智能纳入知识体系的六条逻辑主线，提出信息安全要体现文明礼仪、行为规范、依法依规、个人隐私保护、规避风险原则、安全观、防范措施、风险评估；人工智能要体现、应用系统体验、机器计算与人工计算的异同、伦理与安全挑战。

第一学段的信息隐私与安全、第二学段的在线学习与生活、第四学段的人工智能与智慧社会都对学生进行了科技伦理教育。人工智能与智慧社会模块的主要目标是介绍人工智能的基本概念与术语，通过生活中的人工智能应用，让学生理解人工智能的特点、优势和能力边界，知道人工智能与社会的关系，发展人工智能应遵循的伦理道德规范。同时，将

"智慧社会下人工智能的伦理、安全与发展"作为三部分内容之一，以凸显其重要性和地位。

(三) 教材中的博弈与伦理主题

在北京师范大学出版社、华东师范大学出版社、上海教育出版社出版的人工智能教材中，博弈与伦理也是重要主题之一，下面从教材呈现出的学习目标、学习内容、学习活动、学习评价的设计四个方面进行分析。

1. 学习目标

人工智能伦理相关内容受到了教材编写者的重视，在各种教材中都有所介绍，且其目标难度呈阶梯式提升，其中北师大初中版教材将其贯穿在各章节人工智能不同技术的学习过程中，华东师大小学启蒙版教材中就引入了奇点时刻、阿西莫夫三定律等经典的人工智能伦理说法，上海教育出版社出版教材则更多地从生活中的事例切入智能伦理主题，具体见表 7-4。

表 7-4 教材中伦理相关主题的学习目标

<table>
<tr><th colspan="2">教 材 版 本</th><th>学 习 目 标</th></tr>
<tr><td rowspan="3">华东师范大学出版社</td><td>《人工智能启蒙(小学版)》</td><td>第一章 智能的启蒙
拓展延伸：了解奇点时刻、人工智能的局限
第四章 智能的未来
知识贴士：阿西莫夫三定律
拓展延伸：人工智能时代的职业危机</td></tr>
<tr><td>《人工智能应用(初中版)》</td><td>第二章 走近人工智能——机密馆
分析人工智能产品的利弊；
思考大数据时代的隐私保护</td></tr>
<tr><td>《人工智能设计(高中版)》</td><td>第九章 思考人工智能带来的挑战
理解人工智能与社会、伦理、偏见、隐私的关系与风险</td></tr>
<tr><td rowspan="2">上海教育出版社</td><td>《人工智能(小学版)》</td><td>模块 1 嗨，你是谁
认识现实中人工世界与自然世界的关系
模块 4 学会对话
意识到人工智能的伦理风险
模块 5 拥抱未来
认清人工智能与人类的关系</td></tr>
<tr><td>《人工智能(初中版)》</td><td>第一章 认识人工智能
辩证地看待人工智能技术的发展；
理解"人机大战"背后的安全、就业、伦理问题</td></tr>
</table>

续表

教材版本		学习目标
上海教育出版社	《人工智能(高中版)》	项目六　当"座驾"有了好奇心 通过对计算机好奇驱动等问题的探究，使学生形成对未来智能发展的开放态度、探索意识及伦理道德底线
北京师范大学出版社	《人工智能(小学版)(下册)》	第一章　送餐机器人 知道计算机视觉带来技术便利的同时，也存在一定的风险
	《人工智能(初中版)》	第一章　人工智能导引 思考人工智能对人类社会的影响 第二章　大数据技术 关注大数据技术带来的数据安全问题 第五章　智能语音技术 思考智能语音技术带来的安全风险问题 第六章　自然语言处理技术 探讨自然语言处理技术对社会的影响
	《人工智能(高中版)》	第六章　计算机博弈：让机器能计算会决策 了解博弈论的概念和基本要素，能举例说明生活中应用博弈论的地方

2. 内容安排

从博弈与伦理主题的内容安排来看，三个版本教材的设计风格不同，其内容的侧重点、聚焦点也不同，具体见表 7-5。

表 7-5　教材中机器人相关主题的内容设计

教材版本	设计内容的聚焦点
华东师范大学出版社	启蒙阶段：对奇点时刻及人工智能的局限，人工智能时代的职业危机等进行引导； 初中阶段：分析人工智能产品的利弊，关注隐私保护； 高中阶段：深入理解人工智能带来的社会、伦理、偏见、隐私风险
上海教育出版社	小学阶段：从可感知的人工世界与自然世界的关系出发，培养学生的人工智能伦理风险意识，从而认清人工智能与人类的关系； 初中阶段：理解人机大战背后的伦理问题，辩证地看待人工智能技术的发展； 高中阶段：从自动驾驶切入，培养学生形成人工智能伦理道德底线
北京师范大学出版社	从总体思考人工智能与人类关系出发，分别设计了大数据的数据安全、计算机视觉的人像隐私、智能语音的安全风险、自然语言处理对社会的影响、计算机博弈等相关主题的内容

3. 学习活动

对于学习活动的设计，我们分别以华东师大出版社的《人工智能启蒙(小学版)》、上海教育出版社的《人工智能(初中版)》、北师大出版社的《人工智能(高中版)》中博弈与伦理主题的学习活动为例进行说明，如表 7-6 所示。

表 7-6 从学习活动角度对比教材

教材版本	设计的学生活动
华东师范大学出版社 《人工智能启蒙(小学版)》	第一章 智能的启蒙 第三节 神奇的现实 情境 1 会下围棋的人工智能 思考：为什么人工智能战胜人类围棋选手会受到全世界的关注？ 情境 2 会打扑克的人工智能 思考：人工智能将来还能在哪些方面战胜人类？ 人工智能会不会自己设计游戏呢？ 拓展延伸：了解奇点时刻、人工智能的局限
上海教育出版社 《人工智能(初中版)》	第一章 认识人工智能 课堂小讨论：智能与人工智能的区别与联系 怎样理性认识“人机大战”？想一想人工智能是否会战胜人类。 当智能机器人学会了自主思考和行动，能不能享受与人类一样的公平权利？ 我们怎样积极迎接人工智能时代的到来？ 课堂实战演练：应对人工智能潜在风险的思考 活动建议：以小组讨论、班级辩论会的形式辨析人工智能的应用领域和潜在风险
北京师范大学出版社 《人工智能(高中版)》	第六章 计算机博弈：让机器能计算会决策 体验“石头”“剪刀”“布”游戏，探究博弈方法； 开展寻宝游戏，探究强化学习原理

4. 评价设计

博弈与伦理主题的学习评价方面，针对上述章节的学习活动，教材中设计了相应的学习评价的标准，如表 7-7 所示。

表 7-7 从评价设计角度对比教材

教材版本	学习评价
华东师范大学出版社《人工智能启蒙(小学版)》	通过思考探索、学习活动、拓展延伸，了解人工智能的发展历程与趋势，辩证地认识人工智能对人类社会未来发展的巨大价值和潜在威胁
上海教育出版社《人工智能(初中版)》	知道人工智能是人类制造的智能工具； 能理解人工智能在为人类创造财富和便利的同时也带来博弈与伦理方面的挑战； 学会辩证地看待人工智能技术的发展； 积极迎接智能时代的到来
北京师范大学出版社《人工智能(高中版)》	通过思考、交流、提问、练习，理解博弈方法和强化学习原理

三、博弈与伦理教学案例

本节通过三个案例展示博弈与伦理的思维与道德困境，以促进读者对博弈和伦理的深入理解。

(一) 囚徒困境——经典博弈案例

囚徒困境是一种特殊的博弈论模型，具体情境设计如下：

警察抓住了两个犯罪嫌疑人 A 和 B，但没有足够的证据将他们定罪。为了获得证据，警察将这两个犯罪嫌疑人分别隔离审讯，并向他们提供了以下的选择：

如果 A 和 B 都不坦白，由于证据不足，他们每人将被判 1 年监禁。

如果 A 坦白而 B 不坦白，A 将被释放，B 将被判 10 年监禁。

如果 B 坦白而 A 不坦白，B 将被释放，A 将被判 10 年监禁。

如果 A 和 B 都坦白，他们每人将被判 5 年监禁。

在这个博弈中，每个犯罪嫌疑人都必须做出自己的选择，而不能知道对方的选择。因此，他们必须权衡自己的利益和对方可能的选择来做出最佳决策。

对于犯罪嫌疑人 A 来说，他有两种选择：坦白或不坦白。如果他认为 B 不会坦白，那么他不坦白会被判 1 年监禁，而坦白则会被释放。如果他认为 B 会坦白，那么他不坦白会被判 10 年监禁，而坦白则会被判 5 年监禁。因此，无论 B 的选择如何，A 的最佳选择都是坦白。

同样地，对于犯罪嫌疑人 B 来说，他的最佳选择也是坦白。因此，最终的结果是 A 和 B 都选择坦白，每人被判 5 年监禁。

然而，这个结果并不是最优的。囚徒困境的核心问题：即使合作对双方都有利，但由于存在个体利益和不完全信息的影响，保持合作也是非常困难的。在现实生活中，囚徒困境也经常出现，例如在价格竞争、环境保护、人际关系等方面。通过了解囚徒困境，人们可以更好地理解合作与竞争之间的关系，以及如何在复杂的情况下做出最佳决策。

(二) 电车难题——经典伦理案例

电车难题是一个著名的思想实验，最早由英国哲学家菲利帕福特在 1967 年提出。其情境假设是：你站在一条电车轨道旁边，看到一辆失控的电车正在冲向轨道上的五个人，他们无法逃脱。你可以选择什么都不做，让电车撞死这五个人，或者你可以选择拉动控制杆，将电车转到另一条轨道上，但那条轨道上也有一个人无法逃脱，会被电车撞死。试问，在这种情况下，你是否选择拉动控制杆？

2016 年，三位研究人员在数百人中进行了调研，给定类似电车问题的自动驾驶汽车可能面临的场景，并询问他们对不同行为的道德观念。最终，76%的参与者回答，自动驾驶汽车牺牲 1 名乘客比杀死 10 名行人，从道德上来说更可取。可是，当被问及是否会购买这样一辆被编程为会为了救下更多行人而选择牺牲其乘客的汽车时，绝大多数参与调查者的回答是否定的。心理学家格林(Joshua Greene)在他对这项研究的评论中指出："在将我们的价值观置入机器之前，我们必须弄清楚如何让我们的价值观清晰且一致。"这似乎比我们想象的要更难。

电车难题揭示了道德决策中的困境和矛盾，在现实生活中，我们经常会面临类似的道德抉择，例如在医疗保健、环境保护、战争与和平等方面。在这些情况下，我们需要权衡不同的利益和价值观，并做出最佳的道德决策。

(三) 机器人学三定律

考虑到人工智能和人类的相互关系，为规范机器人的行为，科幻作家阿西莫夫在 1950 年出版的《我是机器人》中，提出了著名的"机器人学三定律"[110]：一是机器人不得伤害人类个体，或者目睹人类个体将遭受危险而袖手旁观；二是机器人必须服从人给予它的命令，当该命令与第一条定律冲突时不例外；三是机器人在不违背第一、第二条定律的情况下要尽可能保护自己的生存。这三条定律给机器人的社会性赋予伦理，明确了人与机器人的伦理关系。

1985 年，阿西莫夫在《机器人与帝国》中又提出"第零定律"，即"机器人不得伤害人类整体，或因不作为使人类整体受到伤害"，并将其作为"机器人学三定律"的前提，将其列于三定律之上。

四、主题学习活动：辩论赛“人工智能VS人类智能”

（一）学习主题

人工智能是否会战胜人类智能。

（二）学习活动

将学生分两组，每组分别选择正方、反方立场，分别搜集相关论据，选派五人代表本方，开展“人工智能是否会战胜人类智能”为主题的辩论赛。

正方观点：人工智能会战胜人类智能。

反方观点：人工智能不会战胜人类智能。

小贴士：可供参考的论据如表7-8和表7-9所示，但不局限于此。

表7-8　正方可供参考的论据

正方观点	论　据
第一，技术的进步，人工智能使人类的生活更美好	人工智能发展了几十年，在技术上取得了非常大的进步。例如，人工智能的医疗应用惠及大众，医生或许难以持续应用最新的治疗方案和方法，也无法了解所有医学案例。而人工智能可以在短时间内分析大量数据，精确判断病症，并找到最佳的治疗方案，为人们提供最好的治疗；如今已经被广泛应用的无人驾驶系统不仅减轻了人们的负担，而且大大降低了事故率；苹果系统的SIR手写版系统、生物识别系统、大语言模型都是人工智能的应用，使人类的生活质量、工作水平得到显著提高
第二，人工智能推动社会进步，实现人类进一步解放	应用人工智能后，各行业的生产效率大幅提高，人类财富以几何形式快速增长，为人类的美好生活提供了坚实的物质基础。人工智能将人类从重复的、无意义的、高危险的工作中解放出来，从而把精力投入到更有意义的领域中去。人工智能也让人类突破发展瓶颈。例如，人工智能可以探索外太空、山海冰河这些人类无法企及的地方，可以让复杂的大数据得到高效的分析与合理的运用，让人们探索到更深层次的知识。所以人工智能使人类超越了自己本身的局限，实现了人类的进一步解放
第三，人工智能推动了人类的理性进步，可以反过来促进人类的发展	人工智能研发过程本身就具有研究人脑认知与功能的需求和特性，从而使人类在这个过程中就掌握了学习的方法，从而增强了逻辑思维能力。人工智能更新了人类应对问题的方法，比如依靠大数据的分析，沃森医生可以提供对病人伤害最小的、全新的治疗手段和技能范围。人工智能也拓宽了人类的知识技能范围，比如，人工智能根据对大数据分析得到各种新知识、新信息，使洪水、地震等灾害预报的精确程度大大提高
…	…

表 7-9 反方可供参考的论据

反方观点	论　据
第一，人类具有想象力	即使把全世界的文字都输入机器中，它也无法像人类一样凭空想象出一个故事。所以，人类能够通过自己想象力来进一步创造和丰满世界
第二，人类具有独创思维	独创思维是人类所独有的。尽管科技和智能对研究有很大帮助，但实际上这些都是人类探索精神和独创思维所带来的结果。同时独创思维又与想象力、创新能力结合在一起，不断为人类服务，使人类不断走向自由和幸福
第三，人类之间能够进行充满温度的情感交流	机器人也许能跟你对话，甚至能知道你想要什么，但机器人在某种意义上是“冰凉”的。机器人没有血肉，没有真正有温度的交流能力。这种交流能力与人类的情感能力是紧紧连在一起的。机器人能够把人类的情感输入系统中，通过人工智能的方式筛选、判断你现在的情绪，选择怎么进行交流。但是，人类内心真正渴望的情感、互相之间的感情交流能力，那种无语凝噎的情感，和眉目之间的情愫，是人工智能难以实现的
…	…

(三) 学习探究

根据前面搜集的人类智能、人工智能各自优势的材料，以及开展的“人工智能是否会战胜人类智能”辩论赛，请思考：在未来的智能时代，人类应该如何与人工智能和谐共生，互促共进？如何更好地应对未来人工智能带来的挑战？请结合实际，调研人工智能对您所学专业未来岗位的影响，思考在读书期间需要如何调整自己的学习目标、学习内容、学习方式。

请自拟题目，写一篇小论文，要求主题明确、观点鲜明、有理有据，体现人工智能对人类、对所学专业或对你的机遇与挑战，以及应对思考。

(四) 拓展阅读

1. 《中小学人工智能课程开发标准(试行)》

中国教育学会中小学信息技术教育专业委员会于 2021 年 10 月发布了《中小学人工智能课程开发标准(试行)》(T/CSE 001—2021)，为如何有标准、有依据地在中小学领域开展人工智能课程提供了可参考的重要文本。该标准主要包括课程简介、课程结构、课程内容、学业质量评价、实施建议五个部分。

2. 《人工智能伦理问题建议书》

联合国教科文组织于 2021 年 11 月发布《人工智能伦理问题建议书》(Recommendation on the Ethics of Artificial Intelligence)，旨在给 193 个成员国的人工智能技术研发提供伦理相关国际规范框架。建议书提出，开发和利用人工智能时需要尊重的价值观，包括人权、环保、多样性及和平与公正，规定了保护隐私、确保透明度等应当遵守的 10 项原则，对伦理影响评估、伦理治理和管理等 11 个政策领域提出建议，例如“避免将性别成见或歧视性偏见反映至 AI 系统中”，明确各国要以可信和透明的方式监测和评估与人工智能伦理问题有关的政策、计划和机制。

2023 年 6 月 28 日，联合国教科文组织和欧盟委员会签署了一项协议，以加快在全球范围内实施《人工智能伦理问题建议书》，预计将拿出 400 万欧元用于帮助部分欠发达国家建立相关法案。同时，联合国教科文组织将每年举办一次“全球人工智能伦理论坛”，作为世界各国之间学习和分享人工智能伦理政策制定和实施的平台。

专题八
机器学习及教育

学习导图

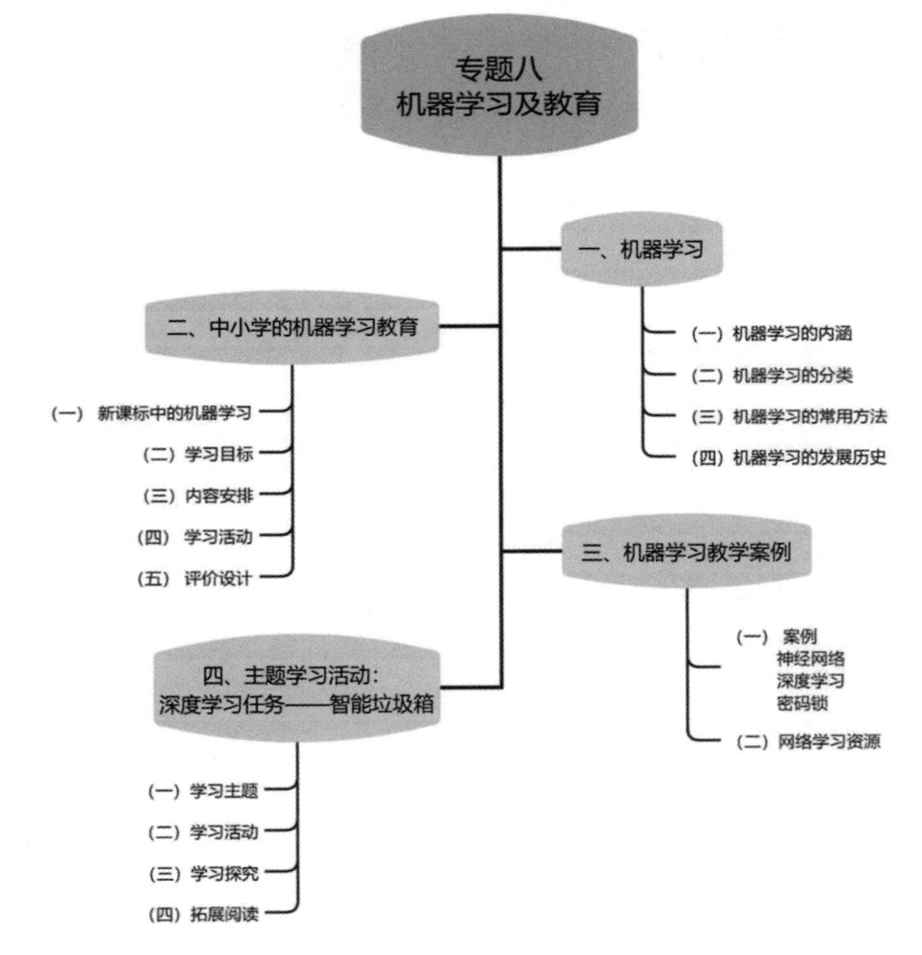

专题八
机器学习及教育
一、机器学习
（一）机器学习的内涵
（二）机器学习的分类
（三）机器学习的常用方法
（四）机器学习的发展历史
二、中小学的机器学习教育
（一）新课标中的机器学习
（二）学习目标
（三）内容安排
（四）学习活动
（五）评价设计
三、机器学习教学案例
（一）案例
神经网络
深度学习
密码锁
（二）网络学习资源
四、主题学习活动：
深度学习任务——智能垃圾箱
（一）学习主题
（二）学习活动
（三）学习探究
（四）拓展阅读

机器学习的核心是利用数据和算法来自动识别和预测模式，从而优化决策和提升效率。

——吴恩达(百度公司首席科学家，Coursera 联合创始人)

机器学习自诞生就是人工智能研究的核心概念之一，是使计算机具有智能的根本途径和基础。机器学习的应用遍及人工智能的各个领域，如数据挖掘、计算机视觉、自然语言处理、生物特征识别、搜索引擎、语音和手写识别、机器人开发以及大规模语言模型等。在基础教育领域，机器学习也是学习人工智能技术的主要内容之一。

一、机器学习

机器学习(Machine Learning)一词由塞缪尔于 1959 年提出。当时，萨缪尔在 IBM 公司工作，他研制了一个跳棋程序，这个程序具有“学习能力”，可以通过对大量棋局的分析逐渐辨识出当前局面下的“好棋”和“坏棋”，从而不断提高自身下棋的水平。这个程序被认为是第一个真正意义上的机器学习程序，标志着机器学习的诞生。

(一) 机器学习的内涵

我们可以从机器学习的概念、特征等方面来深入理解机器学习的内涵。

1. 机器学习的概念

关于机器学习的定义，有很多版本，如萨缪尔认为：机器学习是这样的领域，它赋予计算机学习的能力，这种学习能力不是通过显著式的编程获得的。再如，卡耐基梅隆大学教授、“机器学习教父”米特歇尔(Tom Mitshell)在他的经典著作《机器学习：一种人工智能方法》中也给出了一个定义：“一个计算机程序可以被称为学习，是指它能够针对某个任务 T 和某个性能指标 P，从经验 E 中学习。这种学习的特点是它在 T 上的被 P 所衡量的性能，会随着经验 E 的增加而提高。”以机器人冲咖啡为例，任务 T 是设计让机器人冲咖啡，经验 E 是机器人多次尝试的行为和这些行为产生的结果，性能指标 P 是指在规定时间内成功冲好咖啡的次数，也就是说，当机器人能从多次冲咖啡的行为和结果中进行学习，从而提高单位时间内冲好咖啡的次数，说明机器人具有了这方面的机器学习能力。

由以上定义可以看出：机器学习可以让计算机自动地从数据中“学习”，利用经验来改善自身的算法性能，能够更好地适应新数据和新情境。其过程通常包括数据预处理、特征提取、模型训练、评估和调整等步骤。数据、算法、算力是影响机器学习效果的主要因素。

2. 机器学习的特征

(1) 自动化：机器学习算法可以自动地从数据中提取有用的特征，并根据这些特征做出预测或决策，而不需要人工进行明确的编程。

(2) 适应性：机器学习算法可以适应不同的数据和情境，通过不断的学习和调整来提高自身的性能。

(3) 可扩展性：机器学习算法可以处理大规模的数据集，并在处理过程中自动优化和改进自身的性能。

(4) 基础性：前文分析的五个人工智能研究领域是“问题领域”，即人工智能努力去解决的具体问题；机器学习是“方法领域”，即解决上述问题所需用到的核心方法。也就是说，机器学习可以应用于各种不同的领域和问题，如图像识别、语音识别、自然语言处理、推荐系统、生成式人工智能系统等。

3. 机器学习与人类思考

机器学习与人类思考过程示意图如图 8-1 所示。

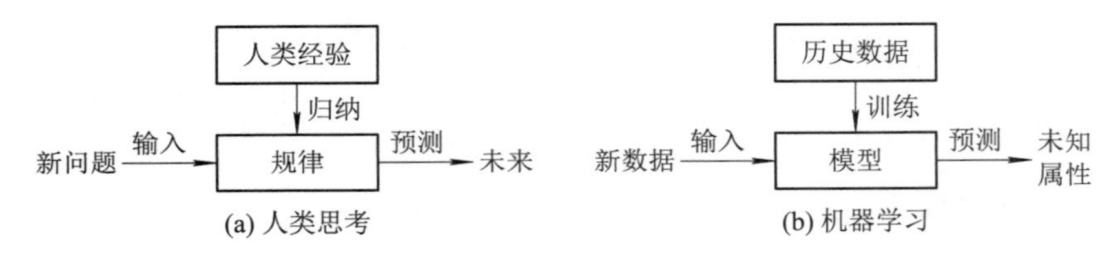

图 8-1 机器学习与人类思考

人们在成长、生活过程中会积累经验，通过对这些经验进行归纳得到“规律”，并根据“规律”来预测未来。比如在古代没有天气预报，但是住在海边的人们凭借自己的经验，可以从海鸥飞行的高度来推断未来的天气情况。而且，新问题的解决过程同时也是认知“规律”的更新过程。

对于机器学习来说，它的经验就是已有的历史数据，通过这些数据训练得到的“规律”也可以称为“模型”，利用“模型”对新的数据进行处理的过程就是机器学习的“预测”过程。当然，机器学习的“模型”也不是固定不变的，通过新的数据输入不断完善“模型”，能让预测更加准确。

4. 机器学习的相关概念

有学者对人工智能、机器学习、深度学习(Deep Learning)之间的关系，以及机器学习与深度学习的差异进行了深入分析[7]。如图 8-2 所示，机器学习是人工智能发展的一个重要分支领域，目标是使智能机器拥有像人一样的学习能力；深度学习是基于学习数据表征的更广泛的机器学习方法系列的一部分。近年来，随着深度神经网络的发展，深度学习的应用越来越广泛，在机器学习中的重要地位凸显。

如图 8-3 所示，在实现任务和解决问题的过程中，机器学习首先需要提取对象特征，然后根据特征进行分类问题求解。深度学习的强大之处，在于其将提取特征和分类问题求解汇总在一个神经网络模型中，只需一次输入即可得到最终的输出结果。

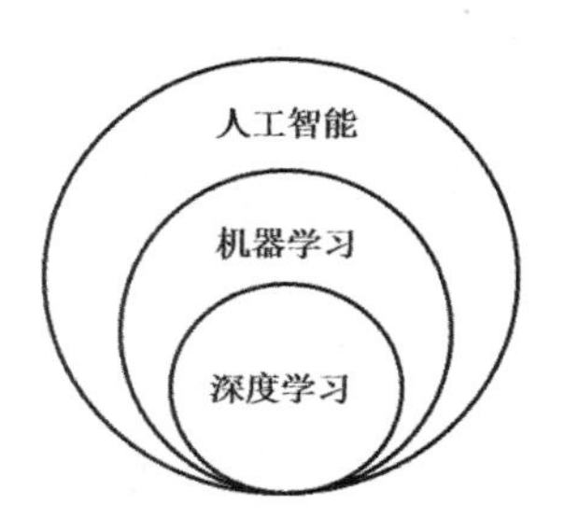

图 8-2　人工智能、机器学习与深度学习

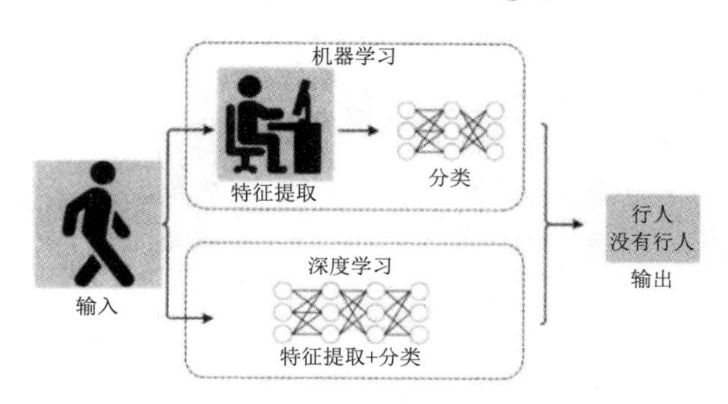

图 8-3　机器学习与深度学习的差异

(二) 机器学习的分类

学习是一项复杂的智能活动，学习过程与推理过程是紧密相连的，按照学习中使用推理的多少，机器学习所采用的策略大体上可分为四种：机械学习、示教学习、类比学习和示例学习。学习中所用的推理越多，系统的能力越强。

1. 机械学习

机械学习是最简单的学习策略，这种学习策略不需要任何推理过程，外界输入知识的表示方式与系统内部表示方式完全一致，不需要任何处理与转换。虽然机械学习看起来很简单，但由于计算机的存储容量相当大，检索速度又相当快，而且记忆精确、无丝毫误差，所以也能产生人们难以预料的效果。塞缪尔的跳棋程序就采用了这种机械学习策略。为了评价棋局的优劣，这个跳棋程序给每一个棋局都打了分，对自己有利的分数高，不利的分数低，走棋时尽量选择使自己分数高的棋局。这个程序可记住 53 000 多盘棋局及其分值，并能在对弈中不断地修改这些分值以提高自己的水平，这对人类来说是很难办到的。

2. 示教学习

比机械学习更复杂的是示教学习策略。对于使用示教学习策略的系统来说，外界输入知识的表达方式与内部表达方式不完全一致，系统在接收外部知识时，需要一些推理、翻译和转化工作。MYCIN、DENDRAL 等专家系统在获取知识上都采用这种学习策略。

3. 类比学习

类比学习系统只能得到完成类似任务的有关知识，因此，学习系统必须能够发现当前任务与已知任务的相似之处，由此制定出完成当前任务的方案，因此，类比学习比上述两种学习策略需要更多的推理。

4. 示例学习

采用示例学习策略的计算机系统，事先完全没有完成任务的任何规律性的信息，所得到的只是一些具体的工作例子及工作经验。系统需要对这些例子及经验进行分析、总结和推广，得到完成任务的一般性规律，并在进一步的工作中验证或修改这些规律，因此需要的推理是最多的。

除上述四种机器学习策略外，还有基于解释的学习、决策树学习、增强学习和基于神经网络的学习等。

(三) 机器学习的常用方法

机器学习的方法包含监督学习、无监督学习和强化学习等。监督学习和无监督学习的主要区别在于监督学习需要明确的指令要求，通过对特定输入数据的学习，给出相应的输出。无监督学习没有特定数据的输入，只能通过活动收集来的数据进行分析和自主学习，并在数据中发现模式。如果把监督学习看成是一条单向车道，只允许往一个方向行驶，那么无监督学习则是一条不受交通规则限制的双向车道，规则由来往车辆自行制定。

1. 监督学习

要想理解监督学习，我们先来看看人是如何进行监督学习的。以认识猫为例，人脑通过其他人对他的纠正，逐步修正大脑中猫的特征模型的过程，就是人的监督学习的过程。

对于计算机而言，要进行监督学习，形成猫的外貌特征模型，需要经过以下三个核心环节：

(1) 准备数据：需要准备大量用于训练猫外貌特征模型的图片。

(2) 训练模型：我们在把大量猫的图片输入计算机的同时，还要把每张图片标记为“是猫”，计算机会把“是猫”这种标记对应到所有输入的图片上。这些标记过的图片形成了计算机猫的特征模型的训练数据。计算机提取训练数据的特征，并且建立特征和标记之间的关系——具有这些特征的图片是猫的图片。给计算机输入图片数据并标记“是猫”的过程就是监督学习的过程。

(3) 验证模型：模型训练完成后，我们再给计算机输入不做任何标记的图片数据。这些不做标记的图片数据叫作测试数据。计算机提取测试数据特征，然后与最近一次的猫的外貌特征模型进行对比，判断新输入图片的特征是否在猫的外貌特征模型识别的范围内，根据对比结果输出是否是猫的判断。我们根据计算机的判断结果做出猫的特征模型是否训练成功的结论。

2. 无监督学习

无监督学习指没有指令数据，只能依靠计算机通过自己的活动收集来的数据进行自主学习，在训练的时候并不知道什么是正确结果。比如，AlphaGo 的围棋学习有两个阶段，第一个阶段是学习人类已有的棋谱，第二个阶段是与自己对战进行学习。第一阶段采用监督学习，第二阶段则采用无监督学习。

给计算机输入了很多包含猫的图片，计算机自动将这些图片分成了三类：第一类图片中猫的颜色都是黑色，第二类图片中猫的颜色都是白色，第三类图片中猫的颜色是其他色。也就是说，计算机自己发现的规律是将不同颜色的猫的图片分开。以此类推，计算机还可能将不同毛型的猫分类、不同耳朵型的猫分类，等等。利用无监督学习形成的模型，就可以在一大堆猫的图片中找到想要的猫的图片，比如我们搜索一只黑色的长毛猫，计算机会自动把这类猫的图片推送给我们。

无监督学习与监督学习的不同之处在于：不需要提前准备标记过的训练素材，而是让计算机在没有干预的情况下直接在数据中发现规律，如表 8-1 所示。

表 8-1 监督学习与无监督学习的比较[123]

维　度	监 督 学 习	无 监 督 学 习
数据	使用已标记(分类)的样本进行训练	使用未标记(分类)的样本进行训练
计算复杂度	低	高
学习方式	可进行离线分析	采用实时分析
准确度	准确可靠	适度可靠，可能有分歧
适用算法	分类、回归	聚类、降维

3. 强化学习

强化学习(Reinforcement Learning)是机器学习在实际应用中常见的一种学习方式。以认识花为例，我们第一次看到花时会觉得花很好看，闻到花的香味觉得花很香。这个时候我们会增加对花的好感，觉得花是个美好的事物。如果我们把花摘了下来，则会发现没过几天花就枯萎了。这个时候我们就知道了想要让花保持好看，不能轻易采摘。这就是人类的学习方式，在环境中学习，机器的强化学习也有相似之处。

强化学习面对的是一个不断变化的环境，机器需要在这样的环境里学习，而每一个行动都会有对应的奖励，机器通过分析数据来学习在什么样的情况下做什么事情，并找到最佳决策。2016 年，在围棋人机大战中击败韩国职业九段棋手李世石的 AlphaGo 使用的学习方法之一就是强化学习。

与监督学习、无监督学习不同，强化学习不需要一系列的训练样本，而是需要机器在变化的环境中通过大量的试错学习找到最佳解决方案。

一个强化学习模型需要几个部分，以下围棋为例：

状态(state) = 环境，棋盘中的每一格是一个状态；

动作(action) = 棋盘中可以行走的方向；

奖励(rewards) = 每次动作后给予的反馈，可以是奖励，也可以是惩罚；

策略(policy) = 在不同的盘面形势下，会选择相应的行动。

强化学习本质上是一个学习模型，它并不会直接给出解决方案，而是需要通过试错去找到解决方案。在机器学习算法程序运行的过程中，人类可对强化学习的行为做出评价，评价有正面和负面两种，目的是让它做出更有可能得到正面评价的行为。

我们以一个例子来描述强化学习的过程，用计算机模拟一只在迷宫中行走的猫。迷宫中每隔一段距离放有猫粮，在迷宫的某些地方也放有电极，猫的目标就是在避免被电击的情况下，尽量在迷宫中吃到更多的猫粮。如果吃到了猫粮就接受奖励加分，如果被电极电到就接受惩罚，回到迷宫的开始位置重新探索。为了得到最优的方案，这只模拟出来的猫需要探索新的位置，同时又要尽量取得最多的奖励。这就是强化学习的过程。

强化学习是由外部环境提供的各种强化信号对计算机做出行动评价，强化信号就像上面例子中的猫粮和电极，而不是直接告诉计算机如何去产生正确的判断。由于外部环境提供的信息不多，计算机必须靠自身的经历进行学习。通过这种方式，计算机可以从外部环境获得知识，从而改进行动方案以适应环境。

(四) 机器学习的发展历史

机器学习的发展历史可以划分为五个阶段：诞生奠基阶段、停滞瓶颈阶段、出现希望阶段、现代成型阶段、爆发阶段。每个阶段的时间、典型事件和内容如表 8-2 所示。

表 8-2 机器学习的发展阶段

阶 段	时 间	典型事件	内 容
诞生奠基阶段	1949 年	赫布学习理论	当一个神经元 A 能持续或反复激发神经元 B 时，其中神经元的生长或代谢过程都会变化
	1950 年	图灵测试	如果一台机器能够与人类展开非面对面对话，而不能被辨别出其机器身份，那么称这台机器具有智能
	1952 年	机器学习	IBM 科学家亚瑟·塞缪尔创造了这一术语，并将其定义为可以提供计算机能力而无须显式编程的研究领域
	1957 年	感知机	罗森·布拉特设计出第一个计算机神经网络——感知机，模拟了人脑的运作方式
	1969 年	XOR 问题	马文·明斯基指出感知机在线性不可分的数据分布上是失效的
停滞瓶颈阶段	20 世纪 60 年代中期至 70 年代末期，机器学习发展几乎处于停滞状态，温斯顿(Winston)的结构学习系统和罗思(Hayes Roth)等人的基于逻辑的归纳学习系统取得了较大的进展，但只能学习单一概念，且未能投入实际应用；神经网络学习机因理论缺陷也未能达到预期效果		

续表

阶段	时间	典型事件	内容
出现希望阶段	1981 年	多层感知机	伟博斯在神经网络反向传播(BP)算法中具体提出多层感知机模型
	1986 年	决策树	昆兰提出 ID3 算法，后常被用于数据分析和预测
现代成型阶段	1990 年	Booting 算法	Schapire 最先构造出一种多项式级的算法，后 Freund 和 Schapire 对其改进并提出了 AdaBoost (Adaptive Boosting)算法
	1995 年	SVM 算法	支持向量机算法，成为机器学习的两大流派之一
	2001 年	随机森林算法	通过集成学习(Ensemble Learning)的思想将多棵树集成的一种算法，基本单元是决策树
爆发阶段	2006 年	深度学习	Hinton 提出了深度卷积神经网络算法模型
	2015 年	联合综述	LeCun、Bengio 和 Hinton 推出了基于深度学习的联合综述
	2022 年	大语言模型	OpenAI 运用大语言模型开发出了 ChatGPT 3.5，可以生成通用文本内容

二、中小学的机器学习教育

中小学的科技教育对机器学习主题十分关注，在相关标准中得到了充分体现。

(一) 新课标中的机器学习

教育部颁布的《义务教育信息科技课程标准(2022 年版)》中第四学段(7～9 年级)包括“人工智能与智慧社会”模块，其内容要求中明确“学生需要掌握通过分析典型的人工智能应用场景，了解人工智能的基本特征及所依赖的数据、算法和算力三大技术基础；通过对比不同的人工智能应用场景，初步了解人工智能中的搜索、推理、预测和机器学习等不同实现方式”。

(二) 学习目标

机器学习是开展人工智能学习的重要内容之一，在不同版本的教材中都设计有专门内容，具体学习目标如表 8-3 所示。

表 8-3　不同版本教材中机器学习的学习目标

教材版本		学习目标
华东师范大学出版社	《人工智能启蒙(小学版)》	第二章　智能的探秘 第四节　智能核心——算法 了解算法； 知道机器学习与人类思考区别
	《人工智能应用(初中版)》	第二章　走近人工智能 第三节　人工智能的引擎——算法 第四章　创设人工智能 通过机器学习平台实现声音识别、数据预测等人工智能产品的设计与实践，围绕不同的人工智能应用展开项目
	《人工智能设计(高中版)》	第一章　初识人工智能 机器学习原理分析； 会预测的人工智能
上海教育出版社	《人工智能(小学版)》	模块 2　智能背后神奇的算法 了解人工神经网络； 理解算法是解决问题的方法且不断进化； 运用算法解决垃圾分类
	《人工智能(初中版)》	第一章　认识人工智能 第二节　走进人工智能 理解机器学习、深度学习的意义； 学习使机器具有智能，深度学习促进智能快速发展
北京师范大学出版社	《人工智能(初中版)》	第三章　机器学习技术 感受机器学习产品，知道机器学习应用经历的基本阶段； 知道机器学习技术的过程、方法和算法； 应用机器学习技术实现简单的应用； 关注机器学习技术的应用领域和发展
	《人工智能(高中版)》	第二章　机器学习：让机器懂得学习 结合生活中的具体案例，能总结归纳出机器学习的概念，并能列举出机器与人类学习方式的异同点； 采用团队协作的方式进行实验，能总结出机器学习的主要流程，并能列举生活中可用机器学习的思想去解决问题的例子； 理解监督学习与非监督学习的概念，掌握监督学习和非监督学习的差异，了解监督学习的主要应用场景

(三) 内容安排

不同的系列人工智能教材中，机器学习主题形式多样，内容和要求层层递进，具体内容的聚焦点如表 8-4 所示。

表 8-4　不同版本教材中设计内容的聚焦点

教材版本		设计内容的聚焦点
华东师范大学出版社	《人工智能启蒙(小学版)》	机器学习与人类思考的区别 制作图片分类器
	《人工智能应用(初中版)》	机器学习与人类学习的区别 机器学习的三种方式 “深蓝”与“阿尔法围棋”的区别
	《人工智能设计(高中版)》	区分监督学习、无监督学习、强化学习
上海教育出版社	《人工智能(小学版)》	了解人工神经网络 理解问题求解的不同算法
	《人工智能(初中版)》	理解机器学习与人类学习的异同 通过实战演练理解机器学习的方法 通过案例学习理解深度学习及其应用
北京师范大学出版社	《人工智能(初中版)》	体验机器学习应用 机器学习技术的原理 机器学习技术简单应用案例：识图玩具熊猫 机器学习技术的发展与应用
	《人工智能(高中版)》	认识机器学习 数据集：采集手势的图片 特征提取：提取手势特征 分类器：训练机器识别手势 深度学习：训练自动识别手势 模型评估：评估机器识别手势的效果

(四) 学习活动

关于机器学习的主题，教材中设计了众多不同的学习活动，如案例分析、智能游戏、查阅资料、课堂讨论、机器学习平台的识别训练等，各版教材中的学习活动设计具体如表 8-5 所示。

表 8-5　学习活动比较

教 材 版 本		设计的学生学习活动
华东师范大学 出版社	《人工智能启蒙 (小学版)》	思考：选择的算法不同，但最终都能顺利达成目标吗？
	《人工智能应用 (初中版)》	基于机器学习的应用案例分析 收集人工智能相关的算法知识
	《人工智能设计 (高中版)》	天气预报的算法 查阅资料，探索机器学习中的非线性模型，以及股价预测
上海教育 出版社	《人工智能 (小学版)》	热点聚焦：玩“猜画小歌”游戏，理解其背后的算法 生活面对面：怎样找到去熊猫馆的捷径 社会大冲浪：让更多的人参与垃圾分类行动
	《人工智能 (初中版)》	课堂小讨论： 什么是人工智能算法？ 机器学习与人类学习的异同 深度学习与数据、算力的关系 深度学习的应用领域及举例 课堂实战演练： 运用机器学习平台进行梨和苹果的识别
北京师范大学 出版社	人工智能 《(初中版)》	分组讨论：软件的密码类型 交流讨论：比较人类学习过程和机器学习过程的不同之处；利用人工智能实验平台完成三种手势的特征模型的训练和验证，并将详细过程的描述填写在表中；分组讨论机器学习在计算机视觉、智能语音和自然语言处理领域有哪些产品，对生活和生产的作用是什么
	《人工智能 (高中版)》	实践探究 思考交流

(五) 评价设计

学习评价是检验学习成效的必要环节，针对机器学习主题相关内容的学习，各版本的教材都很关注学习评价的设计，或体现在学习过程中，通过讨论、活动进行过程性评价，或体现在学习内容的最后，以作业、编程作品、学习评价表、自我体验与测评等方式进行结果性评价，具体梳理如表 8-6 所示。

表 8-6　评价活动比较

教材版本		学习评价
华东师范大学出版社	《人工智能启蒙(小学版)》	根据活动完成情况
	《人工智能应用(初中版)》	根据表格的完成情况
	《人工智能设计(高中版)》	通过编程作品检验成果
上海教育出版社	《人工智能(小学版)》	方式：自我测评与智能体验 判断以下描述正确与否或不确定： 至今没有一台机器通过图灵测试； 机器学会“学习”是人工智能得以发展的关键
	《人工智能(初中版)》	学习评价表(优秀、良好、一般的评价观察点)： 理解人工智能三要素； 了解机器学习的重要性
北京师范大学出版社	《人工智能(初中版)》	主要通过交流和讨论
	《人工智能(高中版)》	通过编程作品检验成果

三、机器学习教学案例

(一) 案例

1. 神经网络

人体内有大量神经细胞，也叫神经元。神经细胞通过相互联系构成了一个功能强大、结构复杂的信息处理系统——人体神经系统。人能够思考并从事各种各样的复杂工作，是因为我们身体内部微小的神经细胞起着作用[100]。

科学家受到人体神经细胞的启发，把每个神经细胞抽象成一个叫作神经元模型的基本信息单元，把许多这样的信息单元按一定的层次结构连接起来，就得到人工神经网络。如

图 8-4 所示，通过输入层给人工神经网络输入大量数据，由神经元模型构成的多层神经网络对这些数据进行计算，从而得到需要输出的结果。例如，给计算机输入猫的图片数据，需要计算机输出是否是猫的判断。我们将图片数据输入给人工神经网络，第一层神经网络会提取图片的初始特征，然后输入给第二层神经网络；第二层神经网络会把上一层提取的特征通过参数调节的方式进一步细化，再输入给下一层神经网络……以此类推，经过多层神经网络的处理，最终得到猫的特征模型，利用特征模型可做出是否是猫的判断。

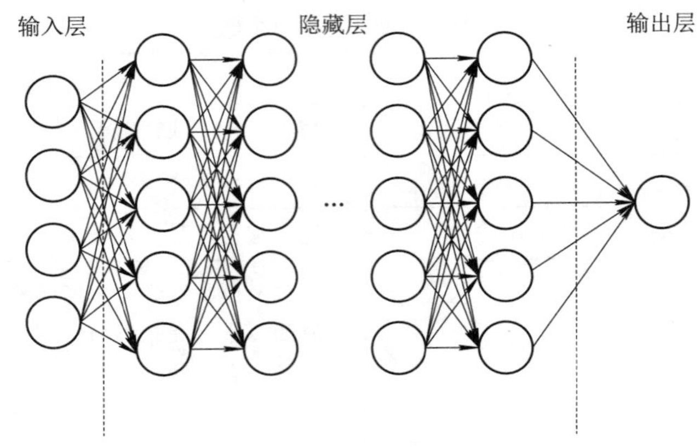

图 8-4 神经网络的工作原理

2. 深度学习

深度学习是机器学习的一个分支，通过多层神经网络来学习数据表示和特征提取，进行预测和分类。一般情况下，人们把超过四层的人工神经网络称为深度学习。深度学习通过构建具有很多隐层的机器学习模型和海量的训练数据来学习更有用的特征，从而最终提升计算机处理新数据的准确性。

深度学习具有多层神经元结构、自动特征提取、端到端学习、大规模数据处理和可解释性较差等方面的特征。

(1) 多层神经元结构。深度学习使用多层神经元结构来模拟人类神经系统的运作方式，从而实现对复杂数据的处理和学习。例如，卷积神经网络通过多层卷积层和池化层来提取图像的特征，从而实现图像分类和识别。

(2) 自动特征提取。深度学习可以自动从原始数据中提取有用的特征，而不需要人工进行特征提取。例如，循环神经网络 RNN 可以通过学习序列数据中的时间依赖性，自动提取序列数据的特征，并应用于语音识别、机器翻译等领域。

(3) 端到端学习。深度学习可以实现端到端的学习，即直接将原始数据映射到最终的任务输出。例如，在图像识别中，深度学习可以直接将图像像素作为输入，输出图像的分类结果，而不需要人工设计复杂的特征提取和分类器。

(4) 大规模数据处理。深度学习可以处理大规模的数据集，并通过并行计算等技术来提高模型的训练速度。例如，在自然语言处理中，深度学习可以使用大规模的语料库来训练模型，从而提高模型的性能和准确性。

(5) 可解释性较差。深度学习的模型通常比较复杂，难以解释其内部的工作原理和决策过程。例如，在图像识别中，深度学习模型可能会将图像中的某些特征与特定的分类结果相关联，但这些关联可能并不明显或易于理解。

3. 密码锁[100]

智能手机都有一个功能，即用户设置了锁定密码之后，手机在经过一定的待机时间之后会自动进入锁定状态，此时若要使用手机，则需要用密码进行解锁。除了常规的数字密码、混合密码、图形密码，我们还能使用指纹密码、人脸密码和声纹密码等。下面介绍部分密码的设置和使用方法。

指纹解锁密码设置：首先进入手机解锁密码设置界面，选择指纹解锁密码设置，根据提示反复触摸手机的指纹感应器以采集指纹信息，直到手机提示指纹采集成功，如图 8-5 所示。

图 8-5　指纹解锁密码的设置

指纹解锁密码使用：进入到手机解锁界面，手机会提示用手指接触指纹感应器进行指纹解锁密码验证。如果指纹解锁密码验证成功，手机会进入操作界面；如果不成功，手机会提示指纹解锁密码验证失败。

人脸解锁密码设置：首先进入到手机解锁密码设置界面，选择人脸解锁密码设置，根据提示确保脸部显示在屏幕中央，然后向各个方向轻微转动头部或反复眨眼，直到手机提示人脸显示成功。

人脸解锁密码使用：进入手机解锁界面，手机会打开摄像头采集人脸信息进行人脸解锁密码验证。验证完成之后，如果人脸解锁密码验证成功，手机会进入操作界面；如果不成功，手机会提示人脸解锁密码验证失败。

通过前面的例子可以看出，在手机(实际上是一台小型计算机)上使用生物特征密码，要经历设置和使用两个阶段。设置阶段是让计算机学会认识指纹或人脸等人类生物特征，也就是学习阶段，通过反复地获取人的指纹或脸部特征信息，建立特征模型。计算机通过指纹感应器或摄像头解锁密码时，实际上是利用学习阶段建立的特征模型，把存储在计算机中的指纹或人脸特征与新采集到的指纹或人脸特征进行对比判断，确定是不是具备同样特征，也就是验证阶段。如果特征模型认为新旧两种特征一致，计算机就进行手机解锁；如果特征模型认为新旧两种特征不一致，计算机就会提示密码验证失败。

(二) 网络学习资源

深度学习应用开发——TensorFlow 实践

本课程由中国大学 MOOC 平台提供，由浙江大学城市学院课程团队开发。

课程详情：这是一门专注于人工智能(AI)和机器学习应用开发实践的课程，被评为浙江省一流线上课程，得到教育部-Google 公司产学合作协同育人项目的资助，并由 Google 中国大学合作部 TensorFlow 教学研讨班进行讲授。

详细内容请访问课程平台搜索学习。

四、主题学习活动：深度学习任务——智能垃圾箱

(一) 学习主题

主题：深度学习任务——智能垃圾箱。

(二) 学习活动

在百度智能云平台上，使用 EasyDL 图像分类任务，实施识别居民垃圾投放的场景需求，具体操作分为数据准备、模型训练、模型部署。

1. 数据准备

数据准备包括两步：数据采集、数据导入与标注。

(1) 数据采集。拍摄一些真实场景中的真实垃圾照片，仅用于训练模型，20 张照片即可，将这些照片贴上具体名称的标签，然后在开发应用时，将它们归入「厨余垃圾」、「可回收垃圾」、「有害垃圾」、「其他垃圾」几个不同类别。

(2) 数据导入与标注。第一步，在 EasyDL 官网点击立即使用，选择图像分类任务，进入图像分类操作台；第二步，在数据总览页中点击创建数据集，创建一个“垃圾分类”数据集，点击完成；第三步，在数据总览页中找到刚才创建的数据集，点击操作栏的“导入”，选择“有标注信息”→“本地导入”→“上传压缩包”→“以文件夹命名分类”；第四步，在数据总览中可以看到数据已经导入，点击右侧的查看与标注去标注上传的原始图片数据。

2. 模型训练

第一步，在我的模型页创建模型，填写真实信息；第二步，在刚才创建好的模型操作栏点击训练，准备开始配置训练任务；第三步，配置训练任务，选择高性能模型，配置完训练策略后，添加刚才导入的数据集作为训练数据，点击开始训练。

3. 模型部署

在模型训练完成后，可点击对应操作栏的申请发布，将模型发布为 EdgeBoard 专项适配的 SDK-纯离线服务。在模型发布完成后，可在纯离线服务下载 SDK 进行本地部署。

百度智能云的智能垃圾箱项目，可进行免费的数据标注、模型训练，提供一定额度的免费调用公有云服务 API 和部署本地 SDK 服务。

(三) 学习探究

根据学习活动的步骤进行模拟练习。

(四) 拓展阅读

1. 机器学习的 K-12 分级学习目标

计算机通过数据学习，机器学习是一种在数据中找到规律的统计推断。近年来，一些学习算法创造了新的表示方法，使得人工智能的许多领域都取得了显著进步。这种方法的成功需要大量的数据，而这些“训练数据”通常由人们提供，有时也可以由机器自动获取。美国《K-12 人工智能指南》提出，机器学习主题下的具体应用包括：训练手机识别人脸；训练语音识别系统；训练机器翻译系统；图片搜索等。

1) 主要概念

主要概念包括：机器学习；机器学习的方法；学习算法的类型；神经网络基本原理；神经网络架构的类型；训练数据对学习的影响；机器学习的局限。

2) 分级学习目标

幼儿园—2 年级：通过纸笔活动来学习数据类型；使用识别图形的分类器：使用谷歌自动绘图或 Cognimates 的训练涂鸦探究训练集如何识别图像，并讨论程序如何知道它们在画什么。

3—5 年级：描述并比较机器学习的三种方法——监督学习、无监督学习和强化学习；通过训练模型来更改一个交互式的机器学习项目；描述算法和机器学习会表示出偏见。

6—8 年级：识别出数据训练集中的偏见，并通过扩展该训练集来纠正该偏见；会用手部模拟来训练简单的神经网络。

9—12 年级：使用 TensorFlow Playground 训练一个神经网络(1～3 层)；追踪并实验一个简单的机器学习算法。

2. 机器识别猫咪

小孩看到图时，能立刻识别出图上的简单元素，例如猫、书、椅子。如今，计算机也拥有足够的智慧做到这一点了。请在网易公开课搜索观看 TED 视频——李飞飞：如何教计算机理解图片，分析机器学习与人类学习的异同，并思考它们可以如何互补。

专题九
人工智能教育发展趋势

学习导图

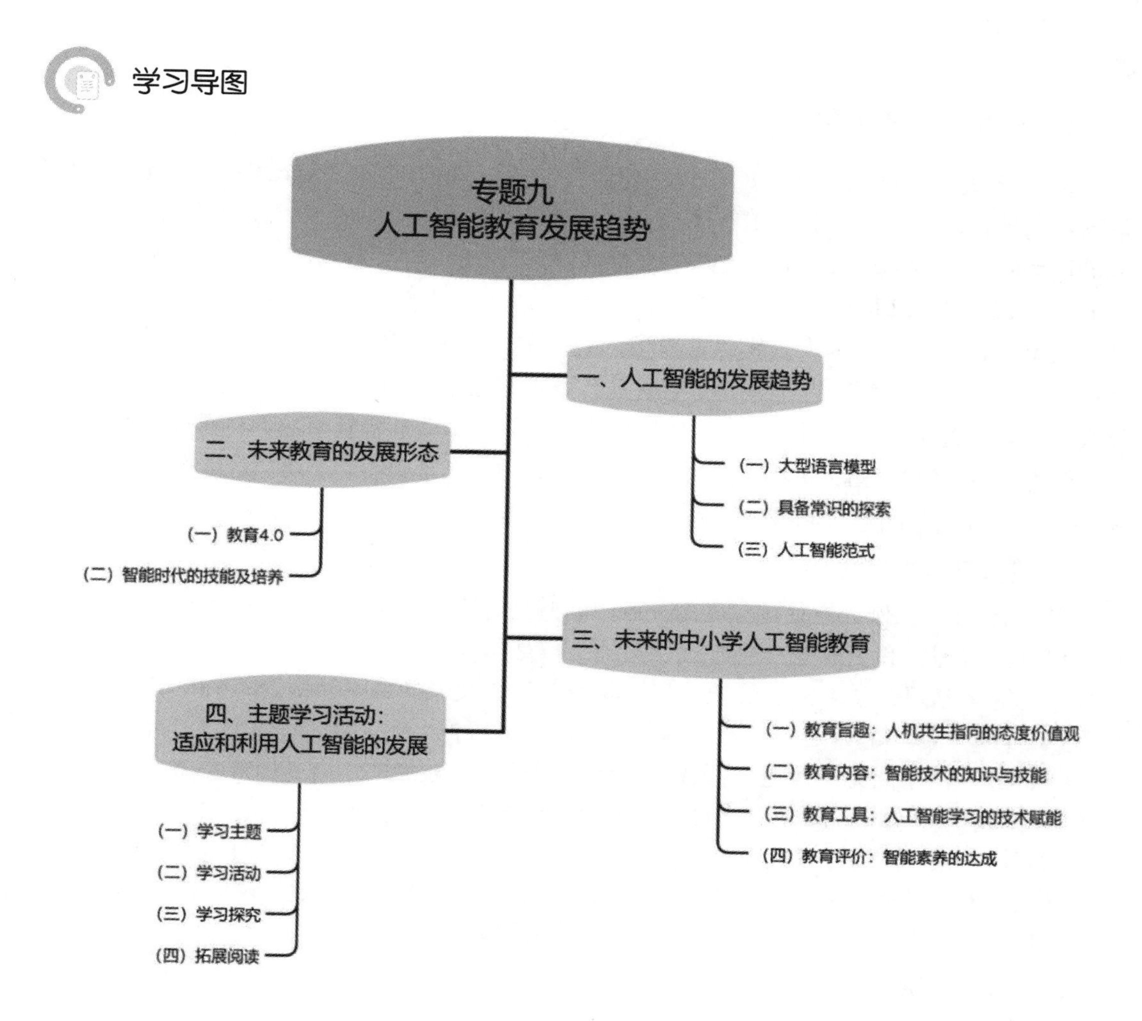

中国高度重视人工智能对教育的深刻影响，积极推动人工智能和教育深度融合，促进教育变革创新，充分发挥人工智能优势，加快发展伴随每个人一生的教育、平等面向每个人的教育、适合每个人的教育、更加开放灵活的教育。

——习近平向国际人工智能与教育大会致贺信

一、人工智能的发展趋势

下面从大型语言模型、具备常识的探索、人工智能范式等方面来探讨人工智能的发展趋势。

(一) 大型语言模型

2022年底，OpenAI的ChatGPT横空出世，之后ChatGPT-3、ChatGPT-4、Sora等相继推出，全球再次掀起了一股人工智能热潮，各国相继推出了各种生成式人工智能(Artificial Intelligence Generated Content，AIGC)平台和产品。ChatGPT 背后的大型语言模型(Large Language Model，LLM)成为人工智能领域的热门话题，引起了广泛关注。

大型语言模型也称为大规模语言模型，是一种基于深度学习架构的，通过训练大规模数据集的语言训练模型，旨在理解和生成人类语言。它可以根据用户给定的提示、提问，理解人类语言的含义、语法和语境，创建用户可以理解的文本。连贯且与上下文紧密相关的文本生成能力，使人们对 ChatGPT 这样的 AIGC 充满期待，甚至设想它会深刻改变个人助理、新闻写作、内容创作的方式和业态，对一些相关行业的就业、人才培养带来颠覆性的影响。

1. 模型已有的改进

以 ChatGPT 为例，它使用 Transformer 模型来对输入文本进行建模和预测，在这个过程中提升语言理解和生成能力的方式有两种：一是预训练，二是微调。预训练阶段通过大规模的无监督学习来学习语言的统计规律和潜在的语义，微调阶段则通过特定的监督学习任务(如问答、翻译等)来进一步提高模型的性能和适应性。

ChatGPT 的不断升级改进主要体现在模型规模、训练数据、语言理解能力、文本生成能力、情感语境感知能力、语言多样性、对话管理能力等方面。如 ChatGPT-4 比 ChatGPT-3 的数据规模大很多，训练参数更多，可以处理更多、更复杂的文本；引入了新模型结构——细粒度拓扑网络结构，可以更好地感知和理解上下文中的信息；引入了零样本学习技术，可以更快地适应新的任务，更灵活地运用于不同场景等。

2. 问题与解决之道

ChatGPT 不断更新迭代，应用领域增多，应用程度加深，人们不断被其智能表现所惊艳，同时也在反思其快速发展过程中存在的问题、困境，如数据偏见、常识推理、资源消耗、模型可解释性和透明度等，并寻求解决之道。

1) 数据偏见

ChatGPT 模型使用的语料库来源于互联网，这些语料可能存在社会、文化、地域、年龄等方面的偏见，这可能导致 ChatGPT 模型在某些情况下给出不准确的答案。为了解决这个问题，研究人员可以探索收集更加全面和多样化的数据，并对数据进行清洗和去偏见，以提高模型的准确性。

2) 常识推理

ChatGPT 模型主要基于语言模式和统计学习，对于需要推理和理解的问题，往往表现不佳。对于一些需要常识和逻辑推理的问题，模型可能无法给出准确的答案。为了解决这个问题，研究人员可以探索引入更多的知识和推理机制，以提高模型的推理和理解能力。

3) 资源消耗

随着模型规模的不断扩大，ChatGPT 的计算资源和能源消耗也越来越大，在实际应用中需要权衡性能和成本，以控制模型的应用范围和性能表现。为了解决这个问题，研究人员可以探索更高效的模型结构和算法，以减少计算资源和能源消耗，同时保持模型的性能表现。

4) 模型可解释性和透明度

ChatGPT 模型的决策过程和结果往往缺乏可解释性和透明度，这可能会限制模型的应用范围和信任度。为了解决这个问题，研究人员可以探索引入更多的可解释性和透明度机制，以提高模型的可信度和可靠性。

3. 未来可能的趋势

对于人工智能的未来发展，人们有众多期待，认为有多样的可能。从对教育的影响角度出发，以下的发展趋势会对教育产生更深刻的影响。

1) 多模态融合(Multi-modality Fusion，MF)

ChatGPT 可以处理和分析多种模态的数据，在不断提升文本、图片理解和生成能力的同时，对图像、语音、视频等多元化数据的处理能力也在提升，大模型正在朝着多模态信息融合的方向快速发展。正是由于对不同表现形式的信息进行整合理解，大模型的迁移学习能力会得到提升，这成为人工智能全面理解真实世界的重要基石。未来大语言模型将面对更加复杂多样化的交互场景，更加注重各种形式的信息融合，多模态技术将在教育教学、智能家居、智慧城市、医疗诊断、自动驾驶等方面打开全新的应用空间。

2) 具身智能(Embodied AI，EAI)

作为人工智能领域极具挑战性的前沿方向之一，具身智能是可以和物理世界进行感知交互，并具有自主决策和行动能力的人工智能系统，可以达到虚实融合的目标。正如斯坦福大学教授李飞飞所说，具身的含义不是身体本身，而是与环境交互以及在环境中做事的整体需求和功能。具身智能中的智能体能够以第一人称的视角感受物理世界，通过与环境产生交互并结合自我学习，从而产生对于客观世界的理解和改造能力。如谷歌旗下的DeepMind 公司开发的 RoboCat 模型，可以控制真实世界的不同机器人完成一系列多种任务，并可以快速适应新的任务和实体；再如，谷歌联合美国加州大学伯克利分校、波兰华沙大学开发的 LM-Nav 导航系统，用三个大模型(视觉导航模型 ViNG、大型语言模型 GPT-3、视觉语言模型 CLIP)教会了机器人在不看地图的情况下，通过自我监督系统，去理解自然语言指令到达目的地。具身智能本质上是机器人与其他人工智能核心技术的交叉融合，其研究将促使智能体具备自主规划、决策、行动、执行等能力，实现人工智能的通用能力进阶。

3) 知识图谱(Knowledge Graph，KG)

作为一种用图模型来描述知识和建模世界万物之间的关联关系的技术方法，知识图谱以结构化的形式描述现实世界中的实体、概念及其之间的关系，将互联网上的信息表达成一种更接近人类认知世界的形式，为机器提供了组织、管理和理解互联网信息的能力。目前，知识图谱的构建技术不断发展，一系列基于规则、模板、机器学习的自动化、半自动化的知识图谱构建方法相继推出，许多基于规则、路径、概率图模型的推理和预测方法被投入应用。在教育领域，知识图谱常被用来展示学科的核心结构、发展历史、前沿领域以及整体知识的逻辑架构，同时整合不同学科的知识资源，形成跨学科的知识网络，以便学生通过浏览知识图谱了解不同学科之间的联系和交叉点，从而促进跨学科学习和创新思维的培养；通过对学生的学习行为进行分析和预测，可以基于知识图谱为教育者提供针对性的教学策略和资源推荐，为学生提供优质学习资源的语义搜索和智能推荐，实现教育智能决策支持。未来知识图谱技术的发展，在知识的完备性、知识表示和融合、复杂关系推理、推理的效率和扩展性、与深度学习的结合以及多模态数据融合等方面还有很大的研究与提升空间。

4) 脑机接口(Brain-Machine Interface，BMI)

脑机接口是一种在脑与外部设备之间建立直接信息交换渠道的人机交互方式之一，脑是指有机生命的脑或神经系统，机是指从简单电路到硅芯片的任何计算设备。20 世纪 90 年代中期以来，脑机接口发展迅速，研究主线是开发出与大脑相适应的系统，实现大脑对身体失能部件或体外部件的控制，就像自然肢体控制植入的假肢那样，主要用于突破人类的生理界限，实现残障人士的功能恢复。比较典型的研究如马斯克旗下的脑机接口公司 Neuralink，2020 年 8 月用三只小猪向全世界展示了可实际运作的脑机接口芯片和自动植入手术设备；2023 年 5 月，向全球发布脑机接口实验的首次人体临床研究，并获得了美国食品和药物管理局(FDA)批准。中国也于2022年6月，完成自主研发的首款介入式脑机接口的动物试验。2023年工业和信息化部将脑机接口与元宇宙、人形机器人、通用人工智能一起作为未来产业创新任务揭榜挂帅工作的四个重点方向。

(二) 具备常识的探索

尽管人工智能在计算机视觉、自然语言处理、机器学习、认知与推理、机器人等领域取得了快速发展，但其仍存在缺乏常识等不足之处。人类能够非常快地学习新任务、理解世界的运转方式、预测自己行为的后果、执行无限步数的推理链、通过分解成子任务序列来规划复杂的任务，是因为人类拥有常识，而这恰恰是目前的机器智能所不具备的。

常识(Common Sense)是指社会环境中人与人之间普遍存在的日常共识，它是人与人进行基本交流，甚至是探讨学术问题的基础。常识涉及面广，可以分成生活常识、专业常识等。生活常识包括健康常识、安全常识、社交常识、文化常识、防卫常识等；专业常识指专业基本知识，是在专业领域内大家共同认可的一些基本概念、规则、原理等，如人工智能领域中人工智能的概念、起源、分类、发展、研究方向、基本应用等。

人工智能在进行推理时需要具备一定的常识，但目前的人工智能系统还缺乏这种常识，特别是生活常识。例如，在自然语言理解任务中，如果一个句子中提到了“寒冬”，那么人工智能需要知道冬天是个季节，寒冷是冬天里特定的时间段，才能理解这个句子的意思。而人类对于“寒冬”的常识，除冬天之外还会联想到低温度条件下冰雪世界的环境特征、人们的身体感受，如极其寒冷、在室内烤火、出门穿厚衣服等，这些知识是人们进行御寒、保暖等决策的前提。由于常识是人类通过长期自主学习而不断积累的，具有涉及主题的广泛性、群体与个体的区域特色，以及兼具显性与隐性知识等特征，常成为后续推理、决策、规划的基础，也是人类智能的重要组成部分。

要让人工智能具有常识，可以通过建立庞大的常识知识库，用深度学习算法从大量数据中自动学习和提取常识性知识，构建常识推理模型等途径来进行，其目的是发展智能系统的自主智能。自主智能是指具备自主学习、自主决策和自主执行能力的机器系统。如ChatGPT的模型设计可让机器自动从庞大的数据中学习规律和模式，从而获得与人类自然交流的能力；通过语言网络、本体论等方法构建知识图谱，将各种知识表示为一个相互关联的网络，让机器自主地推理和应用这些知识；通过设计自主控制系统，让机器可以自主地感知环境、决策和执行任务等。

(三) 人工智能范式

2023年9月，科学杂志*Nature*以“智能研究：AI如何能变革科学”为封面主题刊登了相关系列文章。据其分析，近年来，以人工智能或机器学习为关键词的论文数量大幅提升，这与当前许多科学家认为科学研究正在迎来第五范式——AI 范式的观点不谋而合。2024 年诺贝尔物理学奖、化学奖均颁发给了 AI 领域的科学家，这也是 AI 范式科学研究的典型例证。

人工智能范式，也被称为 AI4S(AI for Science)，是人工智能驱动的科学研究，指的是利用人工智能(AI)的技术和方法，去学习、模拟、预测和优化自然界和人类社会的各种现象和规律，从而推动科学发现和创新。AI 范式以人工智能技术为核心，不仅可以帮助科学家解决已有的问题，还可以帮助科学家发现新的问题和方向，开启以人机共融为特征的科学研究新范式。

具体来说，人工智能范式的应用主要可以体现在以下几个方面。

1. 数据驱动的科学研究

随着数据获取技术的进步和高性能计算的快速发展，科学研究正在步入数据密集型时代。AI for Science 可以利用大数据和机器学习等技术，从海量数据中提取有价值的信息和知识，为科学研究提供新的视角和思路。例如，通过深度学习和图像识别技术，可以对大量的天文图像进行分析和分类，从而发现新的星系和行星。

2. 智能模拟和仿真

AI for Science 可以利用人工智能和计算机仿真技术，建立更加精细和复杂的模型，进行高效的模拟和仿真，从而揭示其内在规律和机制，为后续研究提供更准确的预测和优化。例如，在材料科学领域，AI 可以通过模拟材料的微观结构和性质，预测材料的宏观性能和优化材料的合成工艺。

3. 自动化实验和设计

科学研究需要进行大量的实验和设计，而人工操作和实验往往受到时间、人力和成本的限制。AI for Science 可以利用机器人和自动化技术，实现实验和设计的自动化和智能化，提高实验效率和准确性，加快科学发现和创新。例如，在化学领域，AI 可以通过自动化合成系统，快速筛选和优化化学反应条件，加速新材料的发现和合成。

4. 智能决策和支持

科学研究需要科学家做出明智的决策和支持，而复杂的科学问题和大量的数据往往使得决策过程变得困难和烦琐。AI for Science 可以利用人工智能和决策支持系统，为研究人员提供智能决策和支持，帮助他们在复杂的科学问题中做出明智的选择。例如，在医疗领域，人工智能可以通过分析大量的病历数据和基因信息，为医生提供个性化的治疗建议和预后评估。

当然，在人工智能技术被广泛运用于科学研究的同时，其所存在的问题也引起了人们的普遍担忧。如由于所运用的人工智能算法模型的透明度或解释性不够，AI 范式可能会导致人们在不理解的情况下更加依赖模式识别；大数据模型所采集的数据量巨大，数据本身带有的偏见或不公平性，可能会加剧研究结果的偏见或歧视；大量数据收集过程中面向个人的数据与使用必不可少，由此所带来的个人隐私泄露、身份盗用等数据安全和保护的风险，需要引起管理者、技术开发人员、使用者的重视。

小贴士：科学研究的四种范式

科学研究范式由美国著名科学哲学家托马斯·库恩(Thomas Kuhn)于1962年在其著作《科学革命的结构》(The Structure of Scientific Revolutions)中首次提出。库恩在书中阐述了科学研究的范式理论和科学革命的本质，指出科学研究的范式是指在某一特定学科领域内，一组共同接受的研究方法、理论框架、假设和信念，代表了某一时期科学家们在某一领域的研究中所共同遵循的规则和标准。库恩的范式理论对后来的科学研究产生了深远影响，被视为科学哲学中的重要理论之一。

科学研究的范式一般分成四种：经验主义范式、演绎主义范式、归纳主义范式和实证主义范式。

经验主义范式：经验主义范式是科学研究中最早被采用的方法之一，主要是在17世纪和18世纪的自然科学研究中兴起的，强调通过观察和实验来积累经验和知识。其优点是能够直接观察和实验，获取真实的数据，局限性在于只能解决一些表面的问题，无法深入探究事物的本质。其代表人物包括培根、伽利略和牛顿等。

演绎主义范式：作为一种通过逻辑推理和数学模型来解决问题的方法，演绎主义范式主要是在17世纪和18世纪的数学和物理学研究中兴起的，强调从已知的前提出发，通过逻辑推理来得出结论。其优点是能够通过严密的逻辑推理来得出结论，局限性在于如果前提错误，那么结论也可能是错误的。其代表人物包括欧几里得、笛卡尔、莱布尼茨等。

归纳主义范式：主要是在19世纪的社会科学研究中兴起的，强调从具体的经验事实出发，通过归纳和概括来得出结论，是一种通过观察和归纳来解决问题的方法。其优点是能够得出一些一般性的结论，局限性在于无法确保结论的普遍性和可靠性。其代表人物包括孔德、斯宾塞、迪尔凯姆等。

实证主义范式：这种范式是一种基于经验和观察的科学方法，是在19世纪末和20世纪初的自然科学和社会科学研究中兴起的，认为只有通过经验和实验才能得出真实的知识和理解。其优点是能够得出可靠和有效的结论，局限性在于只能基于已有的经验和观察，无法预测新的现象或解释未知的事物。其代表人物包括马赫、皮尔士、杜威等。

总的来说，这四种科学研究范式都是在科学研究和哲学思考中逐渐形成的，各有其独有的特征和方法。随着科学技术的不断发展，研究方法会不断改进和创新，发展到一定阶段会出现新的研究范式，已有的研究范式也会发生转型。

二、未来教育的发展形态

工业革命 4.0 的发展改变了产业链、生态链、创新链，同时也带来了行业企业对未来岗位新的人才需求，进而催生并推动了教育 4.0 的出现与发展。而教育 4.0 的重要目标就是培养智能时代所需的新技能，如数字技能、人机协同技能等。

(一) 教育 4.0

1. 工业革命 4.0 对教育的影响

工业 4.0 也称工业革命 4.0(Industrial Revolution 4.0，IR4.0)，这一概念最早出现在德国，是在工业 3.0 基础上的革新换代，以智能化、自适应、个性化为主要特征，涵盖了智能工厂、智能生产、智能物流等方面。支撑工业 4.0 的技术有人工智能、工业互联网、工业云计算、工业大数据、3D 打印、虚拟现实、工业网络安全、知识工作自动化等，其中，最近风靡全球的、以 ChatGPT 为代表的人工智能大语言模型重塑工业 4.0 的势头强劲。

第四次工业革命改变了社会生态，也改变了教育创新的格局，对教育形成了四大挑战[124]：一是改变就业走向的格局，即现在提供的工作在未来可能会过时，但新的工作类型将会出现，以满足 IR4.0 的要求；二是改变技术介入的格局，即无限发展的数字时代带来了陌生的技术，大学需要不断预测和准备变化的技能和新知识；三是改变学生态度与行为，即从数字移民到数字原住民；四是改变学习需求的格局，即我们将来可能会遇到无法预见的问题和情况。

工业 4.0 时代的人机协作深刻地影响着教育，一方面促进了社会职业的变化，改变了就业走向的格局，一些岗位的消失和新生导致社会岗位需求与教育供给侧产生了较大偏离，改变了学习需求的格局；另一方面由于技术的变革，也改变了学生的态度和行为，改变了学生的学习方式，因此，需要教育重新审视原有的教与学，作出相应的变革，于是教育 4.0 应运而生。教育 4.0 专注于教育发展和技能教育，优化学生的学习内容和体验，使未来的学习更加个性化、智能化、便携化、全球化和虚拟化，从而更好地适应未来社会。

2. 教育 4.0 的趋势与促进

工业 4.0 的需求推动了教育 4.0 的发展，世界经济论坛基于面向未来社会对人才需求的响应，发布了教育 4.0 框架。教育 4.0 表现出与传统教育不一样的特征，需要不同的促进策略。

1) 教育 4.0 全球框架的提出

当前，全球许多教育系统仍然严重依赖并专注于直接教学和记忆的被动知识学习形式，创新驱动型经济中所需的批判性和个性化思维的互动方法没有得到重视，这限制了学生获得适应未来社会所需技能的机会，既影响了学生的发展和对未来的适应性，也给全球生产力发展带来了风险。2020 年 1 月，世界经济论坛(World Economic Forum，WEF)发布了《未来学校：为第四次工业革命定义新的教育模式》[125]，首次提出了教育 4.0 框架，旨在动员世界各国促进教育变革，将教育过渡到为第四次工业革命而设计的系统——教育 4.0：将学习内容和经验转向未来需求的全球框架。

报告指出，教育模式须适应未来社会需求，使学生具备创造一个更具包容性、凝聚力和生产力的世界的技能。学生须准备好既要成为未来经济的有效贡献者，又要成为未来社会的负责、积极的公民，这需要面向未来转变学习内容和学习体验。如图 9-1 所示，学习内容的转变体现在学生需具备四项关键技能：全球公民技能、创新创造技能、技术使用技能、人际沟通技能。教育 4.0 转变学习体验要求建立与未来工作相适应的学习机制，充分利用新学习技术创建新的学习生态，包括个性自主学习、随处全纳学习、问题化协作学习、学生内驱终身学习。四种技能的学习内容与四种方式的学习体验，是相互作用、相互促进的，凸显的是技能优先培养的未来教育理念。

图 9-1　世界经济论坛的教育 4.0 框架

2) 教育 4.0 的趋势

教育 4.0 在教学环境、教学设计、教学过程、教学评价等方面都有不同于传统教育的特征，特别是学生的学习、教师的教学方面会有新需求和趋势，具体表现在以下方面：

(1) 泛在学习。电子学习工具为远程、自定进度学习提供了巨大的机会，学生的学习可以在任何时间、任何地点进行，学习时间、空间的自由度明显增强，也提高了共享资源的利用率。

(2) 个性化学习。以促进学生的个性化发展为目标，通过对学生学习数据的分析和挖掘，给学生更多的练习，或在学生达到一定的水平后，将其引入更难的学习任务，并提供个性化的指导和支持。

(3) 自主学习。学生可以选择学习方式，自由选择他们喜欢的学习工具或技术，教师可以采用混合学习、翻转课堂和 BYOD(自带设备)方法来促进学生创造能力的培养。

(4) 基于项目的学习。项目式学习将更多出现在学生的学习中。通过完成几个短期项目，学生学会应用他们所学的专业知识和技能，同时锻炼自己的组织、协作和时间管理技能，为他们未来的学术和职业生涯奠定基础。

(5) 学习空间的调整。技术的进步使某些领域的学习变得有效，从而为获得涉及人类知识和面对面互动的技能腾出了更多空间。

(6) 基于数据的推理。未来技术的发展将促进学习内容和学习过程的数字化，对数据的计算、统计分析都可由计算机完成，学生将接触到数据解释、数据挖掘，即根据给定数据集进行逻辑和趋势的推断。

(7) 评估方式多元化。对学生的评估将更多转向对其知识应用、技能的评估，采用学习过程评估与实践过程评估相结合的方式，即事实知识可以在学习过程中评估，而知识的应用可以在他们从事实地项目时测试。

(8) 学生中心更加彰显。学生在学习中变得更加独立，从而使教师需要更多地承担起引导者、帮助者、促进者的责任，在设计和更新课程时要充分考虑学生的意见，以保持课程的时代性和实用性。

教育 4.0 的这些趋势将主要的学习责任从教师转移到学习者身上，充分体现了学生的学习主体地位，教师应摒弃新技术威胁论的观点，积极提升自己的教育教学能力，准确识变、智慧应变、积极求变。

3) 促进教育 4.0：投资未来学习

2022 年 5 月，世界经济论坛发布了报告《促进教育 4.0：为实现以人为本的复苏投资未来学习》[126](Catalysing Education 4.0：Investing in the Future of Learning for a Human-Centric Recovery)，报告指出，目前的教育迫切需要地方、国家和全球的全面投资战略，以确保中小学教育系统为未来做好准备，并为儿童提供终身学习者所需的广泛技能。这是根本性的战略投资，需要重新构想一个包容性的教育体系，更新和升级现有教育系统，重点关注在第四次工业革命时代取得成功所需的技能，并利用技术和教学创新将学习者置于学习的中心，使普遍获得优质教育 4.0 成为现实。报告认为，为促进教育 4.0 框架愿景的实现，关键投资领域有三个：一是新的评估机制；二是采用新的学习技术；三是赋能教育工作者。

(1) 新的评估机制。新的评估机制关注更好更多的数据收集、评估个人和系统的新方法、促进以技能为基础的方法三个维度。报告呼吁面向工业 4.0 社会未来劳动力所需，基于儿童在未来工作场所可能遇到的现实场景中技能的实际应用，建立评估系统来收集、追踪教育各方面的数据，如技能的获得、课程和教学的质量和相关性，以及教育部门的投资需求。评估个人技能时，应该从总结性评估和事实回忆转向特定情境的应用和形成性评估，如 PISA 测试及其努力整合创新、批判性思维和沟通方面的新指标等，它评估的是学生掌握“学会学习”的能力，而不是测试特定事实或主题的记忆，以期利用更多开放式和定性的方法来促进培养创造力和创新思维，并衡量个人在全新环境中应用过程或理论的能力。对于认知和非认知技能的衡量，可以采取诸如资格认证、技能认证、技能钱包等类似的方法，以跟踪技能的发展，在数据收集、评估和最终结果之间建立一个封闭的反馈循环。

(2) 采用新的学习技术。人们应加强对新技术促进技能发展潜力的认识，虽然技术本身不会带来高质量的教育，但它可以支持教育过程，促进学生实践和个性化学习，从而助力课堂教学。例如，学生在学习过程中运用学习软件，一方面可以获得准确、即时、定量的学习反馈；另一方面，学生的技术素养还会得到潜移默化的培养。同时，也需要警惕：过度依赖学习技术可能会使孩子成为被动的接受者，从而影响他们的创造力、个人参与度，以及现实生活中的互动和玩耍的空间。对于教师而言，要避开技术所长，专注于教学设计和定性反馈，积极将技术运用于课堂教学，同时加强基于技术支持的创新教学法的培训，以提升运用新技术进行教学的能力。

(3) 赋能教育工作者。教育工作者是教育 4.0 实施的关键，需要为教育工作者提供接受未来工作所需技能的正式和非正式培训的机会，进行有针对性的创新教学法培训，如混合学习、体验学习、游戏化学习等，以确保他们拥有所需的技能、工具和资源。此类培训还应特别注重确保教育工作者掌握实现教育 4.0 所需的数字技能。在招聘教育工作者时，可以借鉴企业资本管理的经验，采用以技能为本的方法，而不是唯文凭论；安排教师岗位时，可以帮助教师匹配更适合的学生。

(二) 智能时代的技能及培养

智能时代，教育应关注职业未来岗位的能力需求，主要包括两个方面，一是岗位必需的传统技能，包括硬技能与软技能，同时强调两种技能之间的融合，与事业发展形成合力；二是数字化、智能化所推动的业态变化对岗位技能提出的新要求、新技能，如图 9-2 所示。

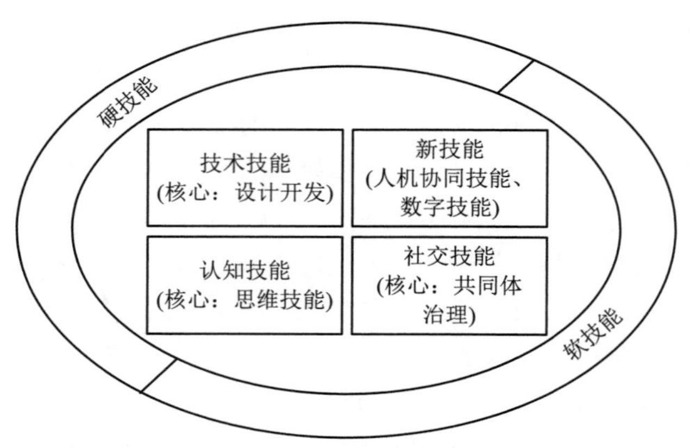

图 9-2　智能时代的技能内涵

1. 硬技能与软技能

1) 概念

在知识社会，人才的竞争优势在于是否拥有硬技能、软技能及其综合运用的能力，可以通俗地理解为：硬技能用于做事，软技能用于做人。硬技能是指个人具备某一领域的专业能力，包括满足职位要求的基础知识和实践经验，通常与如何正确地处理事情相关，如阅读、写作、数学、软件使用、工程能力等；软技能也被称作人际技能、人生技能等，反映的是个人的情商，是情商在行为层面的延伸，由一系列能够反映个人特质的要素组成，这些要素包括个人的人格特质、社交能力、沟通能力、表达能力、团队合作能力、领导能力等。

2) 特征比较

硬技能与软技能具有各自鲜明的特征，如表 9-1 所示。

表 9-1　硬技能与软技能的特征

	硬 技 能	软 技 能
可度量性	可被教授的能力，可度量、评定	个人技能，主观性强，难度量
提升办法	专业课程、技能比赛、培训等正规教育	可伴随正规教育与工作经历提升，与性格、品质、成长环境相关，提升难度大
运用领域	特定、专业领域	通用于群体工作环境中
证明方式	文凭、证书	在工作、交流中表现
举例	编程语言、数学、计算机基础技能等	沟通能力、创新能力、领导力等

3) 学习过程比较

硬技能与软技能的学习过程也是不同的，具体表现在认知过程、认知特征、学习方法三个维度，如表 9-2 所示。

表 9-2　硬技能与软技能的学习过程比较

	硬　技　能	软　技　能
认知过程	工作区：大脑前额叶皮层 • 演绎教学法 • 知识获取 • 立即适用 • 短期记忆	工作区：大脑皮层下结构 • 归纳教学法 • 通过重复学习 • 纠错模型 • 来自同事、教练和管理者的反馈
认知特征	快速的过程 对立即应用的需要作出反应	缓慢的过程 对改变行为的需要做出反应
学习方法	微学习 • 非常短的格式 • 多媒体环境(模块、视频、音频) • 按需和准时	宏学习 • 长学习序列 • 多样的学习活动 • 角色扮演 • 个性化学习

4) 类型

硬技能是可学习和可展示的技能、知识和资格，不同的学科和专业领域有不同的硬技能要求，这就需要在高等教育中通过各专业进行专门培养。高校中的学生通过课程、实验、实践教学通过学制或学分制完成学业，最后达到毕业要求，拿到毕业证。毕业证就是专业硬技能的证明，其他的学科竞赛获奖证书、普通话证书、计算机等级证书、职业资格证书等，也都是硬技能的证明。以技术/软件行业为例，通常需要具备的技能[127]包括应用程序开发、面向对象设计(OOD)、软件测试和调试、计算机编码语言(JavaScript、SQL 等)、SaaS、数据库架构、产品增强、人工智能等。

软技能涉及个人的特质要素，因此分类方法众多。有学者提出十大顶级软技能[128]，分别是交流、自我激励、领导力、责任感、团队合作、问题解决、果断、承压工作和时间管理能力、灵活性、谈判与冲突解决等。也有学者从众多工作岗位需求中梳理出 28 种软技能[129]，其中包括 10 种自我管理技能，18 种人际交往技能。自我管理技能是指处理自身如何看待自己和他人，管理个人习惯和情绪，以及对不利情况的反应，包括成长型思维、自我意识、自信、压力管理、适应力、原谅和忘记的技能、坚持和毅力、洞察力等。人际交往技能处理的是如何最好地与他人互动和工作，建立有意义的工作关系，激励行动。人际交往技能又分成两类：传统技能和群体技能。传统技能是指在大多数职位描述中可以找到的与人打交道的技能，包括沟通技巧、团队合作能力、人际关系技巧、展示技能、会议管理技能、销售技巧、管理技能、领导技能、指导技能、辅导技能共 10 种；群体技能是指传统技能之外，从工作经验或导师那里获得的“内部知识、经验、技能”，包括向上管理、自我推销技巧、处理难相处的人的技巧、处理困难或意外情况的技巧、善于处理办公室规则、影响/说服技能、谈判技巧、社交技能共 8 种。

以上内容说明了硬技能、软技能的一些种类，但在不同行业、不同领域、不同的管理者眼中，对它们的理解、评判标准，依据不同领域的岗位要求、不同管理者的已有经验，会有所差异，这里只是讨论相对普遍的技能类型。

2. 传统技能的转型

对应于与自身、与他人、与外界事物的关系，人类技能可以分成认知技能、社交和行为技能、技术技能，由此，智能时代的教育主要由知识教育、态度价值观教育、技能教育组成，三者构成了相互支撑和促进的“铁三角关系”。

2018 年，世界经济合作与发展组织发布的报告《教育与技能的未来：教育 2030》[130]指出，学生面向未来世界，需要广泛学习知识、技能、态度与价值观，它们紧密交织在一起，形成成功参与世界所需要的能力。知识包含学科知识、跨学科知识、实践知识，所有知识都需要在未知和不断发展的环境中应用，因此需要广泛的技能，包括认知和元认知技能(如批判性思维、创造性思维、学习和自我调节)、社交和情感技能(如共情、自我效能和协作)，以及实际和技术技能(例如使用新的信息和通信技术设备)。态度和价值观(例如动机、信任、尊重多样性和美德)起到调节知识和技能的作用，使其应用更广泛，不同的文化观点和个性特征而产生的价值和态度的多样性丰富了人类生活，但仍有一些价值(例如尊重生命、尊严、环境)是人类必须共同坚守的。

在相应的教育教学系统中，态度价值观、技能的培养都要以知识教育为基础，然而智能时代的知识本位教育不再局限于知识的灌输，而是培养以思维技能为核心的认知技能；态度价值观教育体现的是教育的社会价值，决定了知识、技能的应用方向，所以，智能时代的态度价值观教育要培养以共同体治理为核心的社交与行为技能；如果说知识、态度价值观体现的是人才的软实力，那么技能则是硬实力，智能时代的技能本位教育要着力培养以设计开发为核心的技术技能。

3. 新技能的拓展

随着人工智能技术的快速发展，人机协同技能、数字技能成为未来社会岗位对人才的技能新需求。

1) 人机协同技能

人机协同可融合人类与机器在心理活动、感官、身体状态、认知、内容、流程、系统、社交等方面的能力特长，获得更好的智能自动化、更高的智能专业化水平，更强的技术决策能力，以及更高的生产力、创新能力与效率[131]。人机协同工作的环境下，企业需要重新思考人与机器的关系，调整人和机器的分工，一方面，应以辅助人类的思维开发人工智能系统，对于一些重复性高、技术级别较低以及危险环境中的任务，可以使整个流程自动化，交给机器去完成；另一方面，应通过智能自动化解决方案提高人类的工作效率，使人类有更多的时间关注更人性化层面的任务，即那些需要运用情绪、社交技能和情商来处理的任务，这也对技能本位教育中的学习者提出了拓展新技能的要求，要具备人机协同技能。

Daugherty 和 Wilson 在其著作《人类＋机器：重新构想 AI 时代的工作》中具体描述了未来工作场景中扩展人机协作所需要的八种融合技能[132]，如图 9-3 所示，包括人性回归、负责任地引导、判断整合、智能提问、机器人赋能、整体融合、互惠学习、不断重构。技能 1——人性回归：重构业务流程，使人类员工有更多的时间从事其擅长的任务，并有更充足的时间用来学习；技能 2——负责任地引导：确立人机协作的目标和改变大众对人工智能的认知，使人工智能对个人、企业和社会负责；技能 3——判断整合：针对机器无法判断的事项选择行动方案；技能 4——智能提问：知道如何在各个抽象层面上以最佳方式向人工智能代理询问问题，以获得所需要的答案；技能 5——机器人赋能：在智能代理的协助下大幅提升业绩；技能 6——整体融合：开发人工智能代理的心智模型，以改善协作成果；技能 7——互惠学习：训练人工智能代理，使其具备新的功能，同时通过在职培训更好地利用人工智能；技能 8——不断重构：思考新的方法来改进工作、流程和业务模式，获得指数级的增长。其中技能 1～3 被用来弥补机器的不足，进行训练、解释、维系；技能 4～6 是人工智能赋能，以增强人的能力；技能 7～8 可以帮助人类巧妙地在缺失的中间地带游走。

<table>
<tr><td colspan="6">人机协作活动</td></tr>
<tr><td colspan="3">人类弥补机器的不足</td><td colspan="3">人工智能赋予人类超强能力</td></tr>
<tr><td>训练</td><td>解释</td><td>维系</td><td>增强</td><td>交互</td><td>体现</td></tr>
<tr><td colspan="3">人性回归</td><td colspan="3">智能提问</td></tr>
<tr><td colspan="3">负责任地引导</td><td colspan="3">机器人赋能</td></tr>
<tr><td colspan="3">判断整合</td><td colspan="3">整体融合</td></tr>
<tr><td colspan="6">互惠学习</td></tr>
<tr><td colspan="6">不断重构</td></tr>
</table>

图 9-3　人机协作的八种融合技能

2) 数字技能

2006 年，数字技能和能力(Digital Skills and Competence，DSC)成为欧盟终身学习的八大关键能力之一。2017 年，DigComp 将公民 DSC 分为信息和数据素养、交流与合作、数字内容创新、安全、问题解决五个能力领域，包括 21 个能力。立足“数商”(DQ)新时代，数字智能素养成为未来社会人才的关键技能，融合身体性技能、认知性技能、情感性技能，体现智慧和普适价值观的新一代核心能力要素，使个体成为具有终身学习能力的技术价值主导者和创造者，可以分成数字公民身份、数字创造力、数字竞争力三个层次，数字身份、数字使用、数字安全、数字安防、数字情感智能、数字通信、数字素养、数字权力八个维度的共 24 项能力[133]。面向未来，在元宇宙中学习、工作与生活更需要数字方面的新技能，如数字设计、数字建模、数字社交、数字价值思维等。

三、未来的中小学人工智能教育

面对未来社会人才培养的需求，中小学人工智能教育也表现出发展的新趋势、新形态，具体表现在教育旨趣、教育内容、教育工具、教育评价等方面。

(一) 教育旨趣：人机共生指向的态度价值观

知识、技能和态度被认为是构成事业成功的三个最重要因素。哈佛大学的一项研究发现，人们能被录用，85%是因为他们的技能和态度，只有 15%是因为他们有多聪明以及他们知道多少事实和数据，由此可以看出态度价值观的重要作用。态度指的是知道为什么，体现价值观和取向，包括自我激励、自信、正直、诚实、乐观、热情、合作、承诺、同理心、努力等关键方面，强调教育的人文价值和道德规范，有助于形成良好的品格，有助于促进更好的人际关系和社会生活。

智能时代人工智能教育的态度价值观，从总体上来说是明确未来社会人机共生的基本发展趋势，增强智能技术未来进步的信心以及人工智能服务于人类发展的责任心。具体至少要达成以下目标：

(1) 学会与各种智能系统的共生、共存、共处；

(2) 对鉴别、理解、掌握和控制智能技术的基本能力持积极学习的态度；

(3) 将智能技术创新地用于服务社会、改善生活、成就自我；

(4) 以主动负责任的态度及行动来使用、开发、监督智能技术。

"没有价值的教育就像没有香味的花朵……价值才能引领成功"[134]，未来社会更需要德艺双馨的人才，需要注重培养学生的认知、社交和技术技能，更需要注重培养学生正向的技术价值观。

(二) 教育内容：智能技术的知识与技能

中小学人工智能教育的内容会随时代和技术的发展而变迁，但其核心模块大致包括了基本知识、基本技能、人机协同技能三部分。

1. 人工智能基本知识的学习

智能技术的发展日新月异，因此所学习的人工智能知识内容也会不断变化，但智能技术的核心知识框架具有一定的稳定性，正如前文所述，包括计算机视觉、自然语言处理、认知与推理、机器人、博弈与伦理、机器学习共六个领域(方向)，尽管现在以 ChatGPT 为代表的 AIGC 技术引起了人工智能技术发展的新一波热潮，但从本质上来说，其仍属于机器学习算法迭代所带来的自然语言处理领域的技术发展。如果六个领域的技术都得到飞速发展，其终极目标会构成并实现通用人工智能，到那时也许会开启新一轮的智能技术革新与领域划分，在实现通用人工智能之前，人工智能基本知识框架会在一定时间内保持相对稳定，具体知识点则会发生迭代更新。

除了上述人工智能的六个基本领域，人工智能的发展历程、核心概念、应用价值及历史教训，也是基本知识应该覆盖的内容。

2. 人工智能基本技能的学习

从掌握智能技术本身的角度来看，基本技能的学习包括描述典型人工智能机器学习，即算法的基本原理和实现过程；理解机器学习在人工智能六个领域的应用及所带来的技术进步；阐述计算机视觉、自然语言处理、认知推理、机器人、博弈与伦理等领域应用的典型案例，分析所取得的成就和存在的问题。

从智能技术的应用视角来看，要了解计算机视觉、自然语言处理、认知与推理、机器人、博弈与伦理、机器学习六个领域中一些科技公司提供的开源平台或应用案例，学会通过开发简单的智能技术应用模块，亲历设计与实现简单智能系统的基本过程与方法。

3. 人机协同技能的学习

随着人类社会经历从工业化前期、工业时代、信息时代、体验时代的不断发展，人类技能的重要性经历了从体力—大脑—心脏—大脑的转变，创造力、复杂推理能力和社交情商的重要性也不断增加，体验时代的机器智能放大了人类的能力，人＋机器协作带来了不受约束的创造力。

未来人机共存，人类高层次的智力技能比以往任何时候都更重要，需要开发和应用人类独有的能力，从而实现人机对接时中间部分的全部潜力，如图 9-4 所示。在缺失的中间环节，人类与智能机器合作，利用双方最擅长的领域，例如人类需要开发、培训和管理各种 AI 应用程序，使其能够作为真正的协作伙伴发挥作用。唯有这样，人和机器不是为工作而战的竞争对手，相反，他们是共生的伙伴，彼此将对方推向更高的地位。

<table>
<tr><td>领导</td><td>共情</td><td>创作</td><td>判断</td><td>训练</td><td>解释</td><td>维系</td><td>增强</td><td>交互</td><td>体现</td><td>处理</td><td>迭代</td><td>预测</td><td>适应</td></tr>
<tr><td colspan="4" rowspan="2">人类专门活动</td><td colspan="3">人类弥补机器的不足</td><td colspan="3">人工智能赋予人类超强能力</td><td colspan="4" rowspan="2">机器专门活动</td></tr>
<tr><td colspan="6">人机协作活动</td></tr>
</table>

图 9-4　人机协作缺失的中间地带[132]

(三) 教育工具：人工智能学习的技术赋能

在教育工具方面，智能技术将赋能学习者对人工智能知识的学习、技能体验的学习。

1. 技术赋能知识学习

对于课堂教学使用的认知工具，乔纳森在他的《用技术建模：概念化改变的思维工具》[135]一书中进行了详细分析，包括数据库、概念地图、电子表格、模拟工具、结构化计算交流等。数据库可以帮助学习者组织他们所知道的知识，以促进理解，如数据库管理系统 DBMS；概念地图所建立的概念及其相互关系的空间表征，模拟了人类储存在大脑中的知识结构，如 XMind、MindManager、Inspiration 等；电子表格有三个主要功能——储存、计算和显示信息，是解决定量问题最有效的工具，如 Excel；模拟工具用视觉表现抽象概念，帮助学生理解和表达，如 MacSpartan；结构化计算交流有同步通信、异步通信两种类型，支持学习者建构自己的知识，如 Email、Bulletin board service 等。

2. 技术赋能技能体验学习

体验学习因为强调创新活动和主动学习而被认为是教育数字化转型的一种有效的教学方法，所以体验学习空间的设计非常重要。蒙特雷技术学院设计的精益思维学习空间

(LTLS)[136]是这方面的典型案例，根据具体的生产需要重新配置学习过程，结合A3方法、价值流图、浪费消除、缺陷预防装置、看板超市等工具，让学生扮演不同的角色，如操作员、主管、质量工程师、物料操作员、质量检验员、运输调度员和工厂经理等，以满足产品在质量、成本、时间、安全和可持续性方面的特定需求，学生在体验学习的背景下发展学科和个人能力。

为解决现实世界的问题提供代表场景的体验，LTLS根据新的教育要求对学习空间进行数字化改造，如图9-5所示，涉及的相关技术如下[137]：智能传感器监控生产过程中的物料存在及其流动情况；物联网可穿戴设备监测生命体征，并向运营商发送信息通知；用于质量检查的智能摄像头和传感器；移动设备跟踪过程结果，沟通信息和可视化数据分析；增强现实技术用于培训、沟通信息和通知；协作机器人用于减少循环时间和改善物料流动；互联网平台在LTLS内部创建连接，以共享数据和沟通；云计算集成数据库和流程信息；数据分析用于开发预测分析，预测运营商和他们的操作中出现的问题和困难；利用人工智能对运营效率、质量验收和服务水平进行决策等。

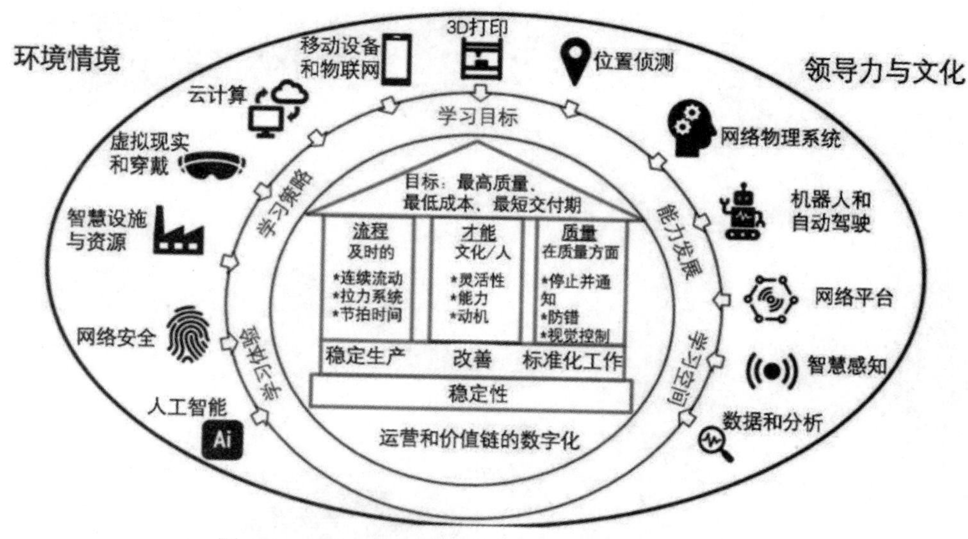

图9-5　精益制造的数字转型教育框架(改编[138-140])

(四) 教育评价：智能素养的达成

智能素养的达成将成为未来教育评价所重点关注的内容之一，应加强对学生智能素养的培养，明确领域内容、培养要求、评价方法。

1. 中小学人工智能技术与工程素养框架[141]

2021 年 11 月，中央电化教育馆发布《中小学人工智能技术与工程素养框架》(以下简称“智能素养框架”)，明确了中小学人工智能学科核心素养的基本内容与要求，为在中小学阶段普及人工智能教育提供了课程标准制定、教材编写和课程开设的参考和依据。报告认为智能素养是智能时代个体生存与发展应具备的一种综合素养，从人工智能与人类、人工智能与社会、人工智能技术、人工智能系统设计与开发四个维度出发，描述学生应具备理解人工智能技术原理、制订问题的解决方案、在交流与协作中实现目标的能力。

“智能素养框架”设计了 12 个一级指标以及对应的 31 个二级指标，框架结构如图 9-6 所示。其具体内涵描述详见报告。

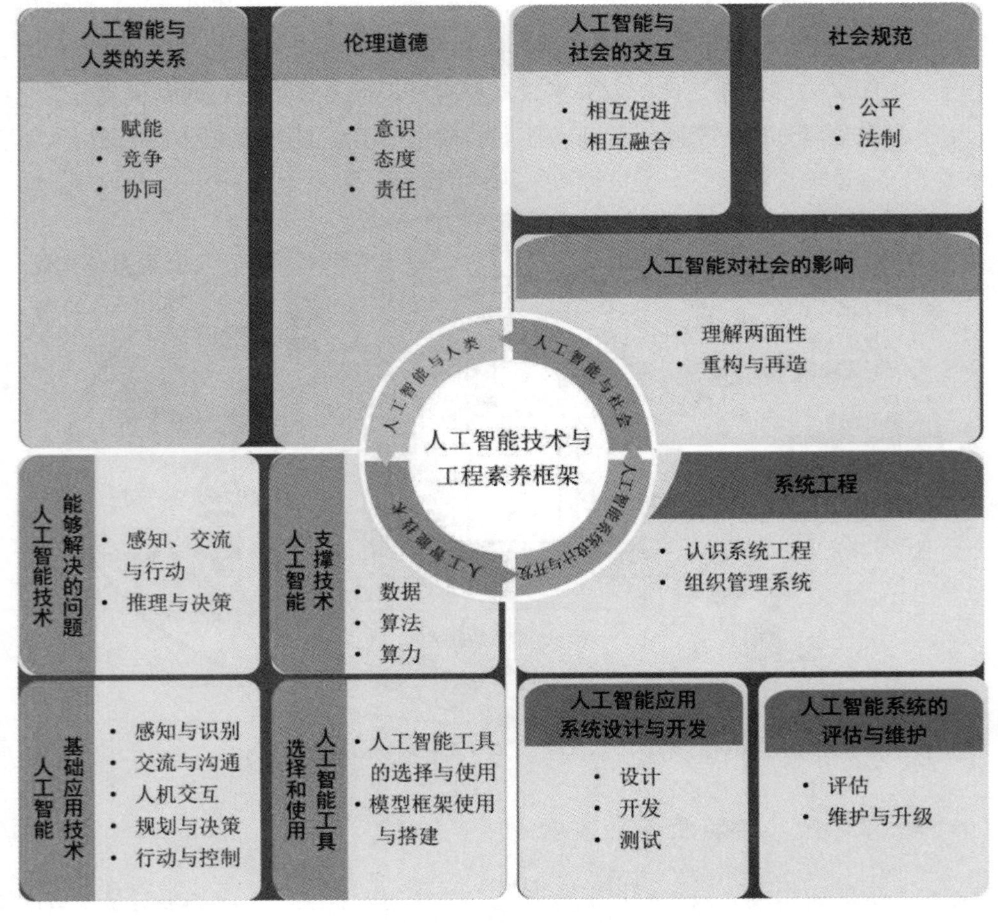

图 9-6 “智能素养框架”结构图

2. 智能素养培养的要求

“智能素养框架”从人工智能与人类、人工智能与社会、人工智能技术、人工智能系统设计与开发四个维度，分小学、初中、高中三个学段，从应该知道、能够做到两个方面，分别对各二级指标提出了培养要求。

以“人工智能与人类”维度中的“人工智能与人类的关系”一级指标为例，其下有赋能、竞争、协同三个二级指标，每个指标对应小学、初中、高中都应该知道、能够做到的知识与技能的素养要求，具体如表 9-3 所示。

表 9-3　小学、初中、高中学段“人工智能与人类的关系”素养要求

		小　学	初　中	高　中
人工智能与人类的关系	赋能	应该知道： H.K.1：生活中的智能产品能够像人类一样能听会说、能看会认、能理解会思考； H.K.2：人工智能是模拟人类行为能力和思维能力的一种技术	应该知道： H.K.1：人工智能可以模拟人类智能，还可以延伸人类智能。例如，手术机器人可以更精准、灵活地为医生的决策和操作提供充分支持； H.K.2：人工智能可以模拟人的行为能力和认知能力，尤其在模拟人类情绪感知能力、情绪表达能力、情绪理解能力和情绪调节能力上会有一些突破，从而可以提高人类的生活品质，例如，可以感知人类情感的机器人“Pepper”	应该知道： H.K.1：目前还处于弱人工智能阶段，在未来的超人工智能阶段，人工智能可以扩展人类智能，使人类突破生物载体的限制； H.K.2：在未来，人工智能应用与人类实现越来越广泛深入的数字化连接扩展，从而使人类的能力更强大
		能够做到： H.A.1：体验某一人工智能产品，说出该产品模拟了人的哪些能力； H.A.2：列举生活中常用的人工智能产品，分析这些智能产品都模拟了人类的哪些能力	能够做到： H.A.1：举例说明人工智能在延伸人类智能方面的具体应用； H.A.2：总结延伸人类智能方面的应用给人类带来的好处	能够做到： H.A.1：分析人工智能将会在哪些方面扩展人类智能； H.A.2：阐述当人工智能在扩展人类智能上有所突破时，它将赋能人类的表现

续表一

<table>
<tr><th colspan="2"></th><th>小　学</th><th>初　中</th><th>高　中</th></tr>
<tr><td rowspan="4">人工智能与人类的关系</td><td rowspan="2">竞争</td><td>应该知道：
H.K.3：人工智能使机器开始看懂和听懂，做出判断，采取一些简单行动，替代人类做简单、重复性的工作，从而对人类的就业产生了影响</td><td>应该知道：
H.K.3：人工智能不仅在行为方面代替人类做一些简单、重复的工作，而且能够像人类一样有智慧、会思考，与人类在认知、决策方面产生竞争关系；
H.K.4：虽然人工智能会取代人类部分工作机会，但同时也会创造出新的工作岗位</td><td>应该知道：
H.K.3：人工智能能够代替人类去做一些体力劳动甚至脑力工作，它可以做得更加公平、优秀，工作效率会更高；
H.K.4：在未来，智能机器人可能与人类享有同等的权利和义务，作为智能人与人类产生竞争关系</td></tr>
<tr><td>能够做到：
H.A.3：列举人工智能代替人类工作的具体场景；
H.A.4：描述目前人工智能能够代替的工作有何特点</td><td>能够做到：
H.A.3：思考人工智能一旦拥有人类智能，将应用在哪些领域，并分析它与人类产生的竞争关系；
H.A.4：讨论人工智能在应用过程中将会产生哪些新的工作岗位</td><td>能够做到：
H.A.3：结合特定的人工智能应用领域，辩证分析人工智能和人类之间的竞争关系；
H.A.4：分析一旦智能人享有人类的权利和义务，将会与人类产生哪些竞争关系</td></tr>
<tr><td>协同</td><td>应该知道：
H.K.4：人工智能会逐渐进入所有就业领域，简单、重复、危险的工作将会被智能机器取代，而一些综合、复杂的工作则需要专业人士和智能机器共同开展</td><td>应该知道：
H.K.5：在人机协同中，人类和智能机器承担不同的任务；
H.K.6：在人机协同中，人类应发挥主导作用</td><td>应该知道：
H.K.5：在人机协同中，除了人类介入的时机和方法，智能机器人为人类提供的决策依据是否可靠也很重要；
H.K.6：在人机协同中，人类不仅需要主导分配任务，更应该调节人机协同过程，使人与智能机器和谐共存</td></tr>
</table>

续表二

		小学	初中	高中
人工智能与人类的关系	协同	能够做到： H.A.5：列举生活中人机协同的具体案例； H.A.6：讨论人机协同具体案例中，人和智能机器各自承担哪些任务	能够做到： H.A.5：分析人机协同特定案例中，人类和智能机器各自的优势与不足； H.A.6：针对特定的人机协同案例，对人机之间的任务进行分工，以达到优势互补	能够做到： H.A.5：分析人工智能在人机协同中的应用效果，总结其带来隐私、安全等方面的潜在风险； H.A.6：说明如何以服务人类为宗旨来设计和开发人工智能，最终实现人机和谐共存

注：H(Human)表示“人工智能与人类”领域；K(Knowledge)表示“知道的知识”；A(Activity)表示“做到的活动”。

3. 智能素养的评价

合理的评价不仅是人工智能教育课程和实践教学质量的保证，也是对学生智能素养达成情况的检测，可以激发学生学习、应用人工智能技术的兴趣，促进学生智能素养的形成和发展。

“智能素养框架”建议：评价的实施可以从“理解人工智能技术原理、制定问题的解决方案并实现目标、沟通与协作”三个维度进行。

为了评价学生对人工智能技术原理的理解程度，可以要求学生执行各种评价任务。例如，描述、分析和解释人工智能技术对人类和社会带来的潜在影响；分析和讨论人工智能技术涉及的伦理和道德问题；比较人工智能技术的成本和收益；解释不同人工智能技术之间的关系等。

为了评价学生制订问题的解决方案并实现目标的能力，可以要求学生基于对人工智能技术原理的理解，运用人工智能知识来解决新的问题，并在分析人工智能技术潜在的正面和负面影响的基础上提出解决方案。解决问题的做法可以通过分析人工智能技术的使用，收集关于其影响的数据和信息，分析数据、解释结果和评估备选方案等一系列任务来体现。

为了评价学生的沟通与协作能力，需要让学生利用人工智能技术解决问题，并通过沟通与协作对问题做出回答。例如，为了解决人工智能技术与社会中的问题，可以让学生使用各种方式来表达和交流关于人工智能技术的优点和缺点的想法和观点；可以安排学生们团队协作，收集整理关于人工智能技术对社会环境潜在影响的资料；可以要求学生展示互动、协作和团队工作的能力；也可以要求学生使用各种方法来分享合作成果。

四、主题学习活动：适应和利用人工智能的发展

（一）学习主题

作为人类，我们该如何适应和利用人工智能技术的发展？

（二）学习活动

2016年，世界经合组织OECD教育研究与创新中心发起“人工智能与未来技能”项目，使用成人技能调查工具评估人工智能在人类核心技能——读写与计算领域的能力，以追踪评估随着时间的推移，人工智能能力的改变，并寻找其对未来教育和就业的启示。基于AI的计算机接受了该项测试，结果表明，到2021年，AI在读写与计算方面的水平，已超过了人类的平均水平。

(1) 上网搜索并阅读文章“作为人类，我们该如何适应和利用AI的发展”。

OECD测评AI能力结果首次发布，《上海教育(环球教育时讯)》2023年5月10日推出世界经合组织教育与技能司司长安德烈亚斯·施莱歇尔的文章“作为人类，我们该如何适应和利用AI的发展”。

(2) 上网搜索并阅读OECD的研究报告：

Is education failing to keep pace with technology?

——The progress of AI in reading and math

(OECD 2023年3月28日发布)

（三）学习探究

根据阅读材料，研究反思：面向未来人工智能时代，当下的中小学教育存在的问题是什么？我们该如何改革，才能适应和利用人工智能技术的发展？请提出明确的观点，论证其合理性，并提出解决问题的措施，关注其合理性和可操作性，撰写一篇小论文，字数不少于3000字。

（四）拓展阅读

《教育与技能的未来：教育2030》(OECD，2018)[130]

报告简介：学校正面临着越来越多的需求，要求学生为快速的经济、环境和社会变化作好准备，为尚未创造的工作做好准备，为尚未发明的技术做好准备，并解决尚未预料到的社会问题。教育可以使学习者具备塑造自己生活和为他人生活作出贡献的能动性、能力和使命感。

世界经济与合作发展组织 OECD《教育和技能的未来：教育 2030》项目的目标是支持世界各国找到两个影响深远的问题的答案：

(1) 今天的学生需要什么样的知识、技能、态度和价值观来塑造和发展 2030 年的世界？

(2) 教学系统如何有效地培养这些知识、技能、态度和价值观？

OECD 2030 学习框架考虑了年轻人将面临的挑战，提出了学习者能动性概念的重要性以及具有变革性能力的总体学习框架(如图 9-7 所示)，审查了年轻人需要的知识、技能、态度和价值观的性质，并以可能的课程设计原则作为结尾。具体内容，请于 OECD 官方网站搜索阅读。

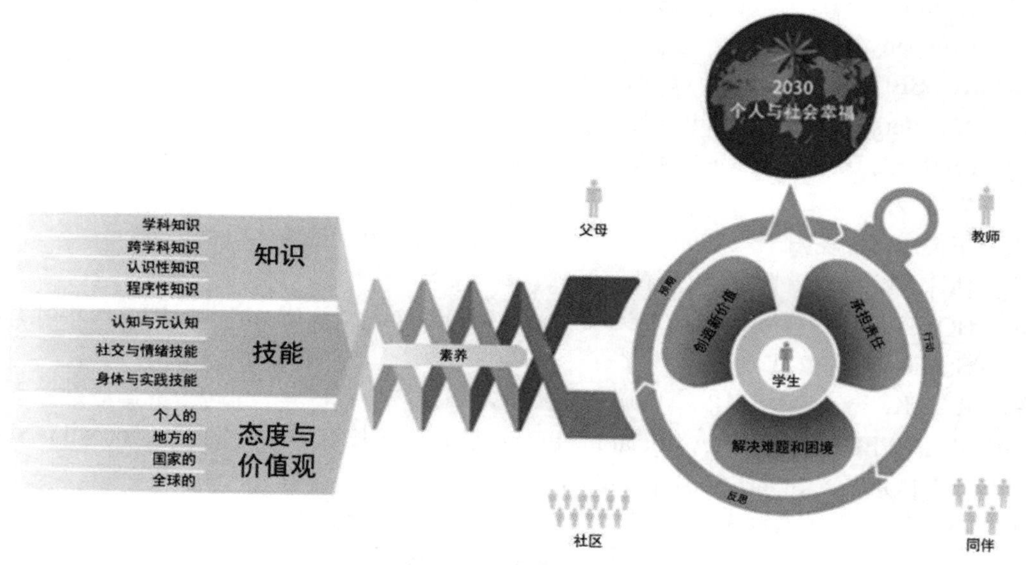

图 9-7　OECD 2030 学习框架(V14)

“OECD 2030 学习框架”为教育系统的未来提供了愿景和一些基本原则。它关乎方向，而非一个解决问题的处方。该学习框架是由政府代表和越来越多的合作伙伴共同为 OECD 教育 2030 项目创建的，这些合作伙伴包括思想领袖、专家、学校领导、教师、学生和青年团体、家长、大学、地方组织和社会伙伴。

参 考 文 献

[1] 顾小清. 人工智能何以促进未来教育发展[N]. 光明日报，2022-07-27.

[2] MCCARTHY J. What is artificial intelligence? [EB/OL]. (2007-11-12)[2023-11-2]. http://www-formal.stanford.edu/jmc/whatisai/node1.html

[3] MINSKY M. Steps Toward Artificial Intelligence[J]. Proceedings of the IRE, 1961, 49(1): 8-30.

[4] WINSON P H. Artificial Intelligence[M]. 3rd ed. Massachusetts: Addison-Wesley Publishing Company, 1992: 14.

[5] RUSSELL STUART J, NORVIG P. Artificial Intelligence: a Modern Approach[M]. 2nd ed. New Jersey: Prentice Hall, 2003.

[6] LINDA S G. Why G Matters: The Complexity of Everyday life[J]. Intelligence, 1997, 24(1): 79-132.

[7] 王健宗，瞿晓阳. 深入理解 AutoML 和 AutoDL：构建自动化机器学习与深度学习平台[M]. 北京：机械工业出版社，2019：22.

[8] BOSTROM N. How Long Before Super Intelligence? [J].International Journal of Futures Studies, 1998, (2).

[9] RAY K. 奇点临近[M]. 李庆诚，董振华，田源，译. 北京：机械工业出版社，2011.

[10] WIKIPEDIA.Types of Artificial Intelligence[EB/OL]. [2018-01-01]. https://en.wikipedia.org/wiki/Outline_of_artificial_intelligence

[11] 王天一. 人工智能革命：历史、当下与未来[M]. 北京：时代华文书局，2017.

[12] THIERRY P. The 1966 ALPAC Report and Its Consequences[R]. Machine Translation, MITP, 2017: 75-89.

[13] CLOCKSIN W F, MELLISH C S. Programming in Prolog[M]. Berlin: Springer-Verlag, 1981.

[14] VIRGINIA E B, DENNIS E O. Expert Systems for Configuration at Digital: XCON and Beyond[J]. Communications of the ACM, 1989, 32(3): 298-318.

[15] DOUGLAS B L. Cyc: Toward Programs with Common Sense[J]//Communications of the ACM, 1990, 33(8): 30-49.

[16] JOHN J H. Neural Networks and Physical Systems with Emergent Collective Computational Abilities[C]//Proceedings of the National Academy of Sciences of the USA, 1982, 79(8): 2554-2558.

[17] DAVID R, GEOFFREY E H, RONALD J W. Learning Representations by Back-Propagating

Errors[J]. Nature, 1986, 323(10): 533-536.

[18] RODNEY A B. Elephants Don't Play Chess[J]. Robotics and Autonomous Systems, 1990, (6): 3-15.

[19] FENG-HSIUNG H, MURRAY C. Deep Blue System Overview[C]//Proceedings of the 9th international conference on Supercomputing. ACM. 1995: 240-244.

[20] KOEHN P, OCH F J, MARCU D. Statistical Phrase-Based Translation[C]//Conference of the North American Chapter of the Association for Computational Linguistics on Human Language Technology. Association for Computational Linguistics, 2003.

[21] OCH F J. Minimum Error Rate Training for Statistical Machine Translation[C]//Proceeding of the 41st Annual Meeting on Association for Computational Linguistics-Volume I. Association for Computational Linguistics, 2003: 160-167.

[22] ALEX K, ILYA S, GEOFFREY E H. ImageNet Classification with Deep Convolutional Neural Networks[J]. NIPS 2012: 1106-1114.

[23] DAVID F, ANTHONY L, SUGATO B, et al. Watson: Beyond Jeopardy! [J]. Artificial Intelligence. 2013, 199: 93-105.

[24] KALCHBRENNER N, BLUNSOM P. Recurrent Continuous Translation Models[J]. EMNLP 2013, 3(39): 413.

[25] SUTSKEVER I, VINYALS O, LE Q V. Sequence to Sequence Learning with Neural Networks [J]. Advances in Neural Information Processing Systems, 2014: 3104-3112.

[26] BAHDANAU D, CHO K, BENGIO Y.Neural Machine Translation by Jointly Learning to Align and Translate[J]. Computer Science, 2014.

[27] VASWANI A, SHAZEER N, PARMAR N, et al. Attention Is All You Need[J]. arXiv, 2017.

[28] 讯飞开放平台. 机器翻译三大核心技术原理[EB/OL]. (2018-07-09)[2021-09-05]. https://zhuanlan.zhihu.com/p/39302516.

[29] 大话百科天地. 世界机器人发展历程[EB/OL]. (2020-09-24)[2023-09-10]. https://baijiahao.baidu.com/s?id=1678661149139563244&wfr=spider&for=pc.

[30] 蔡自兴，徐光祐. 人工智能及其应用[M]. 3 版. 北京：清华大学出版社，2003.

[31] 朱松纯. 浅谈人工智能：现状、任务、构架与统一[EB/OL]. (2017-11-07)[2021-07-27]. http//www.stat.ucla.edu/~sczhu/research_blog.html#VisionHistory.

[32] INTEL. What is Computer Vision[EB/OL]. [2023-10-9]. https://www.intel.com/content/www/us/en/internet-of-things/computer-vision/overview.html.

[33] MITTAL S, MITTAL A. Versatile Question Answering Systems: Seeing in Synthesis [J]. International Journal of Intelligent Information & Database Systems, 2011, 5(2): 119-142.

[34] LUGER G, STUBBLEFIELD W. Artificial Intelligence: Structures and Strategies for Complex Problem Solving[M]. 5th ed. Boston: Pearson Education, 2005.

[35] 阿里达摩院. 2020 十大科技趋势发布：科技浪潮新十年序幕开启[EB/OL]. (2021-07-30)[2023-06-17]. https://baijiahao.baidu.com/s?id=1654583903473274658&wfr=spider&for=pc.

[36] Oxford Learner's Dictionaries. Robotics [EB/OL]. [2018-01-01]. https://www.oxfordlearnersdictionaries.com/definition/english/robotics?q=Robotics.

[37] 李彦宏. 加快推动人工智能伦理研究[EB/OL]. [2019-03-10]. http://www.xinhuanet.com/politics/2019lh/2019-03/10/c_1124216392.htm.

[38] MITCHELL T M. Machine Learning (mcgraw-hill international editions)[M]. New York: The McGraw-Hill Companies, 1997.

[39] 陈海虹，黄彪，刘峰，等. 机器学习原理及应用[M]. 成都：电子科技大学出版社，2017.

[40] 周昀锴. 机器学习及其相关算法简介[J]. 科技传播. 2019，11(6)：153-154，165.

[41] 李国杰. 有关人工智能的若干认识问题[J]. 中国计算机学会通讯，2021(7)：44.

[42] 胡钦太，刘丽清，郑凯. 工业革命 4.0 背景下的智慧教育新格局[J]. 中国电化教育，2019(3)：1-8.

[43] 艾瑞数智. 2019 年中国 AI+ 教育行业发展研究报告[EB/OL]. (2020-03-06)[2023-10-01]. https://baijiahao.baidu.com/s?id=1660386975161079985&wfr=spider&for=pc.

[44] KATHE P, MALCOLM B, CHRISTOPHER B D, et al. 2021 EDUCAUSE Horizon Report (Teaching and Learning Edition)[R]. Boulder, CO: EDUCAUSE, 2021.

[45] GARDNER H, HATCH T. "Multiple Intelligences Go to School: Educational Implications of the Theory of Multiple Intelligences"[J]. Educational Researcher, 1989, 18(8): 4.

[46] 陈维维. 多元智能视域中的人工智能技术发展及教育应用[J]. 电化教育研究，2018，39(7)：12-19.

[47] 刘伟. 关于人工智能若干重要问题的思考[J]. 人民论坛•学术前沿，2016，(4)上：6-11.

[48] Ane008.365 个职业被机器人淘汰概率[EB/OL]. (2017-11-02)[2023-10-16]. http://www.360doc.com/content/17/1102/23/51718_700433674.shtml.

[49] 何启真. 人类在哪个方面是 AI 永远无法取代的？[EB/OL]. (2019-04-23)[2023-11-12]. http://toplights.net/bkjh/ArtInfo.aspx?id=1093319.

[50] 蒋忠波. 人工智能时代人才应该具备三大特征[EB/OL]. (2017-11-29)[2023-11-09]. http://www.chinanews.com.cn/business/2017/11-29/8388364.shtml.

[51] 刘湘丽. 人工智能时代的工作变化，能力需求与培养[J]. 新疆师范大学学报：哲学社会科学版，2020(4)：97-108.

[52] 陈维维. 学龄前儿童人工智能启蒙教育的研究现状与实践路径[J]. 电化教育研究，2020，

41(9)：88-93.

[53] RADICH J. Technology and Interactive Media as Tools in Early Childhood Programs Serving Children from Birth Through Age 8[J]. Everychild, 2013, 19(4): 1-15.

[54] BARRON B, CAYTON-HODGES G, BOFFERDING L, et al. Take a Giant Step: a Blueprint for Teaching Children in a Digital Age[EB/OL]. (2011-11-02)[2020-02-20]. http://joanganzcooneycenter.org/publication/take-a-giant-step-a-blueprint-for-teaching-young-children-in-a-digital-age/.

[55] University of Plymouth. Robots will Never Replace Teachers but Can Boost Children's Education[EB/OL]. (2018-08-15)[2019-08-08]. https://www.sciencedaily.com/releases/2018/08/180815141433.htm.

[56] 郭长琛. 人工智能为幼教带来新的想象空间[EB/OL]. (2017-07-21) [2019-02-12]. https://www.sohu.com/a/158920782_102231.

[57] 廖福林，周嵬. 人工智能与儿童逻辑编程启蒙教育[J]. 海峡教育研究，2017(3)：66-69.

[58] 雷斯尼克. 终身幼儿园[M]. 赵昱鲲，王婉，译. 杭州：浙江教育出版社，2018：10-15.

[59] 中华人民共和国国务院. 国务院关于印发新一代人智能发展规划的通知(国发〔2017〕35 号)[EB/OL]. (2017-07-20)[2020-02-20]. http://www.gov.cn/zhengce/content/2017-07/20/content_5211996.htm.

[60] 刘平瑶，张利平. 中小学人工智能课程内容设计与实施案例分析[J]. 中小学数字化教学，2021，(1)：70-73.

[61] 中华人民共和国教育部. 教育部关于印发《高等学校人工智能创新行动计划》的通知[EB/OL]. (2018-04-03) [2022-08-08]. http://www.moe.gov.cn/srcsite/A16/S7062/201804/t2018410_332722.html.

[62] 崔铭香，张德彭. 论人工智能时代的终身学习意蕴[J]. 现代远距离教育，2019(5)：26-33.

[63] CHRID D. AI in Education: Today and Tomorrow[EB/OL]. (2021-07-24)[2023-01-13]. https://mp.weixin.qq.com/s?__biz=MzAxNzQxMzE3MA==&mid=2457362673&idx=1&sn=46d7b2d6614393da4775f8aea815d2c6&chksm=8c6925acbb1eacbaa369f22e2f0c480aa4f4e68c55525c46a84cbc8937c691cfefdb1ed1db6a&scene=21#wechat_redirect.

[64] 中国共产党中央委员会，中华人民共和国国务院. 中共中央 国务院关于全面深化新时代教师队伍建设改革的意见[EB/OL]. (2018-01-31)[2021-06-21]. http://www.gov.cn/zhengce/2018-01/31/content_5262659.htm.

[65] 徐鹏. 人工智能时代的教师专业发展：访美国俄勒冈州立大学玛格丽特・尼斯教授[J]. 开放教育研究，2019，25(4)：4-9.

[66] PEDRO F, SUBOSA M, RIVAS A, et al. Artificial Intelligence in Education: Challenges and

Opportunities for Sustainable Development[R]. Paris: United Nations Educational, Scientific and Cultural Organization, 2019: 8.

[67] UNESCO. Beijing Consensus on Artifcial Intelligence and Education[R/OL]. (2019-05-18)[2021-05-09]. https://unesdoc.unesco.org/ark:/48223/pf0000368303.

[68] LUCKIN R, HOMLES W, GRIFFITHS M, et al. Intelligence Unleashed: An Argument for AI in Education[M]. London: Pearson, 2016.

[69] 李湘. 师范生智能教育素养的内涵、构成及培育路径[J]. 现代教育技术，2021，31(9)：5-12.

[70] 刘斌. 人工智能时代教师的智能教育素养探究[J]. 现代教育技术，2020，30(11)：12-18.

[71] 胡小勇，徐欢云. 面向 K-12 教师的智能教育素养框架构建[J]. 开放教育研究，2021，27(4)：59-70.

[72] 高洁，肖明，王有学. 教师 + AI，创造更好的教育：中小学教师人工智能素养提升课程建设案例[J]. 中小学信息技术教育，2020(1)：12-15.

[73] UNESCO.K-12 AI Curricula: a Mapping of Government-endorsed AI Curricula[DB/OL]. (2022-02-16)[2022-04-07]. https://unesdoc.unesco.org/ark:/48223/pf0000380602.

[74] 周建华，李作林，赵新超. 中小学校如何开展人工智能教育：以人大附中人工智能课程建设为例[J]. 人民教育，2018，(22).

[75] 东方资讯. 中央电化教育馆中小学人工智能教育 试点工作(小学阶段)启动暨培训会在武汉召开[N/OL]. (2020-11-04)[2023-02-13]. http://ex.chinadaily.com.cn/ exchange/partners/82/rss/channel/cn/columns/vyuatu/stories/WS5fa24298a3101e7ce972d4f9.html.

[76] 中国青年报. 中国科协面向青少年推出人工智能科普活动[N/OL]. (2021-10-21)[2023-02-13]. https://baijiahao.baidu.com/s?id=1714230360857472419&wfr=spider&for=pc.

[77] 新浪财经. 人工智能科普有声数字栏目《走进人工智能》上线[N/OL]. (2022-01-27)[2023-02-13]. http://finance.sina.com.cn/jjxw/2022-01-27/doc-ikyamrmz7813144.shtml.

[78] 西海岸传媒. 科大讯飞(青岛)人工智能科技馆开馆 首届 AI 科普月活动启动[N/OL]. (2021-05-11)[2023-02-13]. http://www.qwmedia.cn/18563/2021/05/5688337.html.

[79] 张剑平. 关于 AI 教育的思考[J]. 电化教育研究，2003(117)：24-28.

[80] 中华人民共和国教育部. 义务教育课程方案(2022 年版)[M]. 北京：北京师范大学出版社.

[81] 中华人民共和国教育部. 义务教育信息科技课程标准(2022 年版)[M]. 北京：北京师范大学出版社.

[82] 中华人民共和国教育部. 普通高中信息技术课程标准(2017 版 2020 年修订)[M]. 人民教育出版社，2020.

[83] BYRON S. “Five Big Ideas in AI” Featured in NSF Video Showcase[EB/OL]. (2020-05-04)

[2023-05-17]. https://www.cs.cmu.edu/node/645749.

[84] TOURETZKY D, GARDNER-MCCUNE C, MARTIN F, et al. Envisioning AI for K-12: What Should Every Child Know about AI? [C]. The Thirty-Third AAAI Conference on Artificial Intelligence (AAAI-19) 2019: 9795-9799.

[85] UNESCO. Artificial Intelligence in Education: Challenges and Opportunities for Sustainable Development[DB/OL]. (2022-02-16)[2022-04-07]. https://zh.unesco.org/news/ren-gong-zhi-neng-gei-jiao-yu-dai-lai-ji-yu-he-tiao-zhan.

[86] RICHARD S. Computer Vision: Algorithms and Applications[M]. New York: springer, 2010.

[87] JAVIER C. An Introductory Guide to Computer Vision[EB/OL]. [2021-04-19]. https://tryolabs.com/guides/introductory-guide-computer-vision.

[88] ROBERTS L G. Machine Perception of Three-dimensional Solids[M]. Cambridge: Massachusetts Institute of Technology, 1965.

[89] MCARTHUR D J. Computer Vision and Perceptual Psychology[J]. Psychological Bulletin, 1982, 92(2): 283-309.

[90] 黄佳. 基于 OPENCV 的计算机视觉技术研究[D]. 华东理工大学，2013.

[91] 许志杰，王晶，刘颖，等. 计算机视觉核心技术现状与展望[J]. 西安邮电学院学报，2012，7(6)：1-8.

[92] 机器之心. 计算机视觉入门大全：基础概念、运行原理、应用案例详解[EB/OL]. (2019-10-30)[2022-03-10]. https://zhuanlan.zhihu.com/p/88898444.

[93] JAVIER C. An Introductory Guide to Computer Vision[EB/OL]. [2021-4-19]. https://tryolabs.com/guides/introductory-guide-computer-vision.

[94] IBM. Computer-vision[EB/OL]. [2022-04-10]. https://research.ibm.com/teams/computer-vision.

[95] CORDTS M, OMRAN M, AMOS S, et a1. The Cityscapes Datasetfor Semantic Urban Scene Understanding[C]//Computer Vision and Pattern Recognition. 2016: 3213-3223.

[96] 侯志强，韩崇昭. 视觉跟踪技术综述[J]. 自动化学报，2006，32(4)：603-617.

[97] DAVID S T, CHRISTINA G M. K-12 Guidelines for Artificial Intelligence: What Students Should Know [EB/OL]. (2020-07-15)[2023-10-14]. https://ae-uploads.uoregon. edu/ISTE/ISTE2019/PROGRAM_SESSION_MODEL/HANDOUTS/112142285/ISTE2019Presentation_final.pdf.

[98] 方圆媛，黄旭光. 中小学人工智能教育：学什么，怎么教：来自“美国 K-12 人工智能教育行动”的启示[J]. 中国电化教育，2020(10)：32-39.

[99] 中央电化教育馆. 人工智能(小学版)(下册)[M]. 北京师范大学出版社，2021.

[100] 蔡耘，郭邵青. 人工智能(初中版)[M]. 北京师范大学出版社，2019.

[101] 顾建军. 人工智能(高中版)[M]. 北京师范大学出版社，2019.

[102] 吴功宜，吴英. 物联网技术与应用[M]. 机械工业出版社，2013.

[103] 段佳莉，孙羽宁，胡静娴，等. 基于物联网标识技术的保护装置身份识别与信息管理方法[J]. 电力科学与技术学报，2021，36(6)：204-210.

[104] 肖菲菲，刘真. 二维码防伪技术在可变数据印刷中的应用[J]. 包装工程，2011，32(21)：102-105，109.

[105] WEIBING C, GAOBO Y, GANGLIN Z. A Simple and Efficient Image Pre-processing for QR Decoder[C]//International Conference on Electronic and Mechanical Engineering and Information Technology. 2013.

[106] 盛秋康. 二维码编解码技术的研究与应用[D]. 南京理工大学，2012.

[107] 燕雨薇，余粟. 二维码技术及其应用综述[J]. 智能计算机与用，2019，9(5)：194-197.

[108] SHARON L. CycleGAN as a Denoising Engine for OCR Images[EB/OL]. [2022-04-10]. https://pub.towardsai.net/cyclegan-as-a-denoising-engine-for-ocr.

[109] 林达华，顾建军. 人工智能启蒙[M]. 北京：商务印书馆，2020.

[110] 刘韩. 人工智能简史[M]. 北京：人民邮电出版社，2018.

[111] REVOLVEAI. 47 Examples of Computer Vision Applications in Industry Across 6 Sectors [EB/OL]. [2022-04-19]. https://revolveai.com/computer-vision-applications/.

[112] 杨康. 人工智能在汽车驾驶技术领域的应用与发展[J]. 汽车实用技术，2022，47(11)：16-19.

[113] 百度百科. CVPR[EB/OL]. [2022-04-19]. https://baike.baidu.com/item/ICCV/7054436.

[114] IVY W. Natural Language Generation (NLG) [EB/OL]. [2022-04-19]. https://www. techtarget.com/searchenterpriseai/definition/natural-language-generation-NLG.

[115] 付立挺，董德武，夏利松. 自然语言理解技术在电话诈骗识别预警领域的应用[J]. 警察技术，2021(5)：19-23.

[116] 徐鹏，王以宁. 国内人工智能教育应用研究现状与反思[J]. 现代远距离教育，2009，(5)：3-5.

[117] 刘知远. 知识图谱与深度学习[M]. 北京：清华大学出版社，2020：221-222.

[118] 唐振韬，邵坤，赵冬斌，等. 深度强化学习进展：从 AlphaGo 到 AlphaGo Zero[J]. 控制理论与应用，2017，34(12)：1529-1546.

[119] 广东基础教育课程资源研究开发中心信息技术教材编写组. 信息技术(选修五人工智能初步)[M]. 广州：广东教育出版社，2005.

[120] 刘宇，赵宏宇. 智能搜索和推荐系统：原理、算法与应用[EB/OL]. (2021-02-21)

[2023-11-01]. https://www.51cto.com/article/646480.html.

[121] 蓝江. 人工智能的伦理挑战. [EB/OL]. [2021-08-08]. http://www.toplights.net/ArticleInfo.aspx?id=1091441.

[122] 双修海，尹维坤. 警惕机器人威胁[DB/OL]. [2021-08-08]. http://www.toplights.net/ArticleInfo.aspx?id=1090446.

[123] 杨晓哲. 人工智能设计(高中版)[M]. 上海：华东师范大学出版社，2020.

[124] SHAHROOM A A, HUSSIN N. Industrial Revolution 4.0 and Education[J]. International Journal of Academic Research in Business and Social Sciences, 2018, 8(9): 314-319.

[125] WORLD ECONOMIC FORUM.Schools of the Future: Defining New Models of Education for the Fourth Industrial Revolution[R/OL]. (2020-01-14) [2023-12-04]. https://www3.weforum. org/docs/WEF_Schools_of_the_Future_Report_2019.pdf.

[126] WORLD ECONOMIC FORUM.Catalysing Education 4.0: Investing in the Future of Learning for a Human-Centric Recovery[R/OL]. (2022-05-16) [2023-12-04]. https://www3.weforum.org/docs/WEF_Catalysing_Education_4.0_2022.pdf.

[127] RESUMEGO. Hard vs Soft Skills: How They Differ[EB/OL]. [2023-12-01]. https://www.resumego.net/blog/hard-skills-vs-soft-skills/.

[128] The top 10 soft skills [EB/OL]. [2023-12-01]. https://www.datocms-assets.com/7756/1579270413-soft-skills.png.

[129] LEI H. Soft Skills List - 28 Skills to Working Smart [EB/OL]. [2023-12-01]. https://bemycareercoach.com/soft-skills/list-soft-skills.html.

[130] OECD. The Future of Education and Skills: Education 2030 [EB/OL]. (2018-05-04) [2022-11-04]. https://www.oecd.org/education/2030/E2030%20Position%20Paper%20(05.04.2018).pdf.

[131] MARTINS C. Man and Machine Work Together: Collaboration increases Productivity [EB/OL]. [2022-10-30]. https://hybridcloudtech.com/man-and-machine-work-together-collaboration-increases-productivity/.

[132] PAUL D, JAMES H W. Human + machine: Reimagining work in the age of AI[M]. Harvard Business Press, 2018.

[133] 祝智庭，徐欢迎，胡小勇. 数字智能：面向未来的核心能力新要素：基于《2020 儿童在线安全指数》的数据分析与建议[J]. 电化教育研究，2020(7)：11-20.

[134] PATIL Y. Role of Value-Based Education In Society[C]//International Conference on “LEADERSHIP AND MANAGEMENT THROUGH SPIRITUAL WISDOM”. 2013.

[135] JONASSEN D H. Modeling with Technology: Mindtools for Conceptual Change. Columbus,

OH: Merill/Prentice Hall, 2006.

[136] DELOITTE. “Industry 4.0 Challenges and Solutions for the Digital Transformation and Use of Exponential Technologies” [EB/OL]. (2014-10-24)[2023-02-13]. https://www2.deloitte.com/content/dam/Deloitte/ch/Documents/manufacturing/ch-en-manufacturing-industry-4-0-24102014.pdf.

[137] NAVARRO D, GARAY C. Experiential Learning in Industrial Engineering Education for Digital Transformation[C]//2019 IEEE International Conference on Engineering, Technology and Education (TALE).

[138] GARAY-RONDERO C L, RODRIGUEZ-CALVO E Z, SALINAS-NAVARRO D E. Experiential Learning at Lean-Thinking-Learning Space[J]. International Journal for Inter-active Design and Manufacturing, 2019(5).

[139] LALLEY J P, MILLER R H. The Learning Pyramid: Does it Point Teachers in the Right Direction? [J]. Education, 2007,128(1): 64-79.

[140] SALINAS-NAVARRO D E, RODRIGUEZ-CALVO E Z. Social Lab for Sustainable Logistics: Developing Learning Outcomes in Engineering Education[C]. 2018 POMS International Conference in Rio, Springer International Publishing, 2019.

[141] 中央电化教育馆. 中小学人工智能技术与工程素养框架[EB/OL]. (2021-11-26) [2023-10-02]. https://www.ncet.edu.cn/u/cms/www/202112/24125027deqs.pdf.